高分子材料与工程系列
Polymer Materials and Engineering

环境友好高分子材料

Environmental Friendly Polymer Materials

倪才华　主　编

张胜文　施冬健　副主编

U0258442

化学工业出版社

·北京·

内容简介

本教材以高分子化学和高分子物理的基本原理为理论基础,对日常生产和生活中常见的几种环境友好高分子材料,从材料的组成与结构、来源及制备、理化性质、化学改性到应用进行了概述,内容包括 11 章:纤维素、淀粉、甲壳素与壳聚糖、胶原与明胶、海藻酸钠、聚乳酸、黄原胶、木质素、蛋白质、透明质酸和水性聚合物乳液,并对材料现阶段的研究、开发及应用状况进行了介绍,对未来发展进行了展望。

本书可供高分子材料与工程及相关专业的师生作教材使用,也可作为材料类、化学类等其他相关专业及行业内科技人员的参考书。

图书在版编目(CIP)数据

环境友好高分子材料 / 倪才华主编;张胜文,施冬健副主编. —北京:化学工业出版社,2023.8
ISBN 978-7-122-43478-4

Ⅰ.①环… Ⅱ.①倪… ②张… ③施… Ⅲ.①高分子材料-无污染技术-教材 Ⅳ.①TB324

中国国家版本馆 CIP 数据核字(2023)第 086418 号

责任编辑:王 婧 杨 菁
责任校对:王鹏飞
装帧设计:张 辉

出版发行:化学工业出版社
　　　　　(北京市东城区青年湖南街 13 号　邮政编码 100011)
印　　装:河北延风印务有限公司
787mm×1092mm　1/16　印张 11¾　字数 265 千字
2024 年 9 月北京第 1 版第 1 次印刷

购书咨询:010-64518888
售后服务:010-64518899
网　　址:http://www.cip.com.cn
凡购买本书,如有缺损质量问题,本社销售中心负责调换。

定　　价:39.00 元

前言

合成高分子材料的大量开发和使用有力地促进了人类社会经济和文明的发展，为我们的生活带来极大便利，但是也不可避免地产生了环境污染和能源消耗问题。合成高分子材料需要大量的石油资源作原料，生产过程中伴随着环境污染，使用后的废物不可降解，形成难以处理的"白色垃圾"。而天然高分子材料属于环境友好型材料，既可以部分替代合成高分子材料，又具有一些新的功能，因此，研究开发环境友好型的高分子材料在节约资源、减少污染、扩大应用范围等方面具有十分重要的意义。

目前，国内外许多高校开设了有关天然高分子材料的课程。江南大学高分子材料与工程专业已经开设"环境友好高分子材料"课程多年，我们在多年教学经验的基础上，进一步查阅大量的国内外文献，编写了这本教材。本教材的内容具有普适性，选择了几类在国民经济和日常生活中应用最普遍的环境友好高分子材料（例如淀粉、纤维素、壳聚糖、海藻酸钠、聚乳酸等）进行介绍，以利于学生在较短的课时内迅速掌握环境友好高分子材料的基本内容。本教材的编写具有系统性，侧重材料的基本结构、基本性质及其基本应用的介绍，力求简明扼要、通俗易懂、实际有用。除了传统知识的介绍外，也适当介绍这些材料新的研究动态及其发展，部分实例来自编写团队的研究成果。

本教材第 1、2 和 11 章由张胜文副教授编写，第 3、4 章由施冬健教授编写，第 5、6 章由倪才华教授编写，第 8、9 章由石刚副教授编写，第 7、10 章由桑欣欣副教授编写。本教材可供国内高校环境友好高分子材料或天然高分子材料等相关课程作教材或参考书使用，也可供化学类、材料类等相关专业的大学生以及行业内科技人员参考。

由于编者的水平和实践经验有限，教材的疏漏之处在所难免，敬请读者批评指正。

笔　者

2024 年 3 月

目录

第4章 胶原与明胶 053

第5章 海藻酸钠 075

第 9 章 蛋白质 136

第 10 章 透明质酸 148

第 11 章 水性聚合物乳液 167

绪论

（1）环境友好高分子材料的概念

环境友好高分子材料也称为绿色高分子材料，概念来自于绿色化学与技术。20世纪90年代以来，国际上针对某些化学工业对生态环境的破坏和对人民健康的危害，提出了要消除污染、减少有害副产物、不用有机溶剂及液体酸等意见，且要处理废气、废水以及白色污染（即白色塑料包装材料），"绿色化学"应运而生。绿色化学中的高分子包括高分子材料的合成、应用及后处理等问题。

高分子材料的环境友好化是指高分子材料合成过程中的环境无害化、高分子材料在应用与处理过程中的环境友好两个方面。前者是指高分子材料合成的无害化及其对环境的友好，后者是指可降解高分子材料的合成、使用、环境稳定性、回收与循环使用。因此，环境友好高分子材料是指通过环境无害化合成，在使用、回收与循环利用的过程中对环境友好的高分子材料。

环境友好高分子材料不但要有令人满意的使用性能，而且必须具有优良的环境协调性，从原材料采集、加工、使用或者再生循环利用以及废料处理等环节乃至整个生命周期中，环境友好高分子材料需要做到资源和能源消耗少、再生循环利用高、对生态环境影响小，可以分解和安全处理。简言之，它是指在加工、使用和再生过程中具有最优使用功能及最低环境负荷的环境友好型材料，对于减少资源和能源的浪费、保护环境起着至关重要的作用，研究该材料是实现材料可持续发展的正确途径。

环境友好高分子材料实质上是赋予传统高分子材料、功能材料以特别优异的环境协调性的材料，它是由研发者在环境保护意识的指导下，或合成开发新型材料，或改进、改造传统高分子材料所获得的。它一般具有以下特征：良好的合成工艺性、先进的使用功能性、合理的经济效益性和协调的环境保护性。

（2）环境友好高分子材料的特征及范围

由上述定义可知，环境友好高分子材料是指对环境不造成危害的高分子材料。这些材料主要包含天然高分子材料和经化学合成及改性易降解的高分子材料。环境友好高分子材料的研究及应用主要集中在可降解高分子材料。目前人们认识和了解最多的环境友好高分子材料，大致有以下几种。

①天然型高分子材料。经过长时间的研究与应用，人们已经清楚地认识到天然高分子材料基本上能在自然界降解，而且以其为原料的合成材料通常也会生物降解。如以纤维素、淀粉、甲壳素、木质素、蛋白质、单宁和树皮等原料合成的材料，都是很好的生物降解聚合物。通过化学修饰和共聚等方法对这些高分子进行改性，可以合成许多有用的环境可降解高分子材料。

②合成型高分子材料。这是一类以小分子原料为单体，通过聚合得到的与天然高分子结构相似的生物降解型高分子材料，通常由含有脂基结构的脂肪族聚酯组成。相较于

天然高分子材料，该种高分子材料的合成能够通过分子进行高聚物结构设计，所以能够获得拥有较好物理性能的材料。如聚乳酸（PLA）、聚己内酯（PCL）、聚羟基脂肪酸酯（PHA）、聚羟基丁酸酯（PHB）等生物塑料，这些材料可以在自然或微生物条件下彻底分解。

③微生物合成高分子材料。这是一类通过微生物提供的碳源和氮源等物质为原料，在特殊条件下合成得到的高分子材料。目前常用的微生物合成高分子材料有多糖、微生物聚酯和聚乳酸等。这些材料能够完全生物分解，具有较高的热塑性，能够轻易加工成型。但是这些材料的机械强度和耐热性较差，合成成本也较高，所以应用范围有限。

④添加型生物降解塑料。这是指将生物可降解成分以添加剂的形式加到原料中而制成的塑料。如在普通的 PE、PP、PS 中添加淀粉或淀粉衍生物的塑料，可在一定程度上降低环境污染。这类产品在技术和应用上还存在一些问题，而且不能从根本上彻底解决环境污染，但其产品价格相对低廉，具有一定的应用价值。在树脂中添加光敏剂，可制成光降解塑料，光降解塑料一般是在太阳光的照射下，引起化学反应而使大分子链断裂和分解的塑料。

⑤改性高分子型材料。这类材料是在合成高分子原料基础上，接枝一个易被水解的基团，例如羟基或羧基等，使其容易被水解或分解。

（3）环境友好高分子材料的重要性

随着科学技术和经济的发展，高分子材料的合成与使用为人类带来了巨大经济效益和生活便利性，同时也带来了严峻的社会环境问题。人们在高分子材料的研究和应用中，过分注重了材料的使用性能和经济利益，而在材料的生产、使用和废弃过程中消耗大量的资源和能源却没有节制，其结果必然是对环境造成的污染越来越严重。

众所周知，传统合成高分子材料的生产原料是石油，而石油总有用尽的一天，因此必须寻找新的高分子材料资源。天然高分子的原料是天然的原料（例如植物、动物毛发、牙骨、甲壳等），可以再生，这是大自然赋予我们的既廉价又取之不尽的可再生资料，是一种重要的环境友好高分子材料。在避免石油危机和白色污染的今天，对环境友好高分子材料的开发利用是 21 世纪的重要出路之一。因此，大力发展环境友好高分子材料至少有如下现实意义。

①社会意义：在当今社会，越来越多的人认识到环境保护的重要性，环境友好高分子材料可以通过现实的应用影响民众，启发大家的环境保护意识。环境友好高分子材料孕育着一种"资源再生文化"，符合社会发展的理念。

②环境意义：从环境友好高分子材料的概念可知，这类材料在制备上减少了对自然资源的消耗和对环境的破坏，在应用上对自然环境的影响和破坏小，在后处理上将一些原先不能被有效利用的物质纳入到再利用的范畴，使其对环境的负面影响减至最小，降低了处理垃圾的能耗，同时大大拓宽了废旧材料、循环材料等利用的方式和领域。

③经济意义：环境友好高分子材料的原材料多来自于大自然，取之不尽、用之不竭，生产成本大大低于以石油为资源的合成材料。在一个倡导节能、节约、循环发展经济的社会中，环境友好高分子材料的再利用日益体现出其巨大的潜在经济价值，可为企业发展带来新的商机。目前，世界上很多企业都在这一领域进行研制和开发，通过精心设计和打造，从环境友好高分子材料的独特价值中获得附加值，向市场推出新产品，并获得

令人满意的经济收益。目前我国正处于社会和经济高速发展时期，资源与能源的消耗日益紧张，在这种背景下，开发利用环境友好高分子材料已经是大势所趋，也是实现我国循环经济和可持续发展的必然选择。

（4）环境友好高分子材料的应用

环境友好高分子材料在工业、农业、电子、电器、医学、医疗器械、食品包装等诸多领域都有广阔的应用前景。

例如，淀粉具有良好的生物可降解性、生物相容性、无毒、无污染、储存稳定且价格便宜，已经被广泛应用于生物医药和食品领域。改性淀粉可以应用于淀粉基塑料、淀粉胶黏剂、淀粉基吸水材料、淀粉基生物医用材料等。

由于再生纤维素纤维一般具有独特的光泽、良好的舒适感和悬垂感、天然透气性、抗静电性等性质，其深受青睐，成为世界第一大纤维素丝；再生纤维素膜可用作包装材料和透析膜；再生纤维素无纺布可用作纱布、药棉、绷带、膏布底基、揩手布、卫生带等。纳米纤维素可应用于更多领域，如药物载体、食品添加剂、光电复合材料、纸张增强剂等。纤维素也可作为添加剂在聚合物体系中有极大的作用，显著提高树脂性能。甲壳素具有消炎抗菌作用，是理想的医用材料，用作手术缝合线能很好满足临床要求。

壳聚糖具有促进皮肤损伤创面的愈合作用、抑制微生物生长、创面止痛等效果，用壳聚糖制备的人造皮肤、无纺布、膜、涂层纱布等多种医用敷料柔软、舒适，创伤面的贴合性好，既透气又有吸水性，而且具有抑制疼痛和止血功能以及抑菌消炎作用。

胶原和明胶都具有良好的生物相容性，特别是胶原，其力学性能高，具备促进细胞生长、止血、促进伤口愈合、可生物降解等多种优异性质，可以用作止血材料、组织工程支架材料、药物载体，在食品工业中作为添加剂。

海藻酸钠具有独特的增稠性、亲水性、稳定性、胶凝性、耐油性、成膜性等特性，是目前世界上生产规模最大且用途极为广泛的食品添加剂之一，被广泛应用于食品添加剂和增稠剂、稳定剂等。此外，海藻酸钠还可用于医药领域和污水处理。

聚乳酸具有良好的组织相容性，植入体内不会引起毒副作用或持续的炎症反应，具有一定的力学性能和生物可降解性，降解产物无毒，且能通过新陈代谢从体内完全清除，已经成为生物医药领域不可缺少的高分子材料，主要应用于药物可控释放、组织工程支架、骨折内固定及骨修复、医用缝合线、医用防粘剂、农用薄膜、食品领域等。

黄原胶被广泛应用于石油、医药、食品、污水处理、日用化、纺织、陶瓷和搪瓷等20多个行业。蛋白质中加入增塑剂交联后，经过一定工艺流程可以制备出生物可降解性塑料，它们适用于各种一次性用品，如盒、杯、瓶、勺子、容器、片材、玩具等日用品以及各种功能材料、旅游和体育用品等。

（5）环境友好高分子材料的发展方向

环境友好高分子材料具有广阔的应用前景，但就目前来看，该类材料产品种类有限，性能不够完善，有些产品价格仍然较高，所以导致其应用范围受到了限制。因此，大力开展相关研究，在理论和应用上都具有重要意义。未来一段时期，环境友好高分子材料的研究将向以下主要方向发展：一、高分子材料的合成及生产工艺尽量符合环境友好化的要求，要对现有工艺的进行改进和创新，设计之初就应考虑回收和循环利用的因素，尽量达到"零排放"；二、利用新的合成方法制造环境友好高分子材料，在分子链中引入对光、热、氧、生物敏感的基团，为材料使用后的降解提供条件，并使材料的生产、使用及回收与环境相协调；三、在合成高分子材料的原料选取方面，合理选择聚合单体，使高分子材料向精细化、功能化、高性能化以及生态化方向发展，并尽量使用天然产物和可再生资源，减少对石油资源的依赖；四、开展生物合成高分子材料的研究，这也是未来的一个重要方向；五、降低材料合成、改性和工业化制备的成本，尽早实现大规模的生产和应用。

第1章 纤维素

1.1 纤维素的结构

（1）纤维素的化学结构

纤维素是地球上年产量最高的天然高分子，每年的植物纤维素产量可达1800亿吨[1,2]。纤维素是一种碳水化合物，其分子式为$(C_6H_{10}O_5)_n$，是由 D-葡萄糖以β-1,4 糖苷键连接而成的线型高分子，分子量50000～2500000，相当于 300～15000 个葡萄糖基。纤维素分为α和β两种构象，即 C1 和 C2 的羟基分别位于吡喃葡萄糖环的同侧和异侧。从结构上来说，每个脱水葡萄糖单元（anhydroglucose unit，AGU）上的羟基位于 C2、C3 和 C6 位置，具有典型的伯醇和仲醇的反应性质，邻近的伯羟基表现为典型的二醇结构。但是纤维素链末端的羟基则表现出不同的行为，其中 C1 末端羟基具有还原性，C4 末端羟基则具有氧化性[3]。纤维素每个结构单元上的三个羟基为分子间和分子内氢键的形成提供了结构基础，在纤维素的结晶、物理和化学性质方面起着重要的作用[4]。同时这些羟基还可作为活性位点参与纤维素的功能化反应，且取代度可人为控制，因此，纤维素的结构为纤维素的化学改性提供了可能性[2]。

一般来说，纤维素有两种不同的构象，这两种构象会赋予纤维素不同的性质。图 1-1为纤维素常见化学构象之一的霍沃斯式，该式具有纤维素结构的典型性，特征是由诸多D-葡萄糖基通过 1,4-β型连接起来的，而且由于连接在环上碳原子两端的—OH 和—H 位置不相同，所以具有不同的性质。除霍沃斯式外，另一种纤维素常见的化学构象为椅式构象，纤维素高分子中，6 位上的碳—氧键绕 5 位和 6 位之间的碳—碳键旋转时，相对于 5 位上的碳—氧键和 5 位与 4 位之间的碳—氧键可以有三种不同的构象，不同构象所对应的纤维素拥有不同性质。图 1-2 为纤维素的椅式构象。

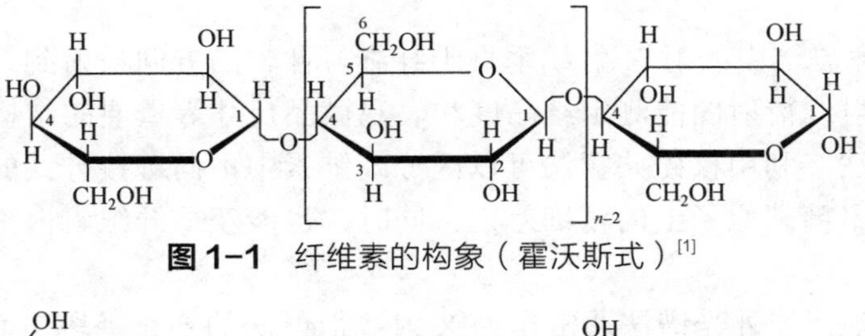

图 1-1 纤维素的构象（霍沃斯式）[1]

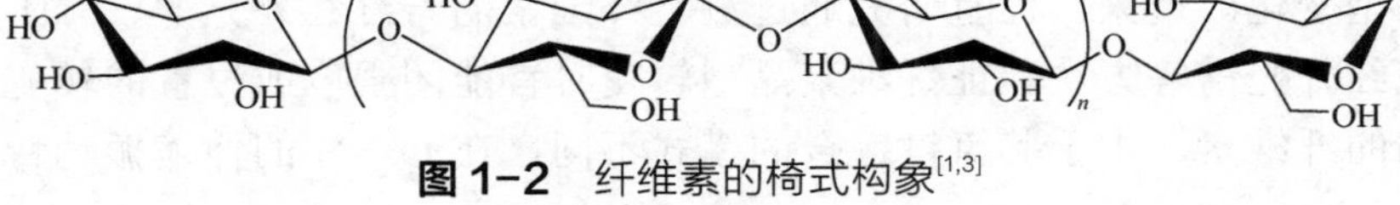

图 1-2 纤维素的椅式构象[1,3]

（2）纤维素的聚集态结构

高分子链聚集成为高聚物时，分子相互堆砌排列的状态称为聚集态结构。由于纤维素的化学结构及空间构象特点，纤维素链易聚集形成高度有序结构。这种有序结构是大量的分子内与分子间氢键形成的网络，使纤维素不能熔融，也不溶解于大多数的普通溶剂[6]。图 1-3 为纤维素分子内与分子间氢键的作用示意。

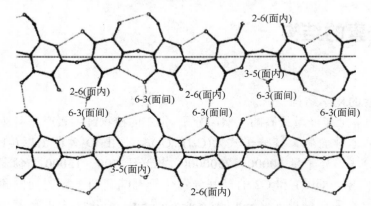

图 1-3　纤维素分子内与分子间氢键作用[3]

因此，在众多氢键作用的影响下，纤维素大分子的聚集可分为结晶区和无定形区。

在结晶区，若干个纤维素分子链聚集成束，排列整齐有序，相互之间靠得很近，且在 X 射线衍射下呈现清晰的衍射图；而在无定形区，分子链排列不整齐、较松弛，其取向大致和纤维主轴平行。纤维素并不是由单独的一个部分组成，而是由结晶区和无定形区共同构成。若结晶区占比较大，则称之为结晶纤维素；反之，若无定形区占比较大，则称之为无定形纤维素。纤维素的结晶度对纤维素性能影响很大，若纤维素的结晶度增加，纤维素的吸湿性、润胀程度、伸长率都会下降，而拉抻强度则会提高。纤维素的聚集态结构研究的即是纤维素在具有高结晶度下、按照不同方式堆砌的纤维结构，这种不同的堆砌方式被称作纤维素的不同晶型，不同晶型的纤维素具有不同的链构象、堆砌方式和物理化学性质[5]。由于纤维素超分子结构中含有晶区和非晶区，分子链的取向一般分为三种：全部分子链的取向[6]、晶区分子链的取向、非晶区分子链的取向[7]。

为测量纤维素的聚集态结构，观察纤维素分子链的取向，常用的表征方法有以下几种。

①X 射线衍射法。当入射 X 射线垂直于纤维拉伸轴的方向投射到纤维素样品上就会产生衍射图，X 射线衍射图能测定结晶度和表观微晶尺寸等重要的结构参数[8]。

②核磁共振法。利用核磁共振法可以区分纤维素中不同键接方式的碳原子，从而反映出纤维素或低聚糖碳原子上的精细差别。同时，也能获得纤维素内部的元素对称性和扭转角等参数[9]。

③红外光谱法。红外光谱法通常作为 X 射线衍射法的补充手段，可以用来研究纤维素之间的晶型变化。近来，已有研究通过测定纤维素的一维红外光谱、二阶导数红外光谱和去卷积红外光谱等方法验证纤维素晶型转变时官能团强度或位置的转变。另外，对于来源不同的纤维素，由于其氢键键合的模式不同，在 O—H 的伸缩振动特征峰区会有

明显区别。通过以上所述的方法，对纤维素结构可以进行准确的剖析[10]。

1.2　纤维素的来源与种类

（1）纤维素的来源

纤维素作为自然界中存量较大、来源广泛、成本低廉的天然高分子材料引发了人们的关注。天然纤维素的来源主要是木质纤维素，可从植物的根、茎、叶、果实（如秸秆纤维）中获得。而近年来，随着生物工程技术的发展，生物合成纤维素的技术愈发成熟。目前，对细菌纤维素的合成、表征及应用的研究日益增加。

从植物中提取纤维素的历史悠久，工业上一般将纤维素提取纯化后制成纤维素浆，其主要生产工艺有以下几种：亚硫酸盐法、预水解硫酸盐法、碱法和预水解碱法。目前较为常用的是碱法，即用氢氧化钠进行蒸煮[12]。虽然纤维素含量很大，但是总的来说，得到纤维素的主要问题在于如何通过价廉、绿色的技术将纤维素、半纤维素、木质素三种组分分离。现在使用的方法都还有诸多不足，因此探索新的分离技术仍然是生物质科学与技术领域最关注的问题，大致的发展趋向是采用环境友好的化学品，例如双氧水、氧气等实现无污染的纤维素分离。

（2）纤维素的种类

①纤维素衍生物

针对从不同原料中提取并进行不同手段改性后的纤维素做了具体分类，常见的有四种，即甲基纤维素（MC）、羟丙基甲基纤维素（HPMC）、羟乙基纤维素（HEC）、羧甲基纤维素（CMC）。甲基纤维素（MC）是将精制棉经碱处理后，以氯化甲烷作为醚化剂，经过一系列反应而制成纤维素醚。一般取代度为 1.6～2.0，取代度不同溶解性也有所不同，属于非离子型纤维素醚。羟丙基甲基纤维素（HPMC）是近年来产量、用量都在迅速增加的纤维素品种，是由精制棉经碱化处理后，用环氧丙烷和氯甲烷作为醚化剂，通过一系列反应而制成的非离子型纤维素混合醚，取代度一般为 1.2～2.0。其性质因甲氧基含量和羟丙基含量的比例不同而有差别。羟乙基纤维素（HEC）是由精制棉经碱处理后，在丙酮的存在下，用环氧乙烷作醚化剂进行反应而制得。其取代度一般为 1.5～2.0，具有较强的亲水性，易吸潮。羧甲基纤维素（CMC）一般是由天然纤维经过碱处理后，用一氯醋酸钠作为醚化剂，经过一系列反应而制得的离子型纤维素醚，其取代度一般为0.4～1.4，其性能受取代度影响较大[7,8,13]。

②纳米纤维素

纳米纤维素是指在一个或多个维度处于纳米级的纤维素材料。由于其尺寸较小、比表面积大，同时具有优异的力学性能和其他特殊性质，其研究与开发日益引人注目。根据纳米纤维素的形貌、尺寸以及制备方法，纳米纤维素可分为纳米晶体、微纤维、细菌纤维素（见表 1-1）。例如：纤维素纳米晶体（NCC）是对大尺寸纤维素进行酸水解而得到的高结晶度的纳米棒状或针状纤维素的统称。纤维素纳米晶体的力学性能优异，在复合材料中具有增强作用，同时还展现出其他一些性质，如特殊的流变性质以及液晶行为。纤维素微纤由纤维素原纤聚集而成，可以看成是纤维素晶体通过无定形区连接而成的柔顺纤维素细丝。微纤化纤维素纤维（MFC），也称为纤维素微纤、纤维素纳米纤维等，是通过物理化学等作用将纤维素纤维浆料解离制得的。它的制备通常要借助高速剪切力和摩擦力将原料解离成宽为纳米级，长为微米级的微纤束丝。主要加工设备为高压均质机、高速研磨机和高压微射流纳米分散机等。不同方法和设备制得的微纤形貌、结构和力学性能不同。

表 1-1 纳米纤维素

类型	主要来源	制备与尺寸
纤维素纳米晶体（NCC）	木材、棉花、麻类植物、亚麻、麦秆、桑皮、微晶纤维素等	酸水解 直径：5～70nm 长度：100nm 到几微米
微纤化纤维素纤维（MFC）	木材、甜菜、洋芋、麻类植物、亚麻等	经过酶/化学前处理后物理高压剥离 直径：5～60nm 长度：微米级
细菌纤维素（BC）	低分子量糖和乙醇	细菌生物合成 直径：20～100nm 纳米纤维网状结构
静电纺丝纤维素纤维（ESC）	纤维素和醋酸纤维素	静电纺丝 直径：90～10000nm

③细菌纤维素

细菌纤维素（*Bacterial cellulose*，BC）是指在不同条件下，由醋酸菌属（*Acetobacter*）、土壤杆菌属（*Agrobacterium*）、根瘤菌属（*Rhizobium*）和八叠球菌属（*Sarcina*）中的某种微生物合成的纤维素的统称。其中比较典型的是醋酸菌属中的葡糖醋杆菌（*Glucoacetobacterxylinum*，又名木醋杆菌 *Acetobacter xylinum*），它具有最高的纤维素生产能力，被确认为研究纤维素合成、结晶过程和结构性质的模型菌株。细菌纤维素和植物或海藻产生的天然纤维素具有相同的分子结构单元，但细菌纤维素纤维却有许多独特的性质。例如：高结晶度（可达 95%，植物纤维素的为 65%）、高聚合度（DP 值为 2000～8000）、超精细网状结构、高弹性模量、强持水能力等。

1.3　纤维素的物理性质

由于纤维素分子含有极性基团，分子链之间相互作用力很强，且纤维素中的六元吡喃环结构致使内旋转困难，再加上纤维素分子内和分子间都能形成氢键，特别是分子内氢键导致糖苷键不能旋转从而使其刚性大大增加，所以纤维素柔顺性极差，是自然界中刚性最强的高分子材料之一。

1.3.1　纤维素的多分散性

纤维素由很多长度不一的线型高分子组成，分子量是不均一或多分散的，这种性质在高分子材料里较为常见。由于纤维素来源广泛，晶型繁复，因此不同来源的纤维素在分子量上表现出一定的差异性，从聚合度角度来说，细菌纤维素的聚合度为 2000～37000，棉花提取纤维素聚合度为 13000～14000，漂白木浆聚合度为 1000～1500，漂白草浆聚合度为 1000 左右[15]。表 1-2 为部分纤维素和纤维素衍生物的 $\overline{M}_w$ 和 DP 值[16]。

表 1-2　部分纤维素和纤维素衍生物的 $\overline{M}_w$ 和 DP 值[16]

原料	分子量 $\overline{M}_w$ $/\times 10^4$	聚合度（DP）
天然纤维素	60～150	3500～10000
棉短绒	8～50	500～3000
木浆	8～34	500～2100
细菌纤维素	30～120	2000～8000
人造丝	5.7～7.3	350～450
玻璃纸	4.5～5.7	280～350
商业纤维素硝酸酯	1.6～87.5	100～3500
商业纤维素乙酸酯	2.8～5.8	175～360

1.3.2　纤维素的溶解性

纤维素分子间以及分子内具有极强的氢键作用，这使纤维素一方面具有结晶度高、性能稳定、玻璃化转变温度较高的特性；另一方面，极强的氢键也使纤维素不溶于一般溶剂，难以被直接利用，制约了纤维素纤维工业的发展。纤维素在溶解之前通常有一个润胀作用，常见的润胀剂有水、碱溶液、磷酸、甲醇、乙醇、苯胺、苯甲醛等极性溶液。而纤维素的润胀主要分为结晶区间润胀和结晶区内润胀，结晶区间润胀指的是润胀剂只达到无定形区和结晶区表面，结晶区未受影响，其 X 射线衍射图不发生变化。结晶区内润胀指的是润胀剂占领了整个无定形区和结晶区，形成新的润胀化合物，晶胞参数发生变化，形成新的结晶格，出现新的 X 射线衍射图。事实上，纤维素在这些溶剂中的有限溶胀主要发生在无定形区，同时也会影响到结晶区。在此之外，还有无限润胀的说法。无限润胀是一种概念说法，指的是润胀剂无限地进入纤维素的结晶区和无定形区，纤维素的无限溶胀实质上就是溶解[10,11]。目前，纤维素的溶解方法可以分为衍生物间接溶解法和直接溶解法。衍生物间接溶解法，即通过化学反应形成纤维素衍生物，然后将纤维素衍生物溶解，而达到纤维素溶解的目的。然而化学改性的方法会导致纤维素发生降解、变性、聚合度降低、结晶度下降等变化，产物难以保持纤维素的天然特性，而且生产中常伴随着环境污染。直接溶解法，即直接以溶剂将纤维素溶解，主要是破坏纤维素分子间的氢键,溶解过程为物理过程。此外,按照溶解方法的溶剂性质不同,又将纤维素的溶解方法分为传统方法和现代新型方法,以下将按照传统方法与现代新型方法的分类简述常见的纤维素溶解方法。

(1)溶解纤维素的传统方法

①黄原酸盐法。黄原酸盐法(黏胶法)[16]利用了氢氧化钠/二硫化碳体系,该方法已有 100 多年的历史。19 世纪末期,Cross 等发现纤维素磺酸钠溶液在酸性条件下可以水解生成纤维素。几年后,人们开始利用该方法生产纤维素纤维,即黏胶纤维,目前国内 90%以上的纤维素产品使用该工艺生产。该方法主要利用纤维素中—COOH 的酸性,用一定浓度的氢氧化钠溶液处理后,形成碱纤维素,然后与二硫化碳反应生成黄原酸纤维素酯,该酯可以溶于氢氧化钠溶液。但利用该方法生产纤维素纤维,其纺丝过程不仅会生成硫化氢、二硫化碳等有害气体,且纺丝凝固浴中使用了硫酸锌,这都造成严重环境污染,并且工艺过程也比较烦琐,生产周期长,能耗大,其原理如图 1-4 所示。

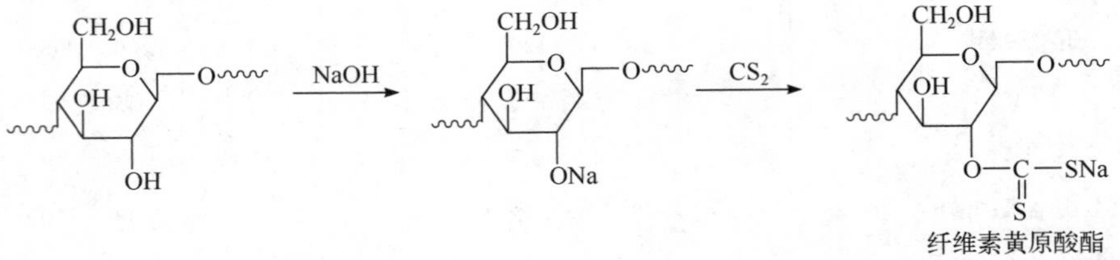

图 1-4 黄原酸盐法(黏胶法)溶解纤维素

②铜氨溶液法。1857 年 Schweizer 发现了这个溶液体系,主要利用黏度测定法测定纤维素的分子量。在铜氨溶液中,$[Cu(NH_3)_4](OH)_2$ 是活性中心,并与纤维素 C-2 和 C-3 位的羟基发生强作用形成五元螯合物,破坏纤维素分子内与分子间的氢键,因而纤维素可以溶解在高浓度的铜氨溶液中。铜氨溶液是最早用来溶解纤维素的溶剂,除铜氨溶液外,部分过渡金属的乙二胺溶液也可以用于溶解纤维素,两者的溶解原理一致。溶液中的铜氨络合离子能与纤维素形成醇化物或者分子化合物,从而使纤维素溶解,溶液的溶解能力与铜氨络合离子的浓度、纤维素的聚合度和温度有关。纤维素的铜氨溶液主要用于生产铜氨纤维,但其对空气中的氧气比较敏感,很容易发生氧化降解。同时,铜氨溶液很难被完全回收利用,环境污染比较严重。该方法目前主要用来测定纤维的聚合度,图 1-5 为铜氨溶液法溶解纤维素原理。

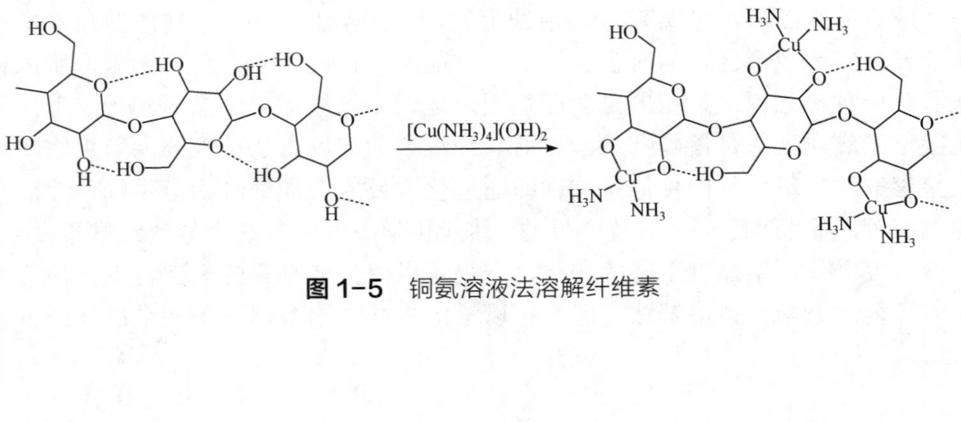

图 1-5 铜氨溶液法溶解纤维素

（2）溶解纤维素的新型方法

①氯化锂/N, N-二甲基乙酰胺体系（LiCl/DMAC）。该体系是最早发现的能够直接溶解纤维素的溶剂体系之一。氯化锂溶解在极性溶剂二甲基甲酰胺（DMF）、二甲基亚砜（DMSO）、二甲基乙酰胺（DMAC）中后，体系都具有了溶解纤维素的能力，其中以 LiCl/DMAC 的溶解效果最好，这主要是由络合物分子的空间结构引起的。LiCl/DMAC 稳定性也高于前两种。由于 N 和 O 含有孤对电子，它们易与具有空轨道的原子形成配位键。当 DMAC 与 LiCl 相互作用时，由于 O 的电负性大于 N，产生 Li—Ȯ 键的可能性大于产生 Li—N 键的可能性。由于 Li—O 配位键的生成，同时 Li(DMAC)$_x$ 的生成，使 Cl 带有更多负电荷，从而增强 Cl 进攻纤维素—OH 上的氢的能力，使纤维素—OH 与 DMAC-LiCl 之间形成强烈的氢键，图 1-6 为 LiCl/DMAC 法溶解纤维素示意图。

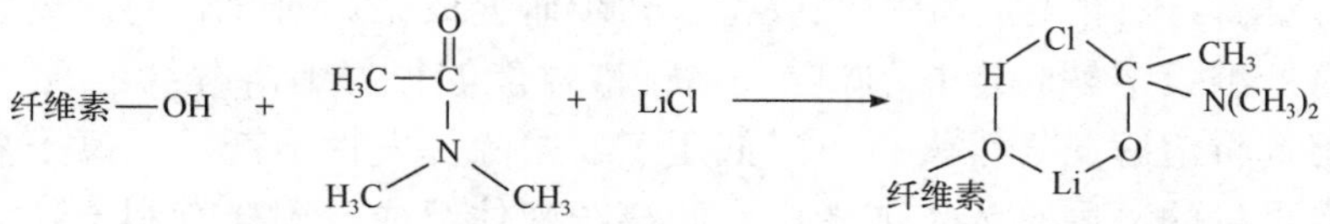

图 1-6　LiCl/DMAC 法溶解纤维素

②NMMO 溶剂法。早在 1939 年 Graenacher 等发现三甲基氧化胺、三乙基氧化胺和二甲基环己基氧化胺等叔胺氧化物可以溶解纤维素，直到 1969 年，Johnson 等发表了一种叔胺氧化物即 NMMO 溶剂体系的专利[17]。它由 NMMO 通过与 N 原子连接的其电负性很强的 O 原子与纤维素的羟基形成作用力很强的氢键，打开纤维素分子间羟基上原有的氢键，使纤维素得到溶解。图 1-7 为 NMMO 法溶解纤维素的原理图。

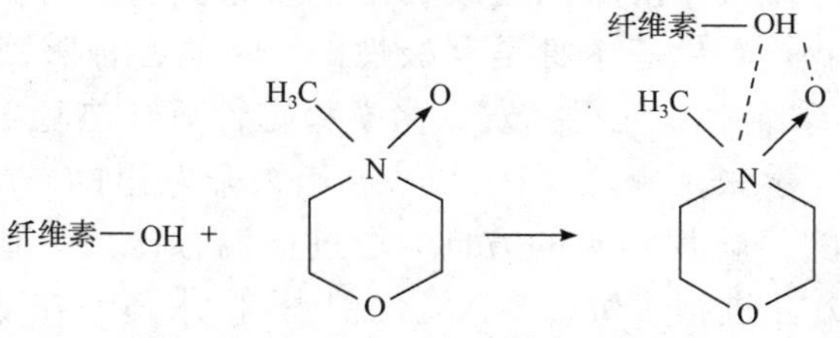

图 1-7　NMMO 法溶解纤维素

N-甲基吗啉-N-氧化物（NMMO）毒性低于乙醇，沸点 118.5℃（50%水溶液），具有极强的吸湿性，不易发生降解反应，溶解能力强，可以很好地溶解纤维素，从目前的研究情况看，纤维素新溶剂中真正实现工业化生产且前景可观的只有 NMMO 溶剂法一种。NMMO 能得到成纤、成膜性能良好的纤维素溶液。用该溶液来纺丝得到的莱赛尔（Lyocell）纤维，由于其优异的性能获得了很大的成功，Lyocell 纤维是采用 NMMO 的水溶液溶解纤维素后进行纺丝制得的一种再生纤维素纤维。由 NMMO 法生产的纤维比普通黏胶纤维具有更高的强度，但是 NMMO 价格昂贵，必须使其溶剂回收率高达 99.7%。该方法具有经济价值高、毒性低、基本不污染环境的优点，但 NMMO 高温下易分解，溶解放热造成潜在的爆炸威胁，在储存与生产过程中存在一定的危险性。

③离子液体法。离子液体是指在温度低于 100℃呈液态，由体积较大的阴阳离子构成的液体，即室温离子液体。它们与典型的有机溶剂不同，在离子液体里没有电中性的

分子，全部是离子。离子液体是近年来兴起的一种极具应用前景的"绿色" 溶剂。与传统的有机溶剂、水、超临界流体等相比，离子液体具有无味、挥发性低、不易燃、易与产物分离、可多次循环使用等优点，使它成为传统挥发性有机溶剂的理想替代品。它有效地避免了使用有机溶剂所造成的严重环境污染问题，成为环境友好型绿色溶剂。常见的离子液体主要由烷基吡啶、双烷基咪唑、季铵阳离子与 BF_4^-、PF_6^-、NO_3^-、卤素等阴离子组成。对大多数无机物、有机物和高分子材料而言，离子液体是一种优良的溶剂。

离子液体作为一种室温或近室温条件下熔融的盐，用作溶剂来溶解纤维素和制备再生纤维素产品符合绿色化学的两项原则：采用环境友好溶剂和可生物再生的原材料。因此这方面的研究对纤维素工业的绿色化有重大意义。近年来人们已开始研究将离子液体应用于再生纤维素纤维的生产中，并取得了初步研究成果。研究表明：离子液体可以作为溶剂直接将纤维素溶解。其中，咪唑类离子液体能够很好地溶解纤维素，并可通过水、醇、丙酮等溶剂将溶解的纤维素析出，低压蒸发去除挥发性溶剂后，离子液体可以循环利用。纤维素再生的凝固剂为水或者由水和离子液体组成，同样有利于环境保护。离子液体易于回收，可降低生产成本，节约资源和能源，提高生产效率。但是目前用于纤维素溶解的离子液体种类有限，关于纤维素离子液体溶液性质的研究不多，将离子液体用于纤维素材料的溶解，还有大量的研究工作亟待进行。

④稀碱（NaOH、LiOH）溶胀剂（尿素、硫脲）溶剂体系。该体系中所应用的碱主要是碱金属的氢氧化物和锌酸钠。其中，NaOH 水溶液是溶解纤维素最简单、最便宜的溶剂。NaOH 水溶液已经被证明能有效溶解低聚合度的纤维素，但对黏均分子量较大的纤维素的溶解力较弱。稀碱和溶胀剂组成的溶剂体系具有更好的溶解性能。由于纤维素本身是多羟基化合物，而羟基本身是有极性的，因此各种碱液是纤维素良好的溶胀剂，在 80℃ 下可溶解纤维素，且不挥发、化学稳定性好、热稳定好、溶解能力强、结构和性质可调。武汉大学张俐娜教授团队[19]近年来开发出的碱/尿素和氢氧化钠/硫脲水溶液体系为纤维素的溶解找到新的方向，通过低温预冷可以快速溶解纤维素，对前人的高温有机溶剂的方法进行了突破。氢氧化钠/尿素/水体系在低温时对纤维素有较好的溶解能力，可溶解聚合度不太高的甘蔗渣浆、草浆等纤维素，特别是对于经过预处理的纤维素和再生纤维素，溶解效果更佳。这种新溶剂体系采用了最经济、最普通的化工原料，不仅生产工艺简便、生产周期短、价廉，而且所用的化学原料容易回收，可循环使用。

1.4　纤维素的化学性质

随着对纤维素研究的日益深入，对于纤维素分子结构、形态和超分子结构均有一定的了解。从纤维素的分子结构来说，纤维素至少可以进行两类化学反应：一类与纤维素分子结构中连接的葡萄糖基团残余的糖苷键有关，如强无机酸对纤维素的反应；另一类则与纤维素分子结构内的羟基有关，例如纤维素的氧化、酯化、醚化、交联与接枝等。而对于纤维素的形态和超分子结构方面，在保持纤维状态进行化学反应时，具有不均一的特征，例如在纤维素纤维的染整加工中进行的化学反应一般属于此类。以下将对纤维素的常见化学反应进行简要的介绍。

1.4.1　可及度、反应性及取代度

①可及度。纤维素的可及度指的是：反应试剂抵达纤维素羟基的难易程度。由于大部分反应试剂只能到达纤维素的无定形区，不能进入结晶区，因此无定形区比例越大，可及度越高。溶胀剂也会影响可及度。纤维素大分子的两个末端基（羟基）的性质是不同的，一端为还原性末端基（C1 位上的苷羟基），另一端为非还原性的末端基（C4 位上的羟基），这也是纤维素会出现极性和方向性的原因。

②反应性。即纤维素大分子基环上伯、仲羟基的反应能力。影响纤维素的反应性和产品均一性的因素：

a. 纤维素形态结构差异的影响。来源和制备方法的不同导致纤维素具有不同的形态结构，因而反应活性也不同。

b. 纤维素纤维超分子结构差异的影响。结晶区氢键数量多，分子结合紧密，试剂不易进入，可及度低，反应性差；无定形区则氢键数量少，分子结合松散，试剂易进入，可及度高，反应性好。

c. 纤维素分子链上不同羟基的影响。伯醇羟基空间位阻小，反应能力比仲醇羟基高；可逆反应主要发生在 C6—OH，不可逆反应有利于 C2—OH 反应。一般来讲，伯醇羟基的活性大于仲醇羟基。对于酯化反应，伯醇羟基具有最高的反应性能；对于醚化反应，C2 羟基的反应活性最高。

③取代度。纤维素分子链上平均每个失水葡萄糖单元上被反应试剂取代的羟基数目为纤维素的取代度，纤维素取代度最大值为 3。

1.4.2　纤维素的多相反应与均相反应

①为什么会发生多相反应？这是因为纤维素的难溶性，纤维素难溶于常用溶剂，悬浮在反应介质中。哪些因素会影响多相反应的均匀进行？首先，纤维素本身的超分子结构，结晶区和无定形区反应性的差异；其次，纤维素大分子间氢键的作用，多相反应只能发生在纤维素表面。为了解决这一问题，通常对纤维素进行溶胀或活化处理，如在反应介质中加入一些溶剂，使纤维素溶胀。

②纤维素的均相反应。纤维素均相反应的主要特点是纤维素溶解于溶剂中，分子间和分子内氢键均断裂，反应性能提高，有利于取代基的均匀分布。

纤维素的氧化分为选择性氧化和非选择性氧化，区分方式：是否有对特定位置和特定形式的氧化。

1.4.3　纤维素的酯化反应

纤维素与有机酸或无机酸反应可生成酯衍生物。常用的无机酸有：硝酸、磷酸、硫酸；有机酸有：羧酸、酰氯。高氯酸和氢卤酸不能直接酯化纤维素，甲酸可获得高取代度的酯。纤维素酯化的基本原理：纤维素结构中含有大量羟基，且这些羟基都是极性基团，在强酸溶液中可被亲核试剂所取代而发生反应，生成相应的纤维素酯。理论上纤维素可和所有的无机酸和有机酸反应生成一取代、二取代、三取代纤维素酯。

（1）常见的纤维素无机酸酯

①纤维素硝酸酯是天然纤维素的硝化产物，在军事上被称为火棉，是军事上必不可少的战略资源。在民用领域，纤维素硝酸酯主要用于生产速干涂料、汽车、家具以及工业上的搪瓷漆、涂料、油布等。其方法如图 1-8 所示。

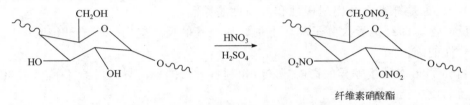

图 1-8　纤维素硝酸酯的制备方法

理论上，纤维素的取代度可达到 3.0，但实际上并达不到。根据用途不同，可以通过控制硝化程度，制备不同的纤维素硝酸酯。若上述反应只用硝酸，其浓度低于 75%时几乎不发生酯化反应；当硝酸浓度达到 77.5%时，取代度达到 1.5；若采用无水硝酸，取代度为 2.0；若要进一步提高其取代度，则需要采用混酸法，加入适量硫酸。为得到较好品质的纤维素酯，一般硝化时间在 30～90min，硝化温度采用 35～47℃，提高硝化温度一般会提高硝化速度，但是会使副反应加剧，最终产品的黏度下降，溶解度增加。混酸法是目前得到纤维素硝酸酯最广泛的方法，其主要优势为硫酸易得、廉价，废酸可回收，产品氮含量高。但是副反应所生成的不稳定硫酸酯和硝酸混合物会引起纤维素硝酸酯的降解、自燃甚至爆炸，因此，仍需要寻找经济的、安全的方法取代混酸法制备纤维素硝酸酯。

②纤维素硫酸酯。纤维素 AGU 上引入硫酸酯基得到水溶性的纤维素硫酸酯。纤维素硫酸酯带负电荷，由于电荷之间的排斥，会使纤维素的分子链更加伸展，而且硫酸酯基的介入破坏了纤维素大分子原有的分子间和分子内氢键，使其在水中溶解度大大增加。纤维素硫酸酯用途广泛，在石油化工、涂料工业上均有应用，在涂料中主要作为增稠剂。当其取代度大于 1.0 时，纤维素硫酸酯具有抗酶解的性能，这是其他酯化产物所不具备的功能。因此，也常在医药行业作为抗凝血剂。

纤维素硫酸酯的制备分为直接法和间接法。直接法指的是在极性有机溶剂里以纤维素为原料，酯化剂直接与纤维素的羟基反应，生成具有一定取代度的纤维素硫酸酯。该方法操作简单、成本低廉。间接法情况较多，可以可溶的纤维素衍生物为原料，通过均相酯化反应制备纤维素硫酸酯，这种方法的产物取代度分布均匀，反应效率高，但是产物的聚合度和取代度均受原料的影响。另一种方法是以纤维素为原料，先在可溶性反应体系中生成不稳定的中间体，然后中间体在均相体系中反应制得纤维素硫酸酯。这种方法的特点在于其高效性，但是中间体不稳定，需要在极低的温度下进行，成本较高。

（2）常见的纤维素有机酸酯

纤维素有机酸酯可通过纤维素与有机酸、酸酐或酰氯反应制得。与酸酐的反应式如图 1-9 所示。

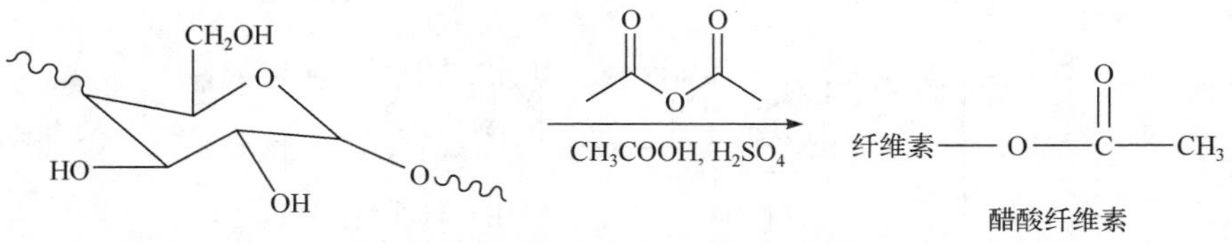

图 1-9　纤维素与酸酐的反应式

以下对常见的几种纤维素有机酸酯进行简单的介绍。

①纤维素醋酸酯。又称醋酸纤维素，是由棉纤维或木材纤维乙酰化制得的，因此还有乙酰纤维素之称。纤维素醋酸酯工艺十分成熟，在全球有数十家制作基地。高乙酰含量的醋酸纤维素（乙酰基含量 40%～42%）是白色粒状、粉状或棉状固体，对光稳定，不易燃烧，在稀酸、汽油、矿物油和植物油中稳定，在三氯甲烷中溶胀，溶于丙酮、醋酸甲酯等，能为稀碱液侵蚀，具有坚韧、透明、光泽好等优点，熔融流动性好，易成型加工。二氯甲烷均相法采用精制棉短绒和醋酐，以乙酰硫酸为催化剂，在溶剂二氯甲烷存在下进行酯化，部分水解，可得到结合醋酸含量在 60.0%±0.5% 范围内的醋酸纤维素。传统方法是将精制棉短绒干燥，用醋酸活化，在硫酸催化剂存在下，用醋酸和醋酐混合液乙酰化，然后加稀醋酸水解到所属之取代度，中和催化剂，沉析，脱酸洗涤，干燥得成品。经部分水解的称二醋酸纤维素，酯化度 γ 值 220～270。

②纤维素醋酸丙酯。纤维素醋酸丙酯需要首先对纤维素进行酸活化，再以硫酸为催化剂进行制备。硫酸在反应中具有不同的反应途径，硫酸可和纤维素相结合直接生成硫酸酯类，在酯化开始时磺化作用与乙酰化及丙酰化作用对纤维素链上的羟基相竞争，磺化作用比酰化作用速率快，但是硫酸酯不稳定，易分解，所以在酯化末期绝大多数乙酰基和丙酰基替代了磺酸基而生成纤维素醋酸丙酯。另一种机理是硫酸先和酸酐生成乙酰硫酸和丙酰硫酸，然后二者再和纤维素生成硫酸酯，最后硫酸酯再和对应的酸生成目标产物。在实际反应中，这两种路径同时存在。

③纤维素高级脂肪酸酯。这种纤维素酯目前应用还不广泛，但是其优点在于加工温度低、抗冲击强度大、非极性溶剂溶解性能优良，和疏水聚合物有很大的相容性，在不需要增塑剂的情况下即可模塑成型，因此应用前景广泛。现在纤维素高级脂肪酸酯的制备方法主要是吡啶-酰氯法，即纤维素在吡啶的存在下和酰氯反应，但是该反应途径由于价格高昂、毒性大、腐蚀性大等缺点，难以推广开来。

1.4.4　纤维素的醚化反应

纤维素醇羟基与烷基卤化物或其他醚化剂在碱性条件下生成相应的纤维素醚，广泛用于油田、涂料、化工、医药、食品、造纸、建筑等工业。按其取代基种类来划分，可分为单一醚和混合醚，根据溶解性可分为水溶性和非水溶性纤维素醚。纤维素醚溶解性能优异，且可通过取代基的种类及数量来调控。其反应机理简单来说是通过 Williamson 醚化反应，碱催化烷氧基的开环加成反应以及碱催化 Michael 加成反应。纤维素醚的结构式如图 1-10 所示。

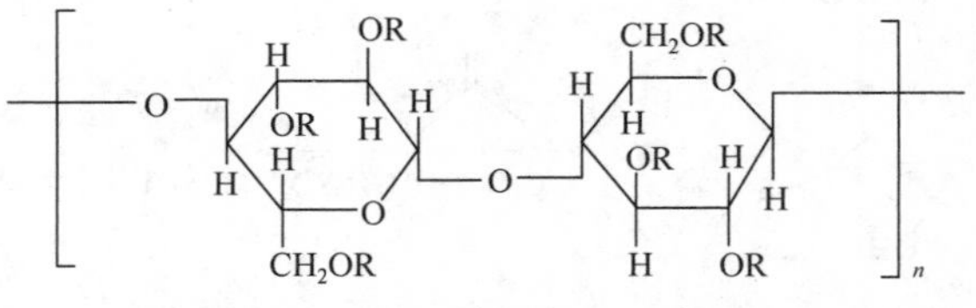

图 1-10　纤维素醚的结构式

n 是聚合度；R=—H，—CH_3，—CH_2CH_2OH，—CH_2CN，—CH_2COONa，—$CH_2CHOHCH_2N(CH_3)_3Cl$ 等

下面对常见的纤维素醚进行简介。

①烷基纤维素醚。甲基纤维素（methylcellulose，MC）是应用最广泛、最具代表性的烷基纤维素醚，它是纤维素上 AGU 的三个羟基被部分或全部甲基化得到的产物。MC 的理化性质受取代度影响较大，取代度较低时只能溶解在碱溶液中，取代度在 1.3～2.6 的产物则可以溶解于非极性溶剂中。MC 是一种非离子型纤维素醚，耐热耐盐性好，在各个领域应用广泛，主要用作水溶性胶黏剂的增稠剂。MC 另一突出特点是具有热可逆凝胶化行为，即在水中溶解的甲基纤维素在加热后会形成凝胶结构，当温度降低后恢复原状，这一特性让甲基纤维素在医学上具有良好的前景。

②羟烷基纤维素醚。纤维素羟基中的氢原子被烷基取代得到的纤维素醚被称作羟烷基纤维素醚，其中最常见的是羟乙基纤维素（hydroxyethyl cellulose，HEC）和羟丙基纤维素（hydroxypropyl cellulose，HPC）。棉短绒在碱化、压榨后，在稀释剂存在下与环氧乙烷反应得到 HEC，在羟烷基纤维素醚中还有摩尔取代度的说法，指的是每摩尔羟烷基纤维素中，羟基上平均所含的羟烷基数值。HEC 为白色或黄色粉末，在低摩尔取代度下具有碱溶性，在摩尔取代度为 1.3～2.5 时，可以很稳定地溶解在水里。HEC 是非离子型材料，广泛应用于高浓度电解质的增稠。

③阴离子纤维素醚。阴离子纤维素是最常见的离子型纤维素醚，其纤维素分子链上含有阴离子侧基，属于阴离子聚电解质，主要包括羧甲基纤维素、磺酸乙基纤维素和各种羧甲基纤维素的衍生物。羧甲基纤维素是水溶性纤维素衍生物，由于酸式水溶性差，一般制成钠盐，其溶液具有较好的粘接力、分散性、乳化性、扩散性及黏度，成膜性能良好。

④阳离子纤维素醚。阳离子纤维素醚是纤维素或纤维素醚与阳离子醚化试剂反应得到的产品。这是因为纤维素的单元上总是存在着可反应的羟基，可以和阳离子醚化试剂反应制备阳离子纤维素醚。常见的阳离子醚化试剂有环氧丙基三甲基氯化铵、二甲基二烯丙基氯化铵和各种丙烯酸阳离子衍生物。阳离子纤维素醚广泛使用于香皂、沐浴露等洗护用品中。

1.4.5 纤维素的接枝和交联

通过纤维素羟基对纤维素进行改性，改性后，纤维素大分子上羟基减少，合成高分子的支链增加，物理性质和化学性质有很大改变，如：吸湿性下降、耐磨性增加、湿强度增加、形稳性增加、挺度和不透明度增加。改性方法有接枝共聚和交联反应。

纤维素的接枝共聚是在不完全破坏纤维素材料自身优点的条件下，通过利用共聚物的功能性来改善纤维素，使其可应用于催化、纳米科学等领域。将单体接枝到纤维素主链上有很多方法，主要有：自由基聚合、离子聚合、开环聚合、活性自由基聚合等。目前自由基型接枝共聚是用于纤维素接枝改性的一种主要途径，和其他的聚合方法相比，具有单体选择范围广、聚合条件温和、引发剂和反应介质价廉易得、便于工业化生产等优点。

1.5　纤维素的应用

（1）纤维素膜材料

纤维素膜材料是以天然纤维素为原料，通过各种工艺制备的特殊膜材料，其中用途最为广泛的是再生纤维素膜。再生纤维素膜（regenerated cellulose film），又称玻璃纸、赛璐玢（cellophane），是一种以棉浆、木浆等天然纤维素为原料，经碱化、磺化、成型等特殊工艺加工制得的再生纤维素薄膜[20]。它与一般的纸有所不同，不仅柔韧性好，而且透明度像玻璃一样，故称为"玻璃纸"；主要应用于食品包装、烟草包装、药品包装、化妆品包装、烟花包装等领域，属于低碳环境友好型包装材料[18]。

再生纤维素膜的优点众多：①在土壤中可被微生物等快速降解，不会对环境造成二次污染，相对于其他材料具有卓越的环保性能；②具有优良的抗张强度和伸缩性，在多次弯曲下不产生静电，不自吸灰尘，印刷及复合性能卓越；③耐高温，在 190℃的高温下不会发生明显变形，可以在微波炉等高温、高能量的情况下与食物一起加热；④经涂布加工后，可具有防潮、防油、隔水、隔气、可热封等特性，对油性、碱性和有机溶剂具有很高的阻隔性，因此在用于物品包装时有独特的优势；⑤无毒、无味、透明度高、光泽度好，可在加工过程中赋予各种颜色；⑥具有普通塑料膜所不可替代的不带静电、防尘、扭结性好、绿色环保等优点。目前再生纤维素膜在全球范围内被作为绿色环保包装材料而受到广泛关注[21,22]。

（2）纤维素水凝胶与纤维素气凝胶

现代电子如人体可穿戴传感器、太阳能转换器需要研发具有高拉伸性、压缩性和离子传输的柔性电解质。相比于广泛使用的聚乙烯醇电解质，具有三维网络和富含大量水的水凝胶，具有较高拉伸性能和压缩性，更适合于柔性电子器件的制作。特别是以天然高分子为基础的水凝胶，除了具有安全性、生物相容性和可持续性等特点，还可通过添加电解质轻易地实现导电性，近些年引起广泛关注。对于采用合成高分子或无机组分与天然高分子混合制得的高分子基水凝胶可以获得可调的力学性能，在特定领域有较好的应用，但是这类水凝胶不能充分发挥天然高分子的优势，因此纤维素水凝胶作为纯天然高分子基水凝胶具有很大的优势，纤维素水凝胶可广泛应用于生物传感器、自修复材料、药物包覆材料、生物友好型胶黏剂等[23]。

纤维素气凝胶属于三维多孔网络结构纳米材料，具有高比表面积、高孔隙率、生物可降解等特点，相对无机气凝胶而言，纤维素气凝胶具有良好的加工特性，因此被认为是第三代新型多功能气凝胶。纤维素气凝胶不仅具有与其前驱物类似的特征，还有再生聚合物纤维素的特征。依据纤维素气凝胶的分子结构以及化学组成、制备方法，大致可以分为细菌纤维素气凝胶、再生纤维素气凝胶、纳米纤维素气凝胶以及纤维素衍生物气凝胶。其制备方法通常是先形成纤维素水凝胶，再经过溶剂置换、干燥最终形成纤维素气凝胶。由于纤维素气凝胶具有低热导率的特点，可应用于绝热材料；高的比表面积和孔隙率使纤维素气凝胶适合应用在吸附和分离过程中；此外，还可用作碳气凝胶前驱体、生物医药材料、金属纳米颗粒和金属氧化物的载体等其他功能型气凝胶的基体。

纤维素作为自然界中含量广泛的可再生材料，具有出色的机械强度和生物相容性，相关的独特物理和化学特性使其应用涉及新材料、能源、食品、医药、生物传感器、膜材料、载体材料、功能化学品及添加剂等方面，显示出了广阔的发展前景。但是，单一纤维素由于组成结构、性能、功能单一等缺点，难以应用在对于性能要求较高的领域。基于此，国内外研究学者对纤维素进行了大量探究，这些研究成果已被广泛应用于实际生产中，使纤维素行业得以蓬勃发展。目前如何深入研究纤维素结构与性能的关系；寻找纤维素的新来源；如何进一步高效地分离出纤维素，从分子水平上研究控制合成纤维素衍生物、再生纤维素以及纤维素晶体的物理化学结构，从而获得特殊性能的功能精细化工产品；如何开展人工合成纤维素；研究细菌纤维素及其功能特性；如何寻找植物合成纤维素的机制，研究开拓纤维素在新技术、新材料和新能源中应用等，都是纤维素近年来的研究趋势。

参考文献

[1] Azizi Samir, Fannie Alloin, Alain Dufresne A. Review of recent research into cellulosic whiskers, their properties and their application in nanocomposite field[J]. Biomacromolecules, 2005, 6(2): 612-626.

[2] Asokan P A, Vikas P B, Sonal J B, et al. Advances in industrial prospective of cellulosic macromolecules enriched banana biofibre resources: a review[J]. International Journal of Biological Macromolecules, 2015, 79: 449-458.

[3] Gopi S, Balakrishnan P, Chandradhara D. General scenarios of cellulose and its use in the biomedical field[J]. Materials Today Chemistry, 2019, 13: 59-78.

[4] 刘心同. 利用木质纤维素生产纤维素纳米颗粒的相关研究[D]. 长春: 吉林大学, 2019.

[5] 姜海晶. 晶态纳米纤维素基复合膜光学性质的研究[D]. 长春: 吉林大学, 2019.

[6] 徐田军, 冯玉红, 庞素娟. 纤维素的溶解研究进展[J]. 热带生物学报, 2010, 1(02): 187-192.

[7] Northolt M G, Boerstoel H, Maatman H, et al. The structure and properties of cellulose bres spun from an anisotropic phosphoric acid solution[J]. Polymer, 2001, 42(19): 8249-8264.

[8] 李鑫, 邓立高, 俸斌, 等. 纳米纤维素的制备工艺及其研究进展[J]. 纸和造纸, 2018, 37(04): 11-16.

[9] 张涵飞，潘云霞. 不同化学处理方法对水稻秸秆结构的影响[J]. 广东化工, 2018, 45(18): 83-86.

[10] 李婉. 植物细胞壁中纤维素结构及纤维素的提取和功能材料制备[D]. 北京：中国科学技术大学, 2018.

[11] 安红玉，杨建忠，郭昌盛. 纤维素的改性技术研究进展[J]. 成都纺织高等专科学校学报, 2016, 33(03): 160-163.

[12] 高延东，周梦怡. 纤维素溶解研究进展[J]. 造纸科学与技术, 2013, 32(04): 38-43.

[13] 徐田. 甘蔗纤维素纤丝多孔材料的制备及性能研究[D]. 桂林：广西大学, 2018.

[14] 任晓冬，史旭洋，尚鑫，等. 木质纤维素预处理研究进展[J]. 吉林农业大学学报, 2016, 38(05): 567-570.

[15] Ran L, Zhang L, Min X. Recent advances in regenerated cellulose materials[J]. Progress in Polymer Science, 2016, 53: 169-206.

[16] 王金霞，刘温霞. 纤维素的化学改性[J]. 纸和造纸, 2011, 30(08): 31-37.

[17] Liebert T. Cellulose solvents—Remarkable history, bright future[C]. American Chemical Society, 2009, 1033: 3-54.

[18] 朱晨杰，张会岩，肖睿，等. 木质纤维素高值化利用的研究进展[J]. 中国科学：化学, 2015, 45(05): 454-478.

[19] 段博，涂虎，张俐娜. 可持续高分子-纤维素新材料研究进展[J]. 高分子学报, 2020, 51(1): 22.

[20] 刘振华. 再生纤维素膜行业的发展现状与趋势分析[J]. 中国造纸, 2019, 38(11): 76-84.

[21] 葛秋芬，隋淑英，刘杰，等. 纤维素-热塑性聚氨酯共混膜的制备及性能[J]. 功能高分子学报, 2015, 28(02): 178-182, 206.

[22] 张艳艳，葛昊，林昕呈，等. 纤维素/PVA 复合膜的制备及表征[J]. 塑料工业, 2016, 44(08): 142-145.

[23] 仝瑞平，陈广学，田君飞，等. 纤维素基离子水凝胶用于应变传感器[J]. 数字印刷, 2019(03): 184-189.

第 2 章　淀粉

淀粉作为一种经光合作用而形成的天然高分子，它的产量仅次于纤维素，是高等植物中常见的组分之一，也是储藏糖类的主要形式。淀粉来源广泛，价格低廉，是取之不尽、用之不竭的纯天然可再生资源。一直以来，淀粉除了可作为人类食物的主要来源以外，在非食用领域也有着广泛的应用前景，对其深入研究和开发也十分重要。21 世纪以来，随着人口剧增和能源资源的紧缺，人类面临着环境以及资源短缺的双重压力，因此对以淀粉为主要的天然高分子物质进行开发和研究将日益紧迫。

淀粉分子结构中具有活泼的羟基，易于化学和物理改性，改性淀粉材料在纺织、造纸、胶黏剂、生物降解塑料等领域应用广泛。淀粉基材料具有生物可降解性，废弃到自然环境中能降解为二氧化碳和水，回归大自然，被认为是完全无污染的天然可再生材料。因此，对淀粉材料的研究、开发与利用，可以减轻人类对化石资源的依赖，赋予淀粉新价值。

2.1　淀粉的结构

淀粉是以水和二氧化碳为原料，利用太阳光能，在植物自身组织中合成的，α-D-葡萄糖是以脱水缩合的方式形成的天然高分子化合物，化学结构如图 2-1 所示。淀粉属于多聚葡萄糖，游离葡萄糖的分子式以 $C_6H_{12}O_6$ 表示，脱水后葡萄糖单位则为 $C_6H_{10}O_5$，因此，淀粉分子可写成 $(C_6H_{10}O_5)_n$。淀粉分子的结构单位（脱水葡萄糖单位）的数量称为聚合度。

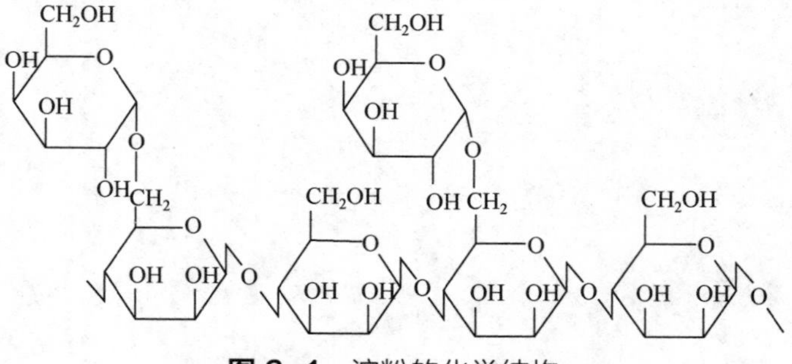

图 2-1　淀粉的化学结构

根据葡萄糖单元连接方式的不同，可分为直链淀粉和支链淀粉，通常淀粉中直链淀粉和支链淀粉的含量与其来源有关，谷类淀粉中含有 20%～25%的直链淀粉，而根类淀粉中仅含 17%～20%的直链淀粉，高直链淀粉中直链淀粉的含量可以达到 50%～70%。直链淀粉和支链淀粉在结构、性质以及化学反应活性方面有很大差异。直链淀粉是 D-葡萄糖基以 α-1,4 糖苷键连接的多糖链，分子中有 200 个左右葡萄糖基，它的平均分子量为 3.2×10^4～3.6×10^6，平均聚合度为 700～5000。直链淀粉还含有相当一部分的支直链淀粉，分支点由 α-D-1,6-糖苷键连接而成，分支点隔开很远，支链数目很少，占总糖苷键的比例很小，因此它的物理性质基本上和直线型直链淀粉相同。

直链淀粉通过分子内的氢键作用使长链的分子卷曲成螺旋形的构象存在，螺旋的每一圈含有 6 个葡萄糖基元。在螺旋上重复单元之间的距离为 1.06nm，螺旋内部仅含有氢原子，具有亲油性，而羟基则位于螺旋结构的外侧。在稀溶液中，直链淀粉构象通常为具有刚性棒状结构的螺旋形，其主要存在于中性溶液或碱性溶液与含有配合剂的共混物中。螺旋段之间有曲线连接的间断螺旋形，其主要存在于二甲胺、二甲亚砜和碱液中。随机的无规则线团形，主要存在于中性溶液（水合中性氯化钾水溶液）中，如图 2-2 所示。直链淀粉可以与许多极性和非极性物质络合，最常见的是与碘络合，形成深蓝色的络合物溶液，而支链淀粉不能与碘配合，这是判断两者最明显的证据，配合物的形成使直链淀粉的构象从无规线团向螺旋形转变。淀粉遇碘变蓝的现象不属于化学反应，而是由螺旋状的直链淀粉吸附碘形成配合物而引起的。

螺旋形　　　　　　间断螺旋形　　　　　　　无规则线团形

图 2-2　直链淀粉在中性溶液中的构象

支链淀粉中葡萄糖分子之间除以 α-1,4-糖苷键相连外，还有以 α-1,6-糖苷键相连的，分子量较大，一般由 1000～300000 个葡萄糖单元组成，分子量约为 100 万，有些可达 600 万。D-吡喃葡萄糖单元通过 α-1,4-糖苷键连接成一直链，此直链上又可通过 α-1,6-糖苷键形成侧链，在侧链上又会出现另一个分支侧链。主链中每隔 6～9 个葡萄糖残基就有一个分支，每一个支链平均含有约 15～18 个葡萄糖残基，平均每 24～30 个葡萄糖残基中就有一个非还原尾基。因此支链淀粉为高支化聚合物，结构十分复杂。

淀粉通常以颗粒的形式存在，呈现白色粉末，是多个淀粉大分子的聚集体。从高分子物理和化学角度分类，淀粉结构包括近程结构（一级结构）、远程结构（二级结构）和聚集态结构。淀粉是由直链淀粉和支链淀粉组成，许多学者提出淀粉颗粒结构模型，并先后提出基于支链淀粉分子为"簇"的概念，而直链淀粉则随机或呈螺旋结构而存在。淀粉聚集态结构十分复杂，且不同品种之间具有很大的差异。对淀粉聚集态结构的揭示，将有助于人们了解淀粉及淀粉衍生物的宏观性质，并为淀粉的化学改性、深加工提供理论依据，因此具有十分重要的理论意义和实践价值。

淀粉以颗粒形式存在，颗粒结构紧密、形态多样。淀粉的颗粒尺寸一般在 0.1～200μm 之间，形状大致可以分为圆形、椭圆形、肾形和多角形等，而且淀粉颗粒并不是简单存在。研究表明，几乎所有的淀粉颗粒都具有孔隙结构，称为淀粉的"脐"，这个发现使得研究者对淀粉颗粒的认知有了进一步提高，也促使在淀粉结构研究方面进行更深入的探索。淀粉颗粒形貌对淀粉性能有一定的影响，因此颗粒形貌一直是淀粉研究领域必不可少的分析指标。随着检测技术的不断改进，对淀粉颗粒形貌的研究水平也不断提高。如扫描电子显微镜用来观察淀粉的颗粒外貌；透射电子显微镜用来观察淀粉颗粒超微结构；偏振光显微镜用来观察淀粉颗粒外貌以及确定淀粉结晶结构的变化；激光共聚焦显微镜用来测定淀粉颗粒内部结构；原子力显微镜更加精细，用于观察淀粉颗粒的纳米结构等。

　　淀粉是一种天然的多晶体系，在淀粉的颗粒结构中包含着结晶区和无定形区两大组成部分，结晶区约为颗粒体积的 25%～50%，主要是由支链淀粉结构元素所形成，由于支链淀粉分子量较大，常常穿过淀粉颗粒的结晶区和无定形区，故两部分的区分不十分明显。而目前人们一般认为淀粉颗粒的结晶区不是直链淀粉，而是存在于支链淀粉之内。这主要是基于以下理由：①用温水处理淀粉颗粒，将直链淀粉浸出后仍未丧失其结晶性；②几乎不含直链淀粉，只由支链淀粉的糯性品种淀粉粒，与含 20%～35%直链淀粉的梗性品种淀粉粒呈现出了同样的 X 射线衍射图形；③含直链淀粉量很高的高直链玉米淀粉和皱皮豌豆的淀粉颗粒，它们的结晶性部分反而减少。直链淀粉分子和支链淀粉分子的侧链都是直链，趋向平行排列，相邻羟基间经氢键结合成散射状结晶性"束"的结构，后来人们又将它看成双螺旋结构。颗粒中水分子也参与氢键结合，淀粉分子间有的是由水分子经氢键结合，水分子介于中间，有如架桥。氢键的强度虽然不高，但数量众多，结晶束具有一定的强度，故淀粉具有较强的颗粒结构。结晶束间区域分子排列无平行规律性，较杂乱，为无定形区。支链淀粉分子庞大，穿过多个结晶区和无定形区，为淀粉颗粒结构起到骨架作用。淀粉结晶区链结构见图 2-3。

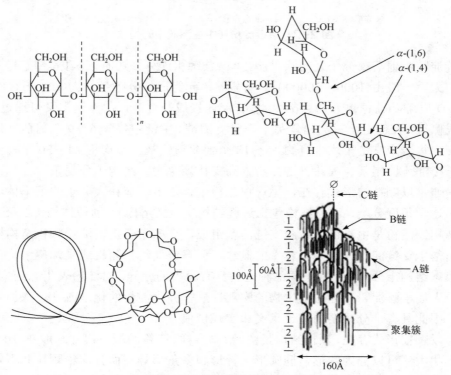

图 2-3　淀粉结晶区链结构[1]

淀粉颗粒在偏光显微镜下观察，会呈现偏光十字或马耳他十字，这是淀粉粒具有晶体结构的重要标志，双折射性是由于淀粉粒的高度有序性（方向性）所引起的，高度有序的物质都有双折射性。淀粉偏光十字的存在证明了淀粉球晶结构的存在，表明微晶的主轴是径向的。而瘦长形颗粒的两极及中线区域的偏光十字没有变化，说明微晶极其微小并呈现多向性。十字的交叉点位于粒心，因此可以进行粒心的定位。不同种类淀粉粒的偏光十字的位置、形状和明显程度不同，可依此鉴别淀粉种类。例如，马铃薯和绿豆淀粉的偏光十字比较明显，而大米淀粉明显程度稍差。偏光是微镜下淀粉的十字消光效应见图 2-4。

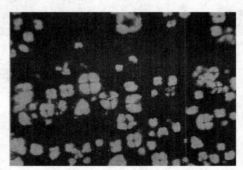

图 2-4　偏光显微镜下淀粉的十字消光效应

淀粉颗粒具有结晶结构，呈现一定的 X 射线衍射图样。Katz 和 Italli 根据淀粉颗粒的 X 射线衍射图谱不同，将晶体结构分为 A 型、B 型、C 型三种。A 型淀粉为单斜晶型，晶格参数 $a = 2.124$nm、$b = 1.172$nm、$c = 1.069$nm、$g = 123.58°$，密度为 1.48g/cm^3。B 型淀粉的晶格参数为 $a = b = 1.85$nm、$c = 1.04$nm、$g = 120°$，密度为 1.41g/cm^3。中心孔道中有 36 个水分子。从这些数据看，A 型、B 型淀粉双螺旋结构的十字区横截面面积可以估算为 2.1nm^2 和 3.0nm^2。双螺旋结构的体积分别为 15nm^3 和 26nm^3。谷物淀粉大多数属 A 型，根茎类淀粉大多数属 B 型，而豆类淀粉则以 C 型居多。C 型结晶结构是 A 型和 B 型的混合体，豆类淀粉颗粒中心表现为 B 型结构，而颗粒外层表现为 A 型结构。A 型和 B 型淀粉都由平行排列的左手双螺旋构成，主要区别为双螺旋的聚集方式。A 型结构中直链淀粉与支链淀粉相对独立地存在于淀粉中，B 型结构中直链淀粉与支链淀粉缠绕在一起，这种天然的相互缠绕，给分子间相互作用提供了更多的机会。B 型结构中，左手双螺旋平行聚集，构成六方晶型，中心部位充满 36 个结构水；A 型结构比较紧凑，双螺旋占据中心部位，中心仅有 8 个结构水。淀粉的晶体结构见图 2-5。

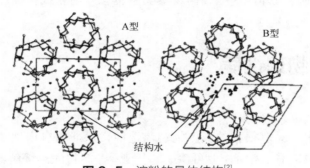

图 2-5　淀粉的晶体结构[2]

淀粉颗粒结构较为复杂，其内部的精细结构至今尚不明确。为了准确地研究复杂的淀粉结构，通常将淀粉颗粒结构用双螺旋结构（Å）、层状结构（9～10nm）、超螺旋结构（10～100nm）、止水塞结构（0.1～1.0μm）、轮纹结构（1～10μm）、颗粒（约10μm）等层次来进行描述，如图2-6所示。

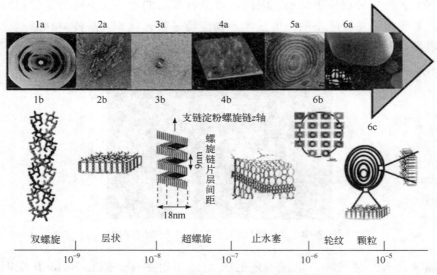

图2-6　淀粉的多层次结构及形貌[3]

2.2　淀粉的来源

天然淀粉又称原淀粉，其依赖于植物体内的天然合成。就其分布而言，淀粉来源遍布整个自然界，广泛存在于高等植物的根、块茎、籽粒、髓、果实、叶子等中。淀粉一般按来源可分为：禾谷类淀粉，主要包括玉米、大米、大麦、小麦、燕麦和黑麦等；薯类淀粉，在我国以甘薯、马铃薯和木薯为主；豆类淀粉，主要有蚕豆、绿豆、豌豆和赤豆等；其他淀粉，在一些植物的果实（如香蕉、芭蕉、白果等）、基髓（如西米、豆苗、菠萝等）中含有淀粉。另外，一些细菌、藻类中也含有淀粉或糖原。

2.3　淀粉的物理性质

淀粉为白色粉末，具有很强的吸湿性和渗透性，水能够自由地渗入淀粉颗粒内部。淀粉颗粒不溶于一般的有机溶剂，但可溶于二甲亚砜。淀粉的热降解温度为180～220℃。

淀粉的密度随含水量的不同略有变化。通常干淀粉的密度为 $1.52g/cm^3$。淀粉存在着很强的分子内和分子间氢键，因而 T_g（玻璃化转变温度）高于热降解温度，无法通过实验得到纯淀粉的 T_g。在淀粉中加入水（或甘油等），可以明显降低 T_g，对淀粉具有很好的增塑作用。

淀粉颗粒不溶于冷水，但是将干燥的天然淀粉放入冷水中时，它会吸水溶胀。此时，水分子仅进入淀粉颗粒的非结晶部分并与游离的亲水基团结合。淀粉颗粒缓慢吸收少量水，并急剧膨胀但保留其原始特性和晶体对称性。静置后淀粉颗粒由于其高密度而沉降出来，可以分离并干燥。

2.4 淀粉的化学性质

2.4.1 淀粉的糊化

将淀粉-水的悬浮液进行加热，淀粉颗粒可逆地吸水膨胀，但是当加热到某一温度时，颗粒突然迅速膨胀，继续升温后体积可以达到原来的几十倍甚至数百倍，最后悬浮液变成半透明的黏稠胶体溶液，这种现象被称为淀粉的糊化。淀粉发生糊化现象的温度称为糊化温度，糊化后的淀粉被称为糊化淀粉。

淀粉的糊化过程可分为三个阶段，即可逆吸水阶段、不可逆吸水阶段、颗粒解体阶段。

（1）可逆吸水阶段

水分子在此阶段进入淀粉的无定形区，与游离的羟基结合形成复合物。但悬浮液无明显变化，淀粉晶体结构也没有变化，淀粉颗粒的体积会发生很小的形变。若停止搅拌，冷却干燥，淀粉又恢复为原来的状态。

（2）不可逆吸水阶段

当加热到糊化温度时，水分子开始进入淀粉内部结晶区，此时淀粉吸收大量的水分，体积急剧膨胀（原始体积的 50～100 倍）。由于不断地吸收热量，破坏了淀粉分子间和分子内的氢键，使淀粉的双螺旋结构分离，其晶体结构被破坏。此时淀粉颗粒中分子量较小的直链淀粉渗出，造成淀粉黏度增加，若重新冷却干燥，淀粉已恢复不到原本的结晶状态。

（3）颗粒解体阶段

继续加热，淀粉分子继续吸水膨胀，当膨胀到一定程度时，分子间的作用力减弱，淀粉颗粒开始发生破碎、解体，扩散出来的淀粉分子之间相互缠结形成网络状的含水胶体。

淀粉糊化状态见图 2-7。

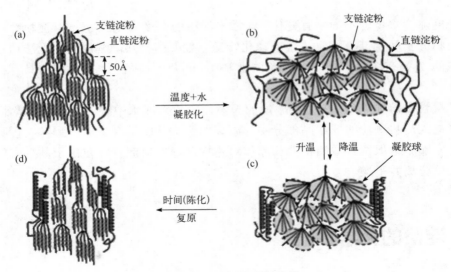

图 2-7 淀粉糊化状态[4]

影响淀粉糊化的因素：

①含水量。高含水量的淀粉悬浮液，其糊化大致分为上述三个阶段，低含水量的淀粉悬浮液糊化机理较复杂，涉及淀粉晶体熔化、分子水解、颗粒不可逆润胀、支链淀粉结构重组、晶型的转变等过程。

②淀粉结构。若淀粉分子间氢键缔合作用大，分子排列更为紧密，淀粉的密度和结晶束尺寸较大，破坏其结构所消耗能量较大，淀粉颗粒不易糊化，反之容易糊化。直链淀粉的分子间结合力较大，其糊化温度也较高。

③其他因素。除了含水量和淀粉自身结构对其糊化过程有直接影响外，其他的间接因素也可造成影响，如：脂肪含量对淀粉的润胀有抑制作用。碱性试剂的加入会促进淀粉的润胀。不同种类的盐也会对其糊化过程有影响，如加入硫氰酸钠会降低淀粉糊化温度；加入极性有机物会破坏淀粉分子的氢键作用，在室温下就可使淀粉糊化。一些糖类，如 D-葡萄糖的加入能抑制淀粉的糊化。加入亲水性的高分子会阻止淀粉的糊化。化学因素，如酸解后会使得淀粉糊化温度升高。物理因素，如压力的升高会使得淀粉糊化温度升高等[5]。

淀粉糊化后的性质：无论将淀粉用于食品（增稠）、造纸（施胶）以及纺织领域（上浆），还是对其进行化学改性，都需要对其在水中进行糊化。糊化以后黏度增加，冷却时由于分子聚集形成交联网络，糊保持流动性或者形成一种类固体（固体凝胶），具有较强的保持形状的能力。

2.4.2 淀粉的老化

淀粉老化的概念：淀粉溶液经过冷却或长时间放置后，浑浊度增加甚至有沉淀析出的现象称为淀粉的老化。其本质就是糊化淀粉在较低的温度下自然冷却或者慢慢脱水干燥的时候，水分子逐渐脱出，直链淀粉和支链淀粉分支重新趋于平行排列，互相靠拢，彼此以氢键等作用结合重新形成微晶束。老化也包括三个阶段，即成核、晶体的生长、晶体的完善。

影响淀粉老化的因素：

①淀粉的组成及聚合度（DP 值）的影响。直链淀粉呈直链状，是线型大分子，容易发生重新排列而老化；支链淀粉是树枝状大分子，空间位阻大，不易发生老化。直链淀粉和支链淀粉的聚合度对老化性能影响较大。对于直链淀粉而言，如果 DP 值很低，更容易从体系扩散出去，不易定向排列，不易老化；如果 DP 值太大，分子链太长，取向困难，也不易老化。因此，中等链长度的直链淀粉（DP=80～100）的老化速率最快。

②含水量。淀粉糊含水量过大，淀粉分子难以重新有序排列，不易老化。淀粉糊中含水量过低，淀粉碰撞的机会很少，同样不易老化，最适宜的含水量在 40%～70% 之间。

③温度。低温有助于提高淀粉的成核速率。当温度低于结晶熔点时，晶体的成核速率最大。

④储存时间。淀粉老化后在 DSC 曲线上会出现双螺旋解离和支链淀粉从螺旋到无规线团的转变双重峰，研究发现，储存时间在 2～5h 内可以观察到该双重峰，并且随储存时间几乎不再变化[6]。

⑤脂类物质。脂肪酸、乳化剂和油脂等脂类物质可以与直链淀粉形成复合物，使其发生凝聚，抑制支链淀粉的老化。

⑥糖类。少量糖类的加入可以促进淀粉的老化，当糖类含量过高时会抑制淀粉的老化。

淀粉老化后的性质：老化后淀粉的结晶稳定性高，其熔融温度在 150℃ 左右。老化后的淀粉难以糊化，如果再次糊化需要在更高的温度下进行加热处理。老化后的食品变硬，具有抗酶解特性，不易被人体消化吸收。淀粉基材料老化以后硬度和强度变大，但是断裂伸长率下降，材料变脆。

2.4.3　淀粉的水解

淀粉的水解是一个较为复杂的过程。在 α-淀粉酶的作用下，淀粉可以水解成麦芽糖、麦芽三糖和糊精。麦芽糖和麦芽三糖遇碘不显色。糊精是淀粉部分水解的产物，初步水解的糊精分子仍较大，遇碘显紫蓝色，称蓝色糊精；继续水解，得到分子较小的糊精，遇碘显红色，称红色糊精；再水解可得到分子更小的糊精，遇碘不显色，称无色糊精。要想进一步分解成葡萄糖，还需麦芽糖酶的参与，在麦芽糖酶的作用下，麦芽糖进一步水解成葡萄糖。

2.5　淀粉的改性

淀粉原料丰富，价格便宜，可再生。不同类型的淀粉具有不同的分子结构，直链淀粉和支链淀粉含量也不同，因此不同淀粉成分的可用性也不同。淀粉在现代工业中的应用受到限制，因此，基于淀粉的结构和理化特性已经开发了多种淀粉改性技术。

2.5.1　淀粉的化学改性

淀粉化学改性的常用方法包括氧化、酯化、醚化、交联、接枝共聚等，经过化学改性的淀粉，被广泛运用于食品、纺织、造纸、化工等行业。

（1）淀粉的氧化

①氧化原理。氧化淀粉是在氧化剂的作用下制备的淀粉衍生物，其中常用的氧化剂有中性介质氧化剂（溴、碘等）、酸性介质氧化剂（硝酸、高锰酸钾、过氧化氢、卤氧酸）、碱性介质氧化剂（碱性次卤酸盐、碱性高锰酸钾等）。淀粉在氧化过程中，其反应主要发生在 2,3,6 位及 1,4 位的环间苷键上，其氧化结果是引入羰基和羧基，这与氧化剂类型、电子效应及空间位阻有密切关系。

②氧化反应。用次氯酸钠氧化淀粉是工业上最常用的一种方法，次氯酸钠可以氧化淀粉分子中脱水葡萄糖单位上的不同醇羟基，生成羰基和羧基，因此可以用氧化淀粉中羰基和羧基的含量来表示其氧化程度。在氧化过程中，发生在 C1 羟基和 C4 羟基的反应在还原端和非还原端，且数量少，起到的作用不大；但 C2、C3、C6 上的羟基数量大，在氧化反应中起到了主要作用。以 C6 部位的氧化情况来阐述反应机理。在次氯酸钠作用下，伯醇基—CH_2OH 先氧化成醛基—CHO，接着被氧化为羧基—$COOH$。

通常工业上采用湿法制备氧化淀粉，淀粉乳的浓度需控制在 30%～40%，反应温度为 30～50℃，pH 值一般为 8～9。在不同 pH 值下氧化淀粉时，羧基含量随着 pH 值的升高而增加，当 pH=9 的时候达到最大值，再提高 pH 值羧基含量反而下降。与之相比，羰基含量却随着 pH 值的升高持续下降。此外，随着次氯酸钠用量的增加，氧化淀粉中羰基和羧基的含量也随之增加，且羧基的含量始终高于羰基。另外，采用干法也可以制备氧化淀粉，在未加入碱的情况下，以次氯酸钠作为氧化剂，用双螺杆挤出机可以制备具有水溶性的氧化淀粉。其中，使用较高的螺杆转速、中等的加工温度以及较低水分含量有利于获得具有较高氧化度的淀粉。通过控制反应挤出的条件，可以制备高水溶性的氧化淀粉。

双氧水、高锰酸钾、氧气、臭氧或者紫外光都可以氧化淀粉。双氧水与次氯酸钠和高锰酸钾相比，是一种环保又高效的强氧化剂，在碱性条件下，使得淀粉的糖苷键发生氧化断裂，从而引入羰基和羧基。另外在一些以金属离子（Fe^{2+}、Cu^{2+}等）为催化剂的体系中，双氧水的氧化效率可以进一步提高[7]。高锰酸钾可以将淀粉葡萄糖单元不同部位上的羟基氧化成多种基团。在酸性条件下，一般认为氧化反应主要发生在淀粉无定形区的 C6 原子上，将伯羟基氧化成羧基。另外，高锰酸钾在酸性介质中不稳定，容易分解。而在碱性介质中，高锰酸钾加入后由紫色变成棕色这个过程很快，但从棕色变成白色的过程较慢。臭氧的氧化能力比氧气强，通常可以在较低的反应温度下进行氧化反应。使用臭氧气体直接对干态的西米淀粉、木薯淀粉和玉米淀粉进行氧化改性，只需要反应 1～10min 即可获得不同羰基和羧基含量的氧化淀粉。在臭氧氧化过程中，也可以使用湿法来制备氧化淀粉。

③氧化淀粉的性质。氧化淀粉的颗粒类似于原淀粉，保持有原淀粉的结晶结构，在偏光显微镜下仍能看到十字消光现象，原因是氧化反应主要发生在无定形区，部分淀粉发生链断裂，溶于水溶液，出现裂纹和空穴。

氧化淀粉性能较天然淀粉有了极大改进，在食品、医药、造纸、冶金、石油、纺织等行业和领域有着更为广泛的应用。造纸工业主要用作纸张表面施胶剂，由于其具有成膜性好、不凝沉的特性，使用后可改善纸张强度、光滑度，提高印刷质量。纺织工业用氧化淀粉作上浆剂，适合棉、合成纤维和混纺纤维。氧化淀粉糊稳定性、流动性、渗透性均较好，并可低温上浆，不仅减少浆斑，而且可提高纤维的耐磨性。由于水溶性好，退浆也容易，且和其他上浆剂（如羧甲基纤维素、聚乙烯醇等）有好的兼容性。食品工业中，氧化淀粉的糊化温度低，糊黏度低且稳定性好、透明度高、成膜性好、胶黏力强，它可以替代阿拉伯胶和琼脂来制造果冻和软糖，作为布丁、奶油布丁的主要成分。由于具有较好食品黏合性，氧化淀粉还常用作油炸及烘烤食品的专敷面料，以提高食品表层的酥脆性。建材方面，由于氧化淀粉具有很高的胶黏力，可以用作胶黏剂制造隔音板、墙板、纸板。

（2）淀粉的酯化

①酯化原理。酯化淀粉是淀粉大分子葡萄糖中的醇羟基被无机酸以及有机酸酯化而成的淀粉衍生物。根据发生酯化反应的酸种类不同，分成两大类：一是淀粉有机酸酯，如淀粉醋酸酯、淀粉黄原酸酯、淀粉油酸酯等；二是淀粉无机酸酯，如淀粉磷酸酯、淀粉硫酸酯等。

②酯化反应。淀粉磷酸酯也称磷酸酯淀粉，在自然植物如马铃薯中也存在部分磷酸酯淀粉。在现代改性工艺中，将淀粉中的羟基与磷酸盐发生酯化反应，根据反应程度的不同，可将淀粉磷酸酯分为淀粉磷酸一酯、淀粉磷酸二酯和淀粉磷酸三酯[8]。其反应过程是将水溶性的正磷酸盐、焦磷酸盐、偏磷酸盐或三聚磷酸盐与淀粉混合并加热至 $40\sim65$℃，将磷酸酯基团引入淀粉中得到淀粉磷酸酯，以三偏磷酸钠为酯化剂制备淀粉磷酸酯的具体反应式如下：

$$\text{StOH} + (\text{NaPO}_3)_3 \xrightarrow{\text{Na}_2\text{CO}_3} \text{St}-\text{O}-\overset{\overset{\displaystyle O}{\|}}{\underset{\underset{\displaystyle \text{ONa}}{|}}{\text{P}}}-\text{O}-\text{St} + \text{Na}_2\text{H}_2\text{P}_2\text{O}_7$$

淀粉醋酸酯在淀粉分子中引入了少量的酯基团，阻止了淀粉中直链淀粉分子的氢键缔合，因而致使淀粉醋酸酯和原淀粉间的性质存在较大差异。糊化温度低，糊液稳定性高，凝沉性弱，糊液透明度高。淀粉硫酸酯又称硫化淀粉，是在淀粉葡萄糖大分子中的 C2、C3 和 C6 上引入硫黄基形成硫酸单酯、双酯或多酯。在结构上属于阴离子性物质，可在各个 pH 范围内形成稳定的高黏度溶液。淀粉氨基甲酸酯又称尿素淀粉，是淀粉分子葡萄糖残基中的羟基被氨基甲酸酯原子团取代后的一种淀粉衍生物。反应过程是尿素在高温下分解为异氰酸，异氰酸与淀粉上的羟基进行加成反应[9]，以尿素为原料制备淀粉氨基甲酸酯的具体反应如下：

$$CO(NH_2)_2 \xrightarrow{\triangle} HNCO + NH_3$$
$$St—OH + HNCO \xrightarrow{\triangle} St—OCONH_2$$

③酯化淀粉性质。淀粉经过酯化改性后,使得羟基被酯基取代,减弱了分子间氢键的作用,得到的酯化淀粉糊的黏度和透明度高,糊凝胶化和脱水缩合现象减弱,热稳定性、成膜性等都有提高,这些性质的突显使得酯化淀粉被广泛应用于食品、纺织、医药等领域[10]。

淀粉磷酸酯是一种典型的阴离子淀粉,因为其电荷的存在,使得糊的黏度、透明性和溶液稳定性都比原淀粉高。在工业中也被用作表面活性剂,因其具有一定的生物降解性、热稳定性以及耐碱性。淀粉醋酸酯其糊的凝沉性低、热稳定性好、透明度高、分子间不易形成氢键,而且醋酸根有较强的亲水功能,可以提高吸水保水性。淀粉硫酸酯是一种强阴离子淀粉,对于酸碱的适应性很强。而且硫酸酯淀粉还具有抗氧化、抗病毒、抗肿瘤等活性,在医学界也广受关注[11]。淀粉氨基甲酸酯具有亲水性,在水中的分散性好,广泛应用于纺织羊毛纤维毛纱低温上浆工艺上。

（3）淀粉的醚化

①醚化原理。醚化淀粉是指淀粉分子中的羟基与醚化试剂生成淀粉取代基醚。

②阳离子淀粉醚。阳离子淀粉醚的制备主要是通过含铵阳离子的卤化物（或环氧化合物）与淀粉分子中的羟基发生醚化反应,生成一种含有铵阳离子的淀粉醚衍生物。阳离子淀粉醚由于带正电,可吸附带负电的物质,且糊化温度低,稳定性高,被广泛应用于造纸、食品、纺织、黏合剂、污水处理等方面。目前研究较多的是季铵盐类醚化淀粉,常用的醚化试剂为3-氯-2-羟丙基三甲基氯化铵（CHPTAC）,其醚化过程中季铵盐类醚化剂与碱反应生成环氧基化合物,再与淀粉分子中的羟基生成醚键。

③阴离子淀粉醚。阴离子淀粉醚主要是通过一氯醋酸与淀粉在碱性条件下反应得到,产物由于羧酸根离子的存在而带有负电荷,可溶于水。目前阴离子淀粉醚的主要产品为羧甲基淀粉（CMS）。

④非离子型淀粉醚。非离子型淀粉醚主要通过环氧丙烷、环氧乙烷、甲基氯、乙基氯、苄基氯以及部分碘（或溴）代烃与淀粉发生亲核取代反应来制备,其取代反应发生在 C2、C3 和 C6 上。

⑤醚化淀粉的性质。阳离子淀粉具有良好的成膜性、黏度稳定性以及和纤维级聚乙烯醇很好的相容性,被广泛用作纺织经纱上浆剂和固色剂。阳离子淀粉在水溶液中带有正电荷,对其他带有负电荷的悬浮物具有很好的吸附作用,因此可以被用作絮凝剂。另外,阳离子淀粉还被广泛应用于造纸行业,目的是改善纸的耐破度、耐折度、拉伸力和抗掉毛性。阴离子羟甲基淀粉,在食品中可用作增稠剂、稳定剂、保鲜剂,也可用作纸张涂布的黏着剂,具有优良的均涂性、黏度稳定性和保水性。在洗涤剂中用作抗污垢再沉淀剂,且对疏水纤维的洗涤效果更好。还可用作皮革上光剂、着色剂[12]。非离子羟烷基淀粉糊化温度低、亲水性好、耐碱性高、黏度稳定性优良,而且具有较好的成膜性、柔软度、平滑度和膜透明度等优点,用于印刷纸表面处理,能够抑制印刷墨的浸透,使印刷墨更均匀。还可作为纸板黏合剂、造纸工业添加剂和表面上胶剂[13]。

（4）淀粉的交联

①交联原理。淀粉分子中含羟基，这些基团可以与含有两个或两个以上官能团的试剂发生化学反应，可将不同的淀粉分子羟基连接在一起，得到的产物称为交联淀粉。反应机理可分为酯交联反应和醚交联两大类。

酯交联反应以三偏磷酸钠或六偏磷酸钠交联和三氯氧磷交联为主。以三氯氧磷交联为例，三氯氧磷（$POCl_3$）在 pH 值为 10～12，反应温度为 20～30℃的条件下，与淀粉生成磷酸二淀粉酯。可以在反应体系中加适量氯化钠防止三氯氧磷分解，提高其穿透率。醚交联反应以环氧氯丙烷交联和甲醛的交联为主，其中前者因反应条件温和、易控制，常被作为交联剂使用[14]。

②交联反应。以三偏磷酸钠为交联剂，在碱性条件下，可生成淀粉磷酸二酯和焦磷酸二氢钠。该反应在短时间内很难获得交联度较高的淀粉，必须提升 pH 值和反应温度才能有利于交联反应进行。一般来说，使用三偏磷酸钠为交联剂时，淀粉的交联反应通常在碱性水溶液浆液中完成，在较短的时间内很难获得交联度较高的交联淀粉，而使用微波加热含有三偏磷酸钠、氢氧化钠以及淀粉的混合液可以在较短时间内获得较高取代度的交联淀粉。采用微波间歇法加热可以使淀粉在其分解温度下与试剂接触更长的时间，从而有利于交联反应的发生。

③交联淀粉的性质。交联淀粉的许多性能都明显优于原淀粉，交联淀粉糊的稳定性和抗剪切能力更强，交联后的淀粉溶解度变小，颗粒不易溶胀[15]。交联淀粉的糊化温度以及其黏度与交联程度的高低有直接关系，低交联度的淀粉，糊化温度和粒度比原淀粉高，继续对其进行加热，黏度持续升高，冷却后黏度远大于纯淀粉糊。高度交联的淀粉受热不发生膨胀、不糊化。

在食品方面，交联淀粉具有较高的冷冻稳定性和冻融稳定性，特别适用于冷冻食品。交联淀粉还可以作为色拉调味汁的增稠剂，在较强的酸性条件下黏度可以得到保持，同时具有良好的储藏稳定性。在造纸方面，交联淀粉在常压下受热颗粒膨胀但不破裂，用于造纸打浆和施胶效果好，机械剪力稳定性高，是波纹板和纸箱类产品常用的胶黏剂。在医用方面，高度交联的淀粉受热不糊化，并且具有较好的流动性，适合作为医用外科手术手套、乳胶套等乳胶制品的润滑剂。而且淀粉由于具有优异的生物相容性，在制药领域的应用也日益受到广泛关注，可以作为药物的赋形剂、药膜涂层、载药微球以及凝胶等。在污水处理方面，将交联淀粉羧甲基化以后还可以用于重金属离子的吸附，对 Cu^{2+}、Pb^{2+} 和 Hg^{2+} 等离子具有很好的吸附性能，吸附效率与交联淀粉的含量、羧甲基化的取代度以及淀粉溶液的 pH 值有关[16]。

交联淀粉作为淀粉的一种重要的衍生物，具有性能优异、来源广泛、无污染、可再生、可循环等优点。随着石油、天然气等资源的日益减少，交联淀粉所具备的优异性能将受到更加深入的开发与应用。各种新型环保型交联剂的应用将促进高性能交联淀粉的研究，微波、超声波等新辅助技术也将促进特殊性能交联淀粉的研究。

（5）淀粉的接枝共聚

①接枝共聚原理。接枝共聚是指淀粉通过一定方法在分子骨架上引入合成高分子，赋予淀粉新的性能。与烯烃类单体发生接枝共聚反应时，如苯乙烯、丙烯酸、丙烯酰胺等，其机理可以解释为：淀粉分子在引发剂作用下产生自由基，然后淀粉自由基与烯烃

类单体反应，通过链增长得到接枝在淀粉上的聚合物。与脂肪族聚酯接枝聚合时，利用淀粉的羟基作为引发剂，引发内酯开环聚合，合成淀粉-脂肪族聚酯接枝共聚物。

②接枝共聚反应。淀粉和乙烯基单体的聚合主要遵循自由基聚合机理，首先淀粉分子上的葡萄糖在引发剂作用下，C2 和 C3 之间的键氧化断开，其中一个氢原子被氧化生成淀粉自由基。目前采用的自由基引发聚合主要包括物理法和化学法，物理法接枝共聚一般采用紫外光等高能辐射线照射，产生自由基使单体接枝共聚。化学法成本较低，反应易控制，使用较多的引发体系有硝酸铈铵、过硫酸钾、有机过氧化物、偶氮二异丁腈、含过氧化氢的氧化还原体系等。大多数淀粉接枝反应是采用水溶液聚合法，该方法成本较低，溶剂环保，但制备过程中散热困难、产品溶解性差，所以其他方法如乳液聚合、悬浮聚合、反相乳液聚合、反向悬浮聚合等也开始用来制备淀粉接枝共聚物。Hu 等用无皂乳液聚合的方式，以过硫酸钾为引发剂，丙烯酸乙酯为接枝单体成功制备淀粉-聚丙烯酸乙酯接枝共聚物[17]。

淀粉接枝脂肪族聚酯聚合物是一类完全可生物降解的高分子材料，如淀粉与聚己内酯的反应，在甲苯溶剂中加入锌酸亚锡预活化淀粉分子中的羟基，然后在 130℃ 与聚己内酯反应[18]。这类接枝共聚操作简单、反应步骤少，但引发点主要是淀粉分子上的羟基，最终接枝聚合物的分子量与引发剂羟基含量有关，易发生分子内或分子间酯交换和链转移反应，所以要对淀粉上部分羟基进行保护，利用剩余羟基与引发剂形成活性种引发内酯开环聚合，这样可以精确控制接枝侧链的数目和长度。

③接枝聚合淀粉的性质。淀粉乙烯类接枝共聚物与原淀粉相比具有更好的热稳定性，含有较多亲水链段，可以在水相中分散得很好，其膨胀程度更大，具有很高的黏度，常被用作高分子絮凝剂、高分子吸水材料、药物载体[19]等。另外，淀粉乙烯类接枝共聚物有很好的成膜性，与纤维亲和性好，溶液黏度高，还可以用作织物上浆剂，可有效提高纤维的拉伸强度和断裂伸长率。

淀粉脂肪族聚酯接枝共聚物具有良好的生物相容性和生物降解性，在生物医用以及环境友好型材料领域具有广阔前景，如生产可降解塑料制品，用作药物载体材料等。

2.5.2   淀粉的物理改性

淀粉分子存在许多羟基，使得其分子内和分子间有较强的氢键作用，导致淀粉的加工性能较差。此外，淀粉是一类吸水性材料，导致其力学性能变化较大，缺乏稳定性。因此，为了提高其热塑加工性、耐水性和力学性能，工业上运用了许多物理改性的方法，成功制备了具有优异综合性能的淀粉。

（1）热塑性淀粉

热塑性淀粉的制备一般是破坏淀粉分子间的氢键，使其具有热塑加工性能，一般加入增塑剂来进行增塑改性。常用的增塑剂有水、1-辛醇、1-己醇、聚乙二醇、聚丙二醇、甘油、尿素和甲酰胺等。其作用机理表现为增大淀粉分子中的自由体积，从而削弱淀粉分子中氢键的作用，导致淀粉的模量、玻璃化转变温度以及黏流温度下降。

（2）淀粉纳米基复合材料

①淀粉/黏土复合材料。黏土是一种层状硅酸盐材料，利用熔体插层技术可将淀粉分子插入黏土中，制备插层聚合物/黏土复合材料。蒙脱土是比较优异的黏土，用蒙脱土改性后的淀粉在力学性能、热稳定性、气体阻隔方面都有明显的提高[20,21]。

②淀粉/纤维复合材料。利用纤维高比强度和高比模量的优点，将纤维引入淀粉分子中可以起到增强材料的作用。淀粉中加入棉纤维时，复合材料表现出良好的耐水性能，同时提高其热稳定性和拉伸性能，也不会影响材料的生物降解性能。

③淀粉/纤维素复合材料。纤维素与淀粉的结构单元相同，也存在大量羟基，两者共混时产生强烈氢键，表现出良好的相容性。研究发现，将通过甘油增塑的淀粉与羟甲基纤维素共混时，可以明显提高气体阻隔性能、耐水性和力学性能，并具有更快的生物降解速率[22]。

（3）淀粉高分子基复合材料

①淀粉/壳聚糖复合材料。壳聚糖分子链具有较强的刚性和疏水性，且具有良好的生物相容性和生物降解性，将壳聚糖与淀粉材料复合，有希望解决淀粉材料耐水性差、力学性能不足等缺点，还可拓展其在生物医学方面的应用前景。

②淀粉/蛋白质复合材料。蛋白质分子存在许多空间网络结构，可以保证材料加工过程力学性能的稳定，同时还可负载/控制释放活性亲水分子，也具有良好的油脂、气味阻隔性能。如淀粉复合酪蛋白，复合材料的透光率和水蒸气阻隔性能有所提高[23]。

③淀粉/脂肪族聚酯复合材料。脂肪族聚酯也是一类可完全生物降解的材料，将其与淀粉复合，也可提高其耐水性和力学性能，被广泛应用于生物医药领域，如淀粉与聚己内酯复合材料，淀粉与聚乳酸复合材料等。

2.6 淀粉制造的一般工艺过程

制造淀粉就是利用工艺手段除去蛋白质、纤维素、油脂、无机盐等物质，取得较为纯净的淀粉制品。淀粉制造的工艺过程：原料处理，原料浸泡，破碎，分离胚芽、纤维和蛋白质。

改性淀粉的生产工艺主要有湿法、干法、滚筒干燥法等几种，工业应用最普遍的是湿法生产工艺。

湿法也称浆法，是将淀粉分散在水或其他液体介质中，配制成一定浓度的悬浮液，在低于淀粉糊化温度的条件下，与化学试剂进行各种改性反应，生成改性淀粉。一般来说，湿法工艺包括四大主要环节：原淀粉的计量调浆、反应、洗涤干燥、筛分包装。

干法生产改性淀粉是淀粉在含少量水（通常 20% 左右）的情况下，将化学试剂与催化剂的混合溶液喷到干淀粉上，充分混合后，在 60～80℃下反应 1～3h。

挤压法与滚筒干燥法都是生产预糊化淀粉的方法。挤压法是将含水 20% 以下的淀粉加入螺杆挤出机中，借助于挤出过程中物料与螺杆摩擦产生的热量和对淀粉分子的巨大剪切力使淀粉分子断裂，降低原淀粉的黏度。若在加料同时加入适量的化学试剂，则在挤出过程中还可以同时进行化学反应。此法比滚筒干燥法生产预糊化淀粉的成本低，但由于过高的压力和过度的剪切使淀粉黏度降低，因此维持产品性能的稳定是此法的关键。

2.7　淀粉的应用

2.7.1　淀粉基塑料

淀粉基塑料指含有淀粉及其衍生物的塑料，最早由英国科学家格里芬提出，并于1972 年研究出第一代淀粉塑料，利用低填充量淀粉与聚乙烯（PE）共混，制备可降解塑料。第二代淀粉塑料，淀粉含量高于 50%，将淀粉与亲水性聚合物共混，增强其生物降解性。第三代热塑性淀粉，也称作全淀粉材料，是将天然淀粉、高直链淀粉或直链淀粉在不添加聚合物的情况下，在高温、高压、高湿的情况下进行挤出或注塑成型而得，具有合成树脂的性质，是完全意义上的热塑性淀粉[24]。

对于纯热塑性淀粉而言，直链淀粉含量较高的淀粉表现出很高的拉伸模量和强度，由于淀粉具有强吸湿性，对环境湿度变化极为敏感，环境中相对湿度的增加会导致热塑性淀粉的强度降低，而断裂伸长率增加。对热塑性淀粉进行复合改性可以解决上述问题。如淀粉插层到钠基蒙脱土和锂基蒙脱石片层中，得到层间距为 1.8nm 的插层型复合材料，对淀粉的增强效果极其明显，表现出很高的弹性模量和剪切模量[25]。

现代工业对热塑性淀粉的加工方式主要包括：挤出成型、流延成型、吹塑成型、压塑成型。挤出成型工艺通常采用挤出注射联用的成型加工方式来制备各种形状的淀粉基塑料制品。在加工过程中，在剪切力和增塑剂的共同作用下，淀粉的颗粒结构以及分子内和分子间的氢键作用被破坏，淀粉具有了热塑性，可以通过注塑成型获得具有一定厚度和各种外形的塑料制品。流延成型通常使用湿法流延的方式进行制备，淀粉膜通常的制备方法是将淀粉和增塑剂（或其他可降解聚合物）在溶剂中加热使它们充分溶解、混合均匀后，再将所得溶液进行流延成膜。吹塑成型是借助气体压力使闭合在模具中的热熔型坯吹胀形成中空塑料制品的常见加工方法，在加工前一般需要采用挤出机对淀粉进行塑化改性，然后再用吹膜机将热塑性淀粉粒料吹塑成型制备淀粉膜。压塑成型是压缩模塑的简称，又称压塑，是将塑料或橡胶胶料在闭合模腔内借助加热、加压而成型为制品的塑料加工方法。

2.7.2　胶黏剂

淀粉具有很好的成膜性和黏合性，作为绿色环保型胶黏剂的原料具有很广阔的应用前景。

氧化淀粉胶黏剂具有很强的黏结能力和生物可降解性，常见的方式是对淀粉进行羧基化改性，合成一系列取代度不同的氧化羧甲基淀粉。其中，氧化剂的选用对氧化淀粉性能有很大影响，与高锰酸钾和次氯酸钠相比，双氧水制备的氧化淀粉性能最优，其胶黏剂干燥速度快，稳定性好且无污染。交联淀粉黏合剂是在淀粉体系中加入交联剂，提高淀粉基胶黏剂对材料的黏结强度。常用的交联剂有硼砂、甲苯二异氰酸酯、环氧氯丙烷和三聚氰胺-甲醛树脂。接枝共聚物淀粉胶黏剂是在淀粉分子骨架上引入其他高分子，从而赋予淀粉新的功能。如淀粉接枝聚醋酸乙烯酯，可提高其黏结强度和耐水性。将聚氨酯与淀粉接枝聚醋酸乙烯酯复合制备具有互穿网络结构的胶黏剂具有较好的耐水性、耐低温性和黏结强度，可用于层压板和纸塑复合材料的黏结。

2.7.3　淀粉基吸水材料

淀粉基吸水材料，也被称作淀粉吸水树脂，是以淀粉为主链，含有亲水官能团的乙烯基聚合物为侧链的淀粉接枝共聚物，通常被用作高吸水材料。根据共聚单体不同，可将淀粉基吸水材料分为淀粉接枝聚丙烯酸类、淀粉接枝聚丙烯酰胺类和淀粉接枝聚丙烯腈类树脂。淀粉类吸水树脂具有原料来源丰富、吸水倍率较高等优点。

2.7.4　生物医用材料

淀粉具有良好的生物可降解性、生物相容性、无毒、无污染且储存稳定、价格便宜，已经被广泛应用于生物医药领域。在药物制剂方面，淀粉基材料被成功用作稀释剂、崩解剂和固定口服剂型的黏合剂。在药物载体方面，主要包括片型、胶束、囊泡、纳米微球及水凝胶等材料。

2.8　淀粉材料的研究进展

2.8.1　原淀粉

原淀粉作为一种填充原料和工艺助剂广泛应用于食品工业，这种天然高分子材料的应用是基于它的增稠、胶凝、黏合和成膜性，以及价廉、易得、质量容易控制等特点，已经广泛地用于胶黏剂、农药、化妆品、洗涤剂、食品、医药、石油钻井、造纸、药剂、生物降解塑料的填充剂、精炼、纺织等中[26]。原淀粉可添加在聚氨酯塑料中，可增加塑料产品的强度、硬度和抗磨性，所生产的材料可用于高精密仪器、航天和军工等特殊行业中，也可作为原料直接用于可降解淀粉基塑料[27]。天然淀粉的可利用性主要取决于淀粉颗粒特性、淀粉糊的特性、生物降解能力、非糖类组分的数量和特性以及淀粉糊黏度稳定性。

2.8.2 改性淀粉

改性淀粉在一定程度上弥补了天然淀粉水溶性差、乳化能力和胶凝能力低、稳定性不足等缺点，从而使其更广泛地应用于各种工业生产中。随着改性淀粉新产品、新功能的不断涌现，在食品领域的应用越来越广泛，我国每年用于食品行业的改性淀粉有 3 万～4 万吨[28]，主要用于微胶囊化技术、改善饮料口感、增加产品的稳定性等[29]。

在食品领域主要用于胶姆糖、果子冻、软糖、冰淇淋、面包、香肠、面条等食品。食品用改性淀粉主要有酸改性淀粉、氧化淀粉、糊精、淀粉酯、淀粉醚、交联淀粉、复合改性淀粉、α淀粉（即预糊化淀粉）等，主要起增稠、黏结、胶凝、乳化、稳定等作用。

在非食用领域，淀粉的开发和利用已经引起重视。近年来，对于可降解膜材料的研究成为热点。用淀粉制备的膜具有很好的可降解性能，对淀粉材料做一定程度的改性，可得到力学强度好、降解性能好的改性淀粉薄膜，可以广泛应用于包装业、农业及医药行业等。

我国是淀粉的生产大国，开发淀粉在非食用领域的用途是充分利用资源的新途径。在未来发展中，要扩大改性淀粉的类型，并研究淀粉的特性。淀粉改性的方法还有待于进一步探索，以获得更多不同特性的淀粉，满足不同工业的需要。若用于食品工业，同时还得研究新改性淀粉的食用安全性。另外，改性淀粉的研发与应用将可以解决环境污染问题、三农问题。可再生的淀粉制品有可能替代石油化工产品，应用在生产生活的各个方面，也为解决能源问题做出贡献。

参考文献

[1] Van Soest J J G, Vliegenthart J F G. Crystallinity in starch plastics: consequences for material properties[J]. Trends in biotechnology, 1997, 15(6): 208-213.

[2] Hsein-Chih H W, Sarko A. The double-helical molecular structure of crystalline B-amylose[J]. Carbohydrate Research, 1978, 61(1): 7-25.

[3] Pérez S, Bertoft E. The molecular structures of starch components and their contribution to the architecture of starch granules: a comprehensive review[J]. Starch-Stärke, 2010, 62(8): 389-420.

[4] Ojogbo E, Ogunsona E O, Mekonnen T H. Chemical and physical modifications of starch for renewable polymeric materials[J]. Materials Today Sustainability, 2019: 100028.

[5] 杨毅才. 淀粉糊化的过程及影响因素[J]. 农产品加工, 2009, 2: 18-19.

[6] Lan C, Liu H, Chen P, et al. Gelatinization and retrogradation of hydroxypropylated cornstarch[J]. International journal of food engineering, 2010, 6(4).

[7] Hang Y R, Wang X L, Zhao G M, et al. Preparation and properties of oxidized starch with high degree of oxidation[J]. Carbohydrate Polymers, 2012, 87(4): 2554-2562.

[8] 李春胜，杨红霞. 酯化淀粉及其应用[J]. 食品研究与开发, 2005, 26(6): 84-87.

[9] 王超. 微波辐射法制备磷酸—氨基甲酸淀粉酯的工艺研究及其应用[D]. 重庆: 西南大学, 2009.

[10] 张水洞. 酯化淀粉的研究进展[J]. 化学研究与应用, 2008(10): 1254-1259.

[11] Ito M, Baba M, Sato A, et al. Inhibitory effect of dextran sulfate and heparin on the replication of human immunodeficiency virus (HIV)in vitro[J]. Antiviral research, 1987, 7(6): 361-367.

[12] 李元丽，刘亚伟，刘洁，胡秀娟. 羟乙基大米淀粉的制备及其性质研究[D]. 中国食品添加剂，

2011(05): 181-187.

[13] 徐忠, 赵丹. 羧甲基淀粉钠与凝胶性多糖的应用及发展[J]. 农产品加工(学刊), 2011(05): 7-9.

[14] 黄智奇. 氧化/交联改性淀粉胶黏剂的研究与应用[D]. 合肥: 合肥工业大学, 2011.

[15] 冯庆梅, 张玉军, 阎向阳. 醚化交联淀粉的制备及性能测定[J]. 粮油食品科技, 2006(01): 40-42.

[16] 张昊, 范新宇, 王建坤, 郭晶, 梁卡. 交联羧甲基淀粉的制备及其对重金属离子的吸附性能[J]. 化工进展, 2017, 36(07): 2554-2561.

[17] 胡琼恩. 淀粉接枝共聚物的制备及应用研究[D]. 无锡: 江南大学, 2018.

[18] Dubois P, Krishnan M, Narayan R. Aliphatic polyester-grafted starch-like polysaccharides by ring-opening polymerization[J]. Polymer, 1999, 40(11): 3091-3100.

[19] Ameye D, Voorspoels J, Foreman P, et al. Ex vivo bioadhesion and in vivo testosterone bioavailability study of different bioadhesive formulations based on starch-g-poly (acrylic acid)copolymers and starch/poly (acrylic acid)mixtures[J]. Journal of Controlled Release, 2002, 79(1-3): 173-182.

[20] Huang M, Yu J, Ma X. High mechanical performance MMT-urea and formamide-plasticized thermoplastic cornstarch biodegradable nanocomposites[J]. Carbohydrate Polymers, 2006, 63(3): 393-399.

[21] Chivrac F, Pollet E, Schmutz M, et al. New approach to elaborate exfoliated starch-based nanobiocomposites[J]. Biomacromolecules, 2008, 9(3): 896-900.

[22] Angles M N, Dufresne A. Plasticized starch/tunicin whiskers nanocomposites: Structural analysis[J]. Macromolecules, 2000, 33(22): 8344-8353.

[23] Jiménez A, Fabra M J, Talens P, et al. Effect of re-crystallization on tensile, optical and water vapour barrier properties of corn starch films containing fatty acids[J]. Food Hydrocolloids, 2012, 26(1): 302-310.

[24] 陈涛. 热塑性淀粉塑料加工、结构和性能研究[D]. 成都: 四川大学, 2006.

[25] Chen B, Evans J R G. Preferential intercalation in polymer-clay nanocomposites[J]. The Journal of Physical Chemistry B, 2004, 108(39): 14986-14990.

[26] 包劲松, 徐律平, 包志毅, 傅俊杰. 淀粉特性与工业应用研究进展[J]. 浙江大学学报(农业与生命科学版), 2002(06): 107-115.

[27] 郑威, 张丽莉, 陈伊里, 等. 马铃薯淀粉特性及其工业用途[M]. 哈尔滨: 哈尔滨工程大学出版社, 2006.

[28] 张晓茹. 变性淀粉在食品工业中的应用及发展[J]. 化工技术经济, 2003(8): 12-14.

[29] 刘晶, 李桂琴, 韩清波. 变性淀粉及其在食品工业中的应用[J]. 西部粮油科技, 2003(7): 38-40.

第3章 甲壳素与壳聚糖

甲壳素，也叫甲壳质、壳多糖、蟹壳素，其主要成分是几丁聚糖。1811年法国植物学家 Braconnot 在蘑菇中发现，1823年由 Odier 从甲壳动物外壳中提取相似物质，被命名为 chitin。1859年，Rouget 发现将甲壳素置于氢氧化钾浓溶液中加热后的产物可以在有机酸中溶解，1894年 Hoppe-Seyler 将该物质命名为壳聚糖（chitosan）。

甲壳素（chitin）是2-乙酰氨基葡萄糖直链多聚体，它的来源极为广泛，是重要的海洋生物资源，自然界每年生产的甲壳素有100亿吨，主要来源于虾壳、蟹壳、昆虫壳和菌类、藻类等微生物的细胞壁中，被科学界誉为"第六生命要素"! 在灵芝、冬虫夏草等植物中也含有微量的"几丁聚糖"，但含量只在2%～7%。甲壳素是一种蕴藏量仅次于纤维素的第二大可再生资源，是已知的唯一的含氮碱性多糖。甲壳素几乎不溶于酸碱，也不溶于水，因而限制了其应用和发展。壳聚糖（chitosan）是甲壳素经强碱脱乙酰基得到的产物，其具有良好的化学物理性能，能溶于稀酸和体液中，也可被人体吸收利用，能和多种物质，如胆固醇、脂肪、蛋白质、肿瘤细胞、金属离子等结合，其性能可通过化学方法得到进一步改良。通过拉丝、成膜、制粒等方法可做成各种壳聚糖材料，可广泛应用于食品包装、医用材料、水处理、纺织工业、农业、环境保护、化妆品和其他日用化学工业等领域。甲壳素和壳聚糖及其衍生物具有促进伤口愈合、抗菌和抗病毒作用，在药物载体、加速伤口愈合的医用敷料、组织工程材料和抗菌材料等生物医药方面的研究应用已日益引人注目[1-5]。

3.1 甲壳素与壳聚糖的结构

从1811年法国 Braconnot 在蘑菇中发现甲壳素至科学家们真正弄清楚其结构，历时近百年。其结构如图3-1所示。

甲壳素是一种天然高分子化合物，由 N-乙酰氨基葡萄糖以 β-1,4 糖苷键缩合而成，命名为 β-(1,4)-2-乙酰氨基-2-脱氧-D-葡萄糖，属于糖类中的直链多糖。它呈白色或灰白色无定形态，为半透明固体，不溶于水、稀酸、稀碱和一般有机溶剂，可溶于浓碱、浓盐酸、浓硫酸、浓磷酸和无水甲酸，但同时主链发生降解。

壳聚糖是甲壳素部分或全部脱除乙酰基的产物，一般把脱乙酰度大于55%的甲壳素称为壳聚糖，其学名为(1,4)-2-乙酰氨基-2-脱氧-β-葡萄糖，分子式为$(C_8H_{13}NO_5)_n$。壳聚糖是白色或灰白色无定形态，半透明且略有珍珠光泽的固体，不溶于水、碱溶液、稀硫酸、稀磷酸，可溶于稀盐酸、稀硝酸等无机酸以及大多数有机酸。在稀酸中，壳聚糖的主链也会缓慢降解[5]。它们的主链类似于纤维素β-(1,4)-葡聚糖，只是 C2 上的 O 分别被—NHCOCH$_3$ 和—NH$_2$ 取代[6]。氨基（—NH$_2$）含量的多少由脱乙酰基程度（degree of deacetylation，DD）决定，在稀酸溶液中，氨基质子化而使壳聚糖带电，因而，壳聚糖是自然界中迄今为止被发现的唯一带正电荷的聚多糖。

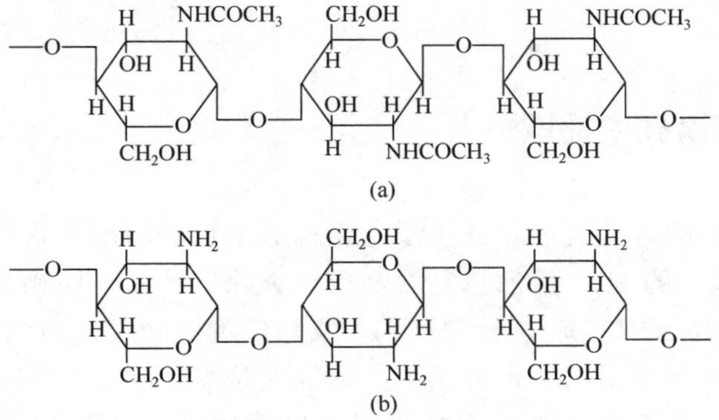

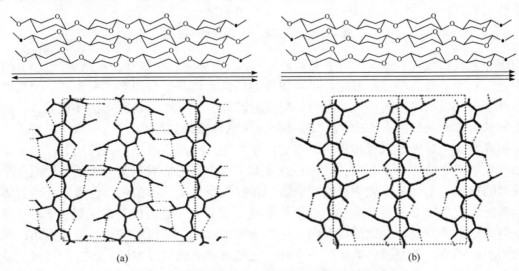

图 3-1　甲壳素（a）与壳聚糖（b）的结构式

　　由于分子内和分子间的氢键作用不同，甲壳素存在α、β、γ三种晶型，常见的为α与β晶型。α-甲壳素具有紧密结构，大多由两条反向平行的糖链排列而成[图 3-2（a）]，它主要存在于节肢动物的角质层和某些真菌中。β-甲壳素由两条平行的糖链排列而成[图 3-2（b）]，可以从海洋鱼类中得到。α-甲壳素结晶度最高，分子间作用力也最强；β-甲壳素在酸或碱溶液中会转变为α-甲壳素。壳聚糖也有以上三种结晶形态。

图 3-2　α-甲壳素（a）与β-壳聚糖（b）结构

　　壳聚糖的红外光谱与甲壳素的红外光谱差异表现在酰胺谱带、氨基谱带和氢键等。α-甲壳素的酰氨基团的振动峰在 1660cm^{-1}，在近旁还有一个附加谱带是 1633cm^{-1}，而β-甲壳素就没有这个附加谱带。然而，α-壳聚糖和β-壳聚糖之间却没有这种差别。α-壳聚糖在 1657cm^{-1} 出现酰氨基团的振动峰，这说明在壳聚糖分子中还有乙酰氨基，但其吸收强度要比甲壳素弱；另外，—NH$_2$ 吸收峰 1599cm^{-1} 的存在则是甲壳素没有的，β-壳聚糖也有酰氨谱带（1651cm^{-1}）和—NH$_2$吸收谱带（1583cm^{-1}）。

3.2 甲壳素与壳聚糖的制备

3.2.1 从虾壳和蟹壳中提取

通常制备甲壳素的方法为：将虾壳浸泡在稀酸或稀碱溶液中进行脱钙和脱蛋白，用4%～6%（质量分数）的HCl溶液重复浸泡脱钙去除矿物质，脱钙后的虾壳经洗涤后，用10%（质量分数）NaOH溶液进行脱蛋白，脱除矿物质和脱蛋白的过程需要反复进行，直到除去所有的无机物和蛋白。也可用溶剂萃取或是氧化剂（如NaClO和H$_2$O$_2$）的方法除去矿物质得到甲壳素（图3-3）[8]。脱除矿物质的虾壳，用40%～45%（质量分数）的NaOH溶液在110～115℃保温4～6h，再通过离心和洗涤得到壳聚糖。最终产物壳聚糖的分子量比原料略低一些，因为脱乙酰处理过程会使甲壳素的主链发生部分降解。

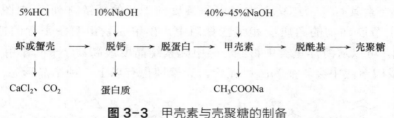

图3-3 甲壳素与壳聚糖的制备

甲壳素脱乙酰过程中，由于甲壳素糖残基的C3位的乙酰氨基与羟基处于反式结构，使甲壳素对大多数化学试剂稳定，导致甲壳素的脱乙酰基化较困难，需要在高浓度的强碱条件下进行较长时间的反应。在脱乙酰基的过程中，随着N-乙酰基的不断减少，剩余的乙酰基更难脱去，因而100%脱乙酰基的壳聚糖很难得到。

甲壳素和壳聚糖提取过程中所产生的废水和废气对环境带来巨大的压力，如何减少制备过程中带来的污染是人们关注的焦点，其中综合利用虾壳和蟹壳中的各种组分是解决问题的途径。不仅从虾壳中提取甲壳素，还提取蛋白质、碳酸钙、色素和虾青素等物质。蒋挺大提出综合利用虾壳的方法，为脱钙、脱蛋白和脱乙酰基的三脱工艺[5]。具体地，当第一批虾壳脱钙完成后，脱钙时用的4%～6%HCl溶液不排放，可作为第二批虾壳的初步脱钙液，直至脱钙液接近中性时，才排放并沉淀成碳酸钙，该方法可重复使用盐酸溶液。在脱乙酰基过程中，反应本身不需要消耗太多的碱，仅在形成乙酸钠时消耗一些碱，造成碱消耗的主要原因是虾壳表面附着的碱随着壳体与碱液的分离而带走，如果将这部分碱用少量水洗涤下来，使其浓度控制在10%左右，可用于脱蛋白，实现碱液的综合利用。脱钙之后的滤液是浓度较大的氯化钙溶液，可通入二氧化碳沉淀出碳酸钙，经过滤、洗涤、干燥，可得洁白、颗粒微细的食品级碳酸钙，碳酸钙的收率为虾壳干重的30%左右。脱蛋白后的滤液含有大量的优质蛋白质，用盐酸调节至pH 5～6，蛋白质就会沉淀析出，过滤、洗涤除盐、干燥可得总量为虾壳干重 20%左右的壳蛋白。

3.2.2 发酵法生产壳聚糖

（1）从虾蟹壳中制备壳聚糖

目前壳聚糖和甲壳素主要是从虾蟹壳中，用酸碱加工提取，如果利用菌丝体发酵产生的蛋白酶消耗蛋白质，发酵过程中微生物产生的酸消耗无机物，可用发酵方法从虾蟹壳中提取壳聚糖和甲壳素[8]。甲壳素脱乙酰化酶可脱去甲壳素结构单元中的乙酰基。甲壳素脱乙酰化酶与甲壳素底物结合后，从底物结合位置的非还原端开始，依次脱掉乙酰基，最后酶与底物解离，并与新底物结合进入下一个脱乙酰基过程[8]。酶法制备甲壳素在解决环境污染、降低能耗方面具有积极意义。

（2）黑曲霉生产壳聚糖

黑曲霉是发酵工业中常用的真菌，我国有悠久的培养和使用的历史，黑曲霉又是含甲壳素最多的真菌之一，因此，研究和开发由黑曲霉生产壳聚糖和甲壳素的技术，对促进我国甲壳素和壳聚糖的生产发展，具有十分重要的意义[9]。曹健等[10]用黑曲霉发酵生产壳聚糖，得率为 9.72%，其培养基为含葡萄糖、玉米浆培养液，在培养液中需加入 Mg^{2+}，得到的壳聚糖的分子量为 $8.02×10^4$，水分为 8.38%，灰分为 9.24%。

发酵法生产壳聚糖不受季节、地理位置等因素的影响，同时也可解决利用甲壳生物制备壳聚糖原料收集困难等问题。采用发酵法生产的壳聚糖，其脱乙酰度和分子量与利用甲壳动物生产的壳聚糖非常接近，其对金属离子的吸附能力远大于甲壳动物来源的壳聚糖，特别适合处理重金属离子较多的废水。此外，利用发酵法生产壳聚糖可以大幅度减少环境污染。不过，存在提取产品的分子量低、提取收率低等问题。关于发酵法生产壳聚糖，今后的工作应主要是提高产量，降低成本，以及应用大规模工业化生产方式。

3.3 甲壳素与壳聚糖的物理性质

（1）甲壳素与壳聚糖的脱乙酰度

脱乙酰度是脱去乙酰基的葡萄糖胺单元数占总的葡萄糖胺单元数的比例，它是甲壳素与壳聚糖最基本的结构参数之一。脱乙酰度对壳聚糖的溶解性能、黏度、离子交换能力以及絮凝性能等都有重大影响[5]。在甲壳素结构中，绝大多数为乙酰化结构单元。壳聚糖是甲壳素全部或部分 *N*-去乙酰化的衍生物，其乙酰化程度通常小于 0.35。目前，已有大量确定脱乙酰度的分析方法[11-21]，这些分析方法包括红外光谱、气体热分解色谱、凝胶渗透色谱、紫外光谱、氢谱、固体碳谱、热分析、各种滴定方法、酸水解、高效液相色谱、分离色谱等。

（2）甲壳素与壳聚糖的分子量

甲壳素和壳聚糖分子量的大小及其分布是重要的物理参数，可直接影响其理化性质和生理活性。其分子量（M）可用常规高分子分子量的测定方法进行测定。这些方法中，最常用的为黏度法和凝胶渗透色谱法。将甲壳素或壳聚糖的黏度代入马克-霍温克方程（$[\eta]=KM^{\alpha}=1.81\times10^{-3}M^{0.93}$），即可得到其分子量。其中，$\alpha$和$K$可在 0.1mol/L 醋酸和 0.2mol/L 氯化钠溶液中测定得到[22]。甲壳素的重均分子量一般约为 1×10^{6}，将甲壳素转化为壳聚糖，其脱乙酰反应使其重均分子量降低至 $1\times10^{5}\sim5\times10^{6}$，这主要是因为改变脱乙酰度，从而改变电荷分布，进而影响分子的团聚。但是，黏度法只能用于估算壳聚糖的分子量，而不能提供准确的壳聚糖分子量。

　　N-脱乙酰度和黏度是壳聚糖的两项主要性质指标。通常把 1%壳聚糖醋酸溶液的黏度在 1000×10^{-3}Pa·s 以上的定义为高黏度壳聚糖，黏度在（$1000\sim100$）$\times10^{-3}$Pa·s 的定义为中黏度壳聚糖，而黏度在 100×10^{-3}Pa·s 以下的定义为低黏度壳聚糖。

3.4　甲壳素与壳聚糖的化学改性

　　化学改性就是在特定条件下，利用甲壳素和壳聚糖分子内基团的高反应活性，进行多种化学反应，从而实现其他功能基团的引入，改善其在极性或有机溶剂中的溶解性，获得性能独特的产物。而壳聚糖因其具有更好的溶解性、更多的可反应官能团，使其较甲壳素更易化学改性，具有更广的应用领域。

3.4.1　酰化反应

　　酰化反应是甲壳素、壳聚糖化学改性中研究较多的一种化学反应，在其大分子链上导入不同分子量的脂肪族或芳香族的酰基，使其产物在水和有机溶剂中的溶解性得到改善。甲壳素分子内和分子间有较强的氢键，使酰化反应很难进行；而壳聚糖分子中由于含有较多的氨基，破坏了一部分氢键，酰化反应即可进行，较甲壳素容易得多，反应介质通常为甲醇或乙醇。壳聚糖分子链上由于存在羟基和氨基，因此酰化反应既可在羟基上反应（O-酰化）生成酯，也可在氨基上反应（N-酰化）生成酰胺。但壳聚糖 O-酰化反应比较困难，因为氨基的反应活性比羟基大，酰化反应一般首先在氨基上发生，因此要想得到 O-酰化的壳聚糖衍生物，通常可通过氨基保护的方法得到。利用脂肪醛或芳香醛与氨基反应形成席夫（Schiff）碱，再与酰氯反应实现 O 位上的酰化。酰化反应完成后，在醇中脱去 Schiff 碱即可得产物，实现壳聚糖氨基的定位取代反应。用于保护的脂肪醛或芳香醛官能团越大，越有利于酰化反应。

3.4.2　醚化反应

　　甲壳素和壳聚糖的羟基可与羟基化试剂反应生成相应的醚，如羟烷基醚化、羧烷基醚化、腈乙基醚化。羟乙基醚化反应可以用甲壳素碱与环氧乙烷在高温、高压条件下制备，使产物的溶解性得到很大改善，同时具有良好的吸湿、保湿性。甲壳素和壳聚糖的羧基醚化反应，是用氯代烷基酸在其 C6 羟基上引入羧烷基基团，如甲壳素碱与氯代乙酸在室温下即可生成羧甲基甲壳素。近年来，研究人员加大了对这类反应的重视，开发出许多新产品，如壳聚糖与丙烯腈在 20℃时进行腈乙基化反应，反应只在羟基上发生，氨基不参与反应，得到相应的醚，将其与纤维素的硝酸盐混合，可形成微过滤膜，此膜在高压锅中灭菌时不会收缩。与羧甲基反应类似，在甲壳素和壳聚糖羟基上形成相应的醚类衍生物[23,24]（如图 3-4）。

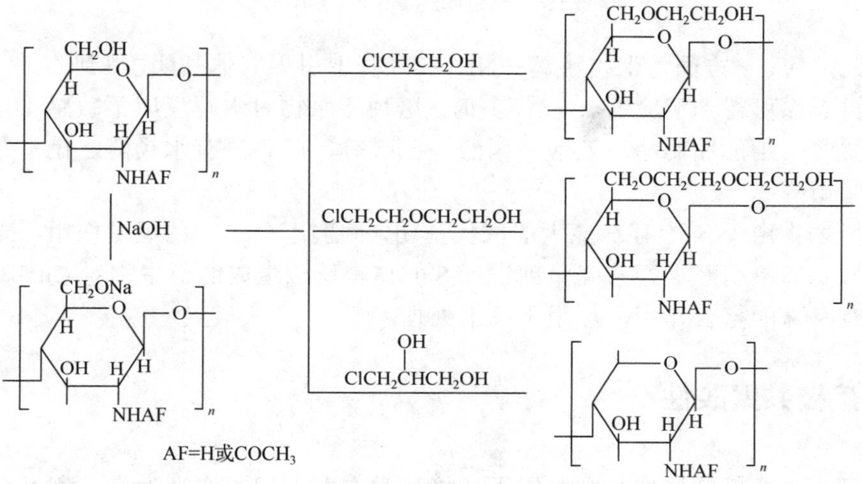

图 3-4 甲壳素和壳聚糖的醚化反应[23]

甲壳素醚类衍生物经脱乙酰化反应后可得到壳聚糖类衍生物。甲壳素与聚氧乙烯反应生成的醚化物具有良好的保水性能，几乎与透明质酸相当。用于护发品中，使头发具有自然光泽；用于化妆品中，能使化妆品不发黏，手感好，且保水性好。甲壳素在碱性条件下与 N,N-二乙氨基氯乙烷反应，可制得 C6-O-二乙氨基乙基化甲壳素，可作为吸附剂、螯合剂、水溶性阳离子高聚物支持剂[25]，壳聚糖的醚化物还可进一步反应，生成新的衍生物。

3.4.3　烷基化反应

烷基化反应可以在壳聚糖中羟基的氧原子上发生，也可在其氨基的氮原子上发生。壳聚糖的氨基上有一孤对电子，具有较强的亲核性，与卤代烷反应时，首先发生的是 N-烷基化。壳聚糖在含有 5mol/L 氢氧化钠的异丙醇中，低温下反应制得壳聚糖碱，再与卤代烃反应，可以得到完全水溶性衍生物[26]。

3.4.4　Schiff 碱改性

壳聚糖上的氨基可以与过量的醛或酮发生 Schiff 碱反应，生成相应的醛或酮亚胺化衍生物[27-29]，反应示意图如图 3-5 所示。

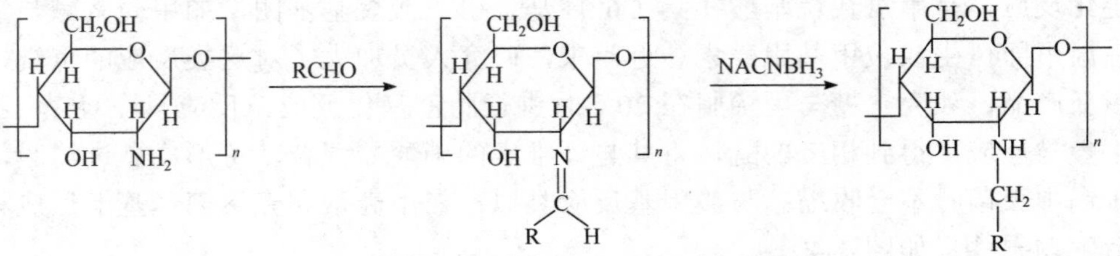

图 3-5　壳聚糖的 Schiff 碱反应[27]

利用此反应，一方面可保护游离—NH_2 在羟基上引入其他基团，得到 O-取代的多糖；另一方面再还原可得到相应的 N-取代多糖。这种还原物对水解反应不敏感，有聚两性电解质的性质。常用的脂肪醛有乙醛、丙醛、己醛等，芳香醛有水杨醛、硝基苯甲醛、p-二甲氨基苯甲醛等。

此类衍生物由于 N 上存在庞大的取代基团，削弱了分子间的氢键作用，改善了其溶解性能。一些简单的醛、酮与壳聚糖进行 Schiff 碱反应生成的衍生物对 Cu^{2+}、Hg^{2+} 等重金属离子有特殊的螯合作用，可用于废水处理。

3.4.5　接枝共聚改性

甲壳素及壳聚糖的接枝物主要用于环境科学方面，如用作吸附剂、离子交换树脂、生物降解塑料等。通过在甲壳素或壳聚糖的葡萄糖单元上接枝乙烯基单体或其他单体，可将合成聚合物的优异性能赋予甲壳素或壳聚糖。

甲壳素和壳聚糖的接枝共聚反应，是通过在其葡胺糖单元上接枝乙烯基单体或其他单体，合成含有多糖的半合成聚合物，赋予其新的优异功能。甲壳素和壳聚糖进行接枝共聚反应的一般途径为：通过引发剂、光或热引发等方式，在其分子链上生成大分子自由基，从而达到接枝共聚改性的目的。

在自由基引发的接枝共聚反应中，近年来，对以硝酸铈铵（CAN）等 Ce^{4+} 盐引发甲壳素、壳聚糖与乙烯基单体接枝共聚的研究较多[30]。

也可在壳聚糖分子上导入带双键的基团，使其与乙烯基单体反应，在普通自由基引发作用下进行[31,32]，还可通过光、热引发对甲壳素、壳聚糖进行接枝聚合改性，如室温、^{60}Co 照射下，壳聚糖可与甲基丙烯酸甲酯接枝共聚，接枝率高达 94.2%。

3.4.6　交联改性

（1）醛类交联

以戊二醛为代表的醛类交联剂，通过与壳聚糖链上的氨基发生交联反应，生成亚氨基及 Schiff 碱结构，以达到增强壳聚糖耐酸性的目的。二醛类由于其特殊的化学结构被广为用作交联剂，其分子中有两个羰基。羰基碳是 sp^2 杂化轨道，碳与三个相连接的原子位于同一平面，键角大致为 120°。羰基碳带有部分正电荷，羰基氧带有部分负电荷。

这种电荷分布源于：①氧的电负性所导致的诱导效应；②羰基结构的共振效应。醛类非常典型的特征反应是碳氧双键的亲核加成反应。羰基碳上的正电荷使它对亲核试剂的攻击特别敏感；而羰基氧上的负电荷意味着亲核加成反应对酸性催化很敏感。羰基的极化结构使得它容易与某些极性基团发生亲核反应。另外，壳聚糖的 C3 和 C6 羟基，由于电荷的极化使氧原子带有负电，而壳聚糖的 C2 氨基，由于其氮原子中的未共用电子对也具有亲核性，这些羟基和氨基很容易与带有正电荷的羰基碳发生反应，这正是二醛类能作为交联剂对壳聚糖进行交联处理的原理所在[33]。Schiff 碱反应与缩醛化反应见图 3-6。

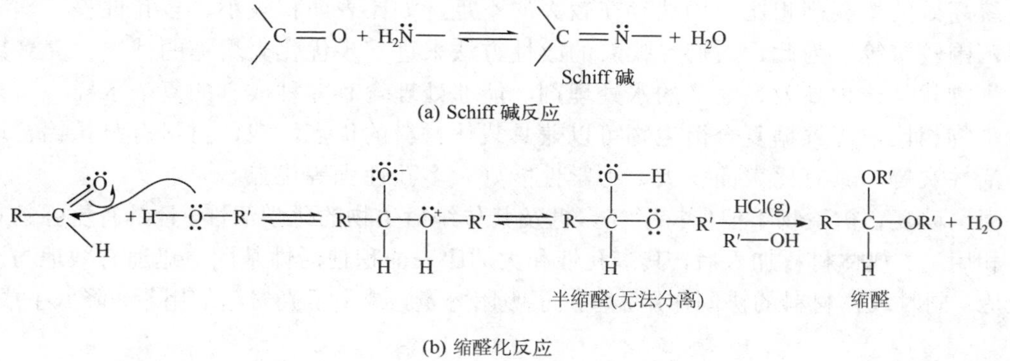

(a) Schiff 碱反应

(b) 缩醛化反应

图 3-6　Schiff 碱反应与缩醛化反应

　　例如，采用乙二醛作为交联剂，对壳聚糖纤维进行交联处理。选用乙二醛的理由为：用乙二醛交联的壳聚糖具有比用戊二醛交联的壳聚糖更紧密的结晶结构，从而更有利于提高纤维强度。从化学结构来看，乙二醛的两对羰基直接相连，而戊二醛在两对羰基之间有三个亚甲基，交联之后由于交联点的束缚和空间位阻效应，由戊二醛交联的壳聚糖纤维的结晶度会稍逊于乙二醛交联的壳聚糖纤维，而结晶度会对纤维强度产生较大的影响。

　　（2）环氧氯丙烷交联

　　壳聚糖与环氧氯丙烷交联可以提高其力学性能，同时也是一种接入活性官能团的方法。为了使交联产物对重金属离子具有更好的吸附效果，研究者通常采用的方法是：控制其交联位置，使环氧氯丙烷与壳聚糖 C6 位上的羟基发生反应，从而保留大量对重金属离子具有螯合作用的氨基，提高吸附剂的吸附能力。王学刚等[34]在碱性条件下，用环氧氯丙烷对壳聚糖进行化学改性，制得不溶于水的交联壳聚糖（CSS），用作含铀废水的絮凝剂，在最佳吸附条件下，CSS 对铀的吸附去除率可达 98.0%以上，与壳聚糖相比，交联后的壳聚糖对铀的吸附能力得到明显的提高。也可以通过相转化法，制备不同比例混合的壳聚糖和聚乙烯醇共混膜，在碱性条件下用环氧氯丙烷对共混膜进行了交联，实现对其进行结构与性能的调控。

　　（3）聚乙二醇类交联

　　聚乙二醇（PEG）是一种具有两亲性的低聚物，含有大量醚结构，对多种重金属离子具有螯合性能。通过聚乙二醇改性的壳聚糖树脂，具有较大孔穴的网状结构。曲荣君等[35,36]考虑到戊二醛交联壳聚糖，虽然能提高壳聚糖的稳定性和力学性能，但吸附性能却明显降低。为了避免这种情况，他们选用聚乙二醇交联剂，制备了模板—缩二乙二醇双缩水甘油醚交联壳聚糖和非模板吸附剂。有人研究了吸附剂对 Cu^{2+}、Ni^{2+}、Co^{2+} 等不同金属离子的吸附能力,结果发现模板吸附剂与非模板剂相比,大大提高对 Ni^{2+}、Co^{2+} 的吸附能力,但是对 Cu^{2+} 并没有表现出选择性吸附。

3.4.7　复合改性

交联和接枝能够有效地改进壳聚糖絮凝剂的稳定性和吸附性等缺点,但与活性炭这些传统高效的絮凝剂相比,仍然存在较大的不足,如比表面积较小、多孔性差、絮凝剂适用范围较窄等。为此,人们寻找新的改性方法来进一步优化壳聚糖的性质。壳聚糖复合衍生物就是一种高效、经济的水处理剂,能够处理含有多种成分的复杂水样。与壳聚糖衍生物相比,壳聚糖复合衍生物可以兼具载体材料的优点,载体材料有氧化铝、珍珠岩、活性炭等,具有比表面积大、力学性能好、多孔性强等优点。

壳聚糖复合衍生物不但保持了壳聚糖及其传统衍生物的化学活性,且具有更强的功能特性和用途。载体材料加入后,其多孔性和大的比表面积使活性基团更迅速有效地与污染物反应;同时载体材料的协同作用,增加了吸附容量,减少了壳聚糖的用量,降低了成本。

3.5　甲壳素与壳聚糖的应用

3.5.1　甲壳素与壳聚糖在化妆品行业中的应用

壳聚糖及其衍生物羧甲基壳聚糖作为水溶性高分子化合物,具有极强的附着力,同时具有突出的水溶性、稳定性、保湿性、乳化性、成膜性和抗菌性,是日用化学品中理想的水溶性高分子化合物之一。壳聚糖可作为化妆品、护发素等的添加剂,它可保护皮肤、固定发型、防止尘埃附着以及抗静电。保湿剂的作用是保持皮肤角质层水分,改善因缺水而导致的皮肤干燥、发痒、脱屑等症状。传统化妆品采用的甘油保湿剂保湿性能欠佳,而壳聚糖具有营养与保湿双重功效,据报道,目前已有多种壳聚糖衍生物被用作指甲油[37]。相信未来甲壳素/壳聚糖及其衍生物在化妆品方面会有更好的应用前景。

3.5.2　壳聚糖作为人造皮肤

壳聚糖人造皮肤无致敏、无刺激、无吸收中毒及占位排斥现象,其透气性好,可促进皮肤生长,且有止血和抑制疤痕生长的效果。用壳聚糖将 I 型胶原、II 型胶原及糖胺聚糖交联后可制成一种多孔的支架,将人的皮肤成纤维细胞接种在此支架上,得到适合于上皮细胞生长的类真皮层。培养的角质层细胞可迅速贴附于这种类真皮层上,经过有丝分裂后,形成一层连续的上皮层。培养两周后,进行组织切片,可以看到一层附着在类真皮层上的柱状基底层细胞和几层生长旺盛的生发层细胞。此人造皮肤从形态上与人正常皮肤相当，可作为治疗皮肤深度烧伤的人造皮肤。Yannas 等研制了一种很耐用的人造皮肤，这种可生物降解的人造皮肤，被人体吸收后皮肤愈合性好，伤口不会留下疤痕，更为重要的是，不会产生由于人体排斥反应带来的一系列问题[38]。

3.5.3　甲壳素与壳聚糖作为敷料

壳聚糖具有促进皮肤损伤的创面愈合、抑制微生物生长、创面止痛等效果。Sparkes 和 Murray 以壳聚糖、明胶等为原材料制备了一种手术敷料。与常规的生物敷料相比，这种壳聚糖敷料对皮下脂肪组织具有优异的黏附性能。Nara 等研制了一种用于包扎伤口的甲壳素纤维敷料并获得专利。Kifune 等开发出另一种用于包扎伤口的甲壳素纤维敷料。Kim 和 Min 以壳聚糖与硫酸化壳聚糖聚电解质复合物为原料，制备了一种用于包扎伤口的材料。Biagini 等制备了一种用于处理整形供皮区的 N-羧丁基壳聚糖敷料。英国纺织技术集团用甲壳素纤维制备敷料并获得专利。5-甲基吡咯烷酮壳聚糖可与明胶、聚乙烯醇、聚乙烯吡咯烷酮以及透明质酸等聚合物溶液相容。5-甲基吡咯烷酮壳聚糖敷料可编织成细丝、非纺织纤维等多种形状。一旦包扎于伤口，5-甲基吡咯烷酮壳聚糖在溶菌酶作用下可成为壳寡糖。二丁基甲壳素纤维的张力性能与甲壳素的张力性能相类似，碱水解后可得到具有优良拉伸性能并具有原始结构的甲壳素纤维[39]。

3.5.4　甲壳素与壳聚糖在食品与保健品中的应用

（1）食品添加剂

果汁中存在果胶质、树胶质和蛋白质等，它们悬浮于果汁中使果汁浑浊，影响果汁的外观和口感。目前常用的澄清方法有自然澄清、明胶丹宁澄清、加酶澄清和冷冻澄清等。用传统澄清剂澄清果汁，虽能使果汁中悬浮物澄清，但易破坏其中的营养成分。用壳聚糖作为澄清剂澄清果汁，不仅能提高果汁的透光性，而且不影响果汁的营养成分和风味。此外，壳聚糖能够去除糖、酒、醋等液体中的金属离子、丹宁、蛋白质等杂质，可防止糖、酒、醋的浑浊及产生沉淀物，还可最大限度地保持被澄清物的原有风味和稳定性能，常用作制糖、酿酒和造醋等领域的澄清剂。

（2）保健食品

将壳聚糖按比例添加于保健品中，可以起到保健、减肥、抗癌、调节微量元素等作用。壳聚糖被认为是继卵磷脂、螺旋藻等保健食品之后的第三代保健食品。壳聚糖与蔬菜共食时，肠内细菌中的溶菌酶与卵磷脂共同作用将其分解成低聚糖，当壳聚糖被分解为 6 个葡萄糖胺时生理活性最优。它可增强人体免疫力，排除多余有害的胆固醇，起到降血脂、降血糖、降血压等作用。

3.5.5　壳聚糖在眼科学中的应用

壳聚糖拥有理想隐形眼镜的所有性能：光学清晰度、机械稳定性、充足光学矫正、气体渗透性（特别是氧气）、润湿性和免疫相容性。用纯鱿鱼骨制备的壳聚糖通过旋铸技术可制成看起来清晰而有韧度的隐形眼镜。壳聚糖具有抗微生物活性、促进伤口愈合以及可成膜性能，这些性能使壳聚糖非常适合用于制备眼部绷带[40]。

3.5.6　甲壳素与壳聚糖在水工程中的应用

（1）甲壳素与壳聚糖在含重金属离子废水中的应用

金属磨光业、电镀业、表面处理工业、印刷电路板产品等废水中，含有大量金属离子，常规处理方法是将其形成氢氧化物、碳酸盐和硫化物沉淀。当废水含有螯合剂时，以上技术难达到排放要求，需通过膜过滤、离子交换与吸附、电解法等方法加以处理，存在成本高昂或产生二次污染等问题。为此，寻求新型、高效、价廉的重金属离子水处理剂成为迫切的要求。

壳聚糖与金属离子可通过离子交换、吸附和螯合 3 种形式结合。壳聚糖是一类天然高分子螯合剂，在壳聚糖线型分子链上含有多个羟基和氨基，壳聚糖的糖残基的 C2 上有一个氨基，在 C3 上有一个羟基，从构象上看，它们都是平伏键，这种特殊的结构，使得它们对具有一定离子半径的一些金属离子，在一定的 pH 值条件下具有较强的螯合作用。壳聚糖与金属离子的螯合作用有以下几个特点：

①壳聚糖与金属离子螯合后，本身的结构并未改变，但产物的性质改变了，如颜色或溶解性能发生改变。例如壳聚糖与铜离子发生螯合作用，由四个糖残基螯合一个铜离子，生成难溶于水的蓝色螯合物。

②碱金属和碱土金属不会被壳聚糖螯合。

③当有两种或两种以上的过渡金属离子共存于一种溶液中时，离子半径合适的离子优先被壳聚糖结合。

④金属离子的氧化价态不同，与壳聚糖的结合能力也不同。如壳聚糖对三价铁离子的螯合能力比对二价铁离子强。

近几十年来，许多学者研究壳聚糖对重金属离子的吸附性能，Peniche Covas 等对壳聚糖吸附汞离子的动力学进行研究[41]。研究结果表明，壳聚糖吸附汞离子的效率取决于吸附时间的长短、壳聚糖颗粒大小、汞离子的起始浓度以及壳聚糖的数量。

（2）甲壳素与壳聚糖在纺织印染工业中的应用

壳聚糖独特的分子结构使得它对许多染料具有很强的亲和性，这些染料包括分散染料、直接染料、反应染料、酸性染料、硫化染料以及萘酚染料等。然而，碱性染料则是一个例外，壳聚糖对它的亲和力很低。壳聚糖对染料的吸附是个放热行为，升高温度吸附速率增加，但总吸附容量减小。然而，这些影响很小，正常废水温度变化不足以对整个脱色行为造成很大的影响[42]。

3.5.7　甲壳素与壳聚糖在造纸工业中的应用

甲壳素与壳聚糖及其衍生物具有良好的成膜性，所成的膜具有强度大、渗透性好以及抗水性能稳定等特点，非常适合用于纸张表面施胶。与常规施胶剂相比，甲壳素/壳聚糖具有较高的干湿强度、耐破度、撕裂度，较好的书写和印刷性能，可在碱性介质中施胶，可防蛀、防霉等优点。研究表明，在含烷基双烯酮二聚物施胶剂的碱性纸浆中，添加 0.1%～0.4%壳聚糖乙酸盐，可使施胶和烷基双烯酮二聚物的留着达到最佳效果[43]。此外，由于壳聚糖的化学结构与纤维素相类似，其官能团可充分接近纤维表面，对纤维有足够的黏合度和在纤维间架桥的能力，其分子链上有许多正电荷、氢键位点，可分别与纤维素上的负电荷、非离子位点生成离子键、氢键。因此，壳聚糖用作纸张增强剂具有很好的增强效果。

3.5.8　甲壳素与壳聚糖在药物递送体系中的应用

药物控释技术兴起于 20 世纪 80 年代。在较长时间内，实现药物在特定环境以可预测、可控制的方式进行释放，具有重要意义。控释技术通过调节、控制药物释放速率，使药物在体内能较长时间维持有效浓度，从而减小给药频率和药物刺激，降低毒副作用和减少药源性疾病。而常规药物剂型经常会导致血药浓度大幅度波动，给药后不久，大多数药物就释放出来，导致体内药物水平迅速上升到峰值而后又急剧下降。对于治疗作用与其血药浓度密切相关的药物，血药浓度的大幅度波动，会在血药浓度波峰产生难以接受的副作用，而在低于血药浓度的波谷又造成疗效不足[44]。一个全新的设想就是将生物可降解性材料纳入给药体系。许多生物降解性的聚合物均可采用，其中包括合成高分子材料以及天然高分子材料。吸附或包埋在聚合物中的药物，其释放涉及药物通过聚合物材料缓慢而可控的扩散。与生物可降解聚合物共价结合或分散在聚合物骨架中的药物，可通过聚合物的溶蚀或降解而释放出来；与聚合物复合在一起的治疗药物分子，也可以通过扩散作用从凝胶中释放出来。壳聚糖作为药物载体具有许多独特的性能，如：无毒性、可生物降解性、在低 pH 值条件下可形成凝胶、具有抗酸和抗溃疡活性，这些活性可阻止或减弱药物对胃的刺激，有效解决对胃肠道的副作用[45,46]。此外，壳聚糖具有生物黏附性和多种生物活性，可降低药物的吸收前代谢，提高药物的生物利用度。

（1）甲壳素与壳聚糖水凝胶

水凝胶是具有高度膨胀性和亲水性的聚合物网络，该网络可吸收大量水分而使体积急剧增大。水凝胶的理化性质不仅与分子结构、凝胶结构以及交联程度有关，而且与水凝胶中水的含量以及水的状态有关。水凝胶已广泛应用于药物控释体系。用β-甲壳素和聚乙二醇可制备半互穿聚合物网络水凝胶，该凝胶可用于生物医药[47,48]。这些水凝胶的热稳定性和力学性质的研究结果表明，溶胀状态的半互穿聚合物水凝胶的拉伸强度在 1.35～2.41MPa 之间。Yao 等[49]以交联的壳聚糖和明胶为原料，制备一种具有戊二醛交联聚合物网络结构的新型水凝胶。该水凝胶在 pH<7 条件下会发生急剧膨胀。以左旋咪唑、西咪替丁和氯霉素等为药物模型，进行药物释放度研究。研究结果表明，左旋咪唑、西咪替丁和氯霉素的水凝胶药物释放度与 pH 有关。

（2）壳聚糖微胶囊与壳聚糖微球

微胶囊也叫毫微丸，是粒径在 10nm～1mm 范围内的囊或球。微胶囊属于胶体给药体系，其水混悬液的稳定性源于布朗运动。Huguet 等[50]将血红蛋白与海藻酸钠混合液滴加到壳聚糖溶液中，然后用 $CaCl_2$ 使微球硬化，得到载药血红蛋白的壳聚糖海藻酸钙微球。研究表明，在 pH 5.4 条件下，微球载药血红蛋白的量最高；pH 2.0 条件下，血红蛋白在高分子量壳聚糖微球中的滞留效果最佳。海藻酸盐与壳聚糖离子相互作用的示意图见图 3-7。

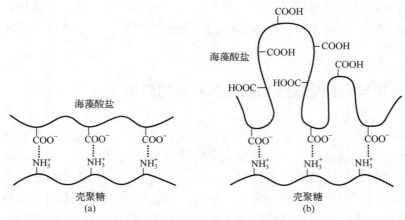

图 3-7　海藻酸盐与壳聚糖离子相互作用
（a）pH 5.4;（b）pH 2

　　另外，由于甲壳素与壳聚糖具有优异的抗菌性、抗腐蚀性、光学特性和成膜性等性能，它们在摄影、固体电池中都有重要的应用。但由于甲壳素来源的多样性，商用甲壳素存在质量不均匀，在脱乙酰化和化学改性过程中造成了许多困难，从而对甲壳素和壳聚糖的结构调控和新用途研发有较大的阻碍。

　　作为一种丰富的天然高分子化合物，壳聚糖在自然界储量丰富，具有无毒、无污染、生物可降解性、抑菌性、成膜性、保水性、成纤性、吸附性等独特优点，在工农业、食品、化妆品、水工程、纺织印染、造纸、生物医药及其医用材料等各个领域得到广泛的应用，壳聚糖的利用和研究在国内外已经形成一个巨大的产业，其中低聚壳聚糖的开发方兴未艾。

　　但是目前壳聚糖的研究及其应用尚存在一些问题，例如：壳聚糖的水溶性问题极大地限制了它的应用和发展。因此，需要寻找简单易行、安全可靠、可操作性强、重现性好的壳聚糖改性方法，以提高水溶性。壳聚糖的降解性难以控制也是限制壳聚糖应用的一大障碍。我国壳聚糖的产能不足，产量低。有关低聚壳聚糖的制备，大都处于实验室的研究阶段，氧化降解法研究较多，但是降解过程伴随副反应，还需要探索出更加有效的方法。虽然微生物培养法制备壳聚糖具有诸多其他制备方法不具备的优点，但微生物制备法目前还未能得到广泛的应用。改性壳聚糖的工业使用成本相对较大，因此，需要降低成本，或回收再利用。综上所述，壳聚糖的研究面临着更多的机遇和挑战。

　　对于壳聚糖，未来的研究方向是加强基础理论研究，并用于指导生产实践；需要探索新的改性方法，包括开发新的反应原料、设计新的改性路线、使用不同功效的催化剂等；要探寻增加壳聚糖水溶性的方法，加强壳聚糖降解的可控性，降低壳聚糖工业应用的成本，进一步拓宽壳聚糖的应用范围。

参考文献

[1] Sashiwa H, Aiba S. Chemically modified chitin and chitosan as biomaterials[J]. Prog Polym Sci, 2004, 29: 887.

[2] Gupta K C, Ravi M N V. An Overview on chitin and chitosan applications with an emphasis on controlled drug release formulations[J]. Macromol Chem Phys, 2000, 40: 273.

[3] Ravi Kumar M N V. A review of chitin and chitosan applications[J]. React Funct Polym, 2000, 46: 1.

[4] Ravi Kumar M N V, Muzzarelli R A A, Uzzzarelli C, et al. Chitosan chemistry and pharmaceutical perspectives[J]. Chem Rev, 2004, 104: 6017.

[5] 蒋挺大. 甲壳素[M]. 北京: 化学工业出版社, 2003.

[6] 袁毅桦. 基于壳聚糖与海藻酸钠的改性聚合物的制备结构与性能研究[D]. 广州: 华南理工大学, 2012.

[7] 张俐娜. 天然高分子科学与材料[M]. 北京: 科学出版社, 2007.

[8] 吴建国, 刘清斌, 甘广东. 发酵法生产壳聚糖的研究现状[J]. 生物技术, 2008, 18(4): 93-95.

[9] Iason T, Nathalie Z, Aggeliki M, et al. Mode of action of chitin deacetylase from Mucor rouxii on N-acetylchitooligosaccharides[J]. Eur J Biochem, 1999, 261: 698-705.

[10] 曹健, 殷蔚申. 黑曲霉几丁质和壳聚糖的研究[M]. 微生物学通报, 1995, 22(4): 200-202.

[11] Baxter A, Dillon M, Taylor K D A, et al. Improved method for IR determination of the degree of N-acetylation of chitosan[J]. Int J Biol Macromol, 1992, 14: 166.

[12] Maghami G A, Roberts G A F. Studies on the adsorption of anionic dyes on chitosan[J]. Makromol Chem, 1988, 189: 2239.

[13] Domard A. Circular dichroism study on N-acetylglucosamine oligomers[J]. Int J Biol Macromol, 1986, 8: 243.

[14] Domard A. pH and CD measurements on a fully deacetylated chitosan: application to Cu-polymer interactions[J]. Int J Biol Macromol, 1987, 9: 98.

[15] Wei Y C, Hudson S M. Binding of sodium dodecyl sulfate to a polyelectrolyte based chitosan[J]. Macromolecules, 1993, 26: 4151.

[16] Sashiwa H, Saimoto H, Shigemasa Y, et al. Distribution of the acetamido group in partially deacetylated chitins[J]. Carbohydr Polym, 1991, 16: 291.

[17] Sashiwa H, Saimoto H, Shigemasa Y, et al. N-acetyl group distribution in partially deacetylated chitins prepared under homogeneous conditions[J]. Carbohydr Res, 1993, 242: 167.

[18] Raymond L, Morin F G, Marchessault R H. Degree of deacetylation of chitosan using conductometric titration and solid-state NMR[J]. Carbohydr Res, 1993, 243: 331.

[19] Niola F, Basora N, Chornet E, et al. A rapid method for the determination of the degree of N-acetylation of chitin-chitosan sample by acid hydrolysis and HPLC[J]. J Therm Anal, 1983, 28: 189.

[20] Pangburn S H, Trescony P V, Heller J. Chitin, Chitosan and Related Enzymes[M]. New York, Harcourt Brace Janovich, 1984: 3.

[21] Rathke T D, Hudson S M. Determination of the degree of N-deacetylation in chitin and chitosan as well as their monomer sugar ratios by near infrared spectroscopy[J]. J Polym Sci, Polym Chem Ed, 1993, 31: 749.

[22] Maghami G G, Roberts G A. Evaluation of the viscometric constants for chitosan[J]. Macromol Chem Phys, 1988, 189: 195-200.

[23] 欧阳钺, 卢灵发, 牛指成. 甲壳素、壳聚糖的化学修饰及其功能[J]. 海南师范学院学报(自然科学版), 2000(01): 48-54.

[24] 俞继华, 冯才旺, 唐有根. 甲壳素和壳聚糖的化学改性及其应用[J]. 长沙: 中南工业大学, 1979(03): 30-34.

[25] 冯永巍. 壳聚糖的化学改性及其衍生物的抑菌活性研究[D]. 无锡: 江南大学, 2011.

[26] Kotze A F, Luessen H I, de Leeuw B J, et al. N-trimeth chitosan as a potential absorptionenhancer across mucosal surface[J]. Pharm Res, 1997, 24(9): 197.

[27] 杨俊玲. 甲壳素和壳聚糖的化学改性研究[J]. 天津工业大学学报, 2001, 20(5): 79-82.

[28] Jacek D. Some aspects of the reaction between chitosan and formaldehyde [J]. Maccromol Sci Chem, 1983, 20(8): 87.

[29] 唐振兴, 钱俊青, 葛立军. 甲壳素壳聚糖的化学改性及其研究进展[J]. 杭州化工, 2003, 33(4): 16-19.

[30] 陈煜, 陆铭, 罗运军. 甲壳素和壳聚糖的接枝共聚改性[J]. 高分子通报, 2004, 4(2): 54-61.

[31] 鲁从华, 罗传秋, 曹维孝. 壳聚糖的改性及其应用[J]. 高分子通报, 2001, 6: 46-51.

[32] Wei Deqing, Luo Xiaojun, Deng Ping, et al. Study on the emulsion graft copolymerization of butyl acrylated onto chitosan[J]. Acta Polym Sinica, 1995(4): 427-428.

[33] 杨庆, 梁伯润, 窦丰栋. 以乙二醛为交联剂的壳聚糖纤维交联机理探索[J]. 纤维素科学与技术, 2005, 13(4): 13-18.

[34] 王学刚, 王光辉, 谢志英. 交联壳聚糖吸附处理低浓度含铀废水[J]. 金属矿山, 2010(9): 133-136.

[35] 曲荣君, 刘庆俭. 镍(Ⅱ)模板一缩二乙二醇双缩水甘油醚交联壳聚糖的合成及其吸附特性[J]. 环境化学, 1996, 15(3): 214-219.

[36] 曲荣君, 刘庆俭. PEG 双缩水甘油醚交联壳聚糖的制备及其对金属离子的吸附性能[J]. 环境化学, 1996, 15(1): 41-46.

[37] Mark H F, Bikales N M, Overberger C G, Menges G. Encyclopedia of Polymer Science and Engineering[M]. New York: Wiley, 1985, 1: 20.

[38] Yannas I V, Burke H F, Orgill D P, et al. Wound tissue can utilise a polymeric template to synthesise a functional extension of skin[J]. Science, 1982, 215: 174.

[39] Szosland B, East G C. The dry spinning of dibutyrylchitin fibres[J]. J Appl Polym Sci, 1995, 58: 2459.

[40] Markey M L, Bowman M L, Bergamini M V W. Sources, Chemistry, Bio Chemistry, Physical Properties and Applications[M]. London: Elsevier Applied Science 1989: 713.

[41] Peniche Covas C, Alwarez L W, Arguelles-Monal W. The adsorption of mercuric ions by chitosan[J]. J Appl Polym Sci. , 1987, 46: 1147.

[42] Weber W B. Physicochemical Process for Wastewater Control[M]. New York: Wiley, 1992.

[43] Hasegawa M, Isogai A, Onabe F. Alkaline sizing with alkylketene dimmers in the presence of chitosan salts[J]. J Pulp Paper Sci, 1997, 23 (11): 528-531.

[44] Uhrich K E, Cannizzaro S M, Langer R S, et al. Polymeric systems for controlled drug release[J]. Chem Rev, 1999, 99: 3181.

[45] Hou W M, Miyazaki S, Takada M, et al. Sustained release of indomethacin from chitosan granules[J]. Chem Pharm Bull, 1985, 33: 3986.

[46] Miyazaki S, Ishii K, Nadai T. The use of chitin and chitosan as drug carriers[J]. Chem Pharm Bull, 1981, 29: 3067.

[47] Kim S S, Lee Y M, Cho C S. Synthesis and properties of semi-interpenetrating polymer networks composed of β- chitin and poly(ethylene glycol)macromer[J]. Polymer, 1995, 36: 4497.

[48] Kim S S, Lee Y M, Cho C S. Semi-interpenetrating polymer networks composed of β-chitin and poly(ethylene glycol)macromer[J]. J Polym Sci, Part A: Polym Chem, 1995, 33: 2285.

[49] Yao K D, Yin Y J, Xu M X, et al. Investigation of pH sensitive drug delivery system of chitosan/gelatin hybrid polymer network[J]. Polym Int, 1995, 38: 77.

[50] Huguet M L, Groboillot A, Neufeld R J, et al. Hemoglobin encapsulation in chitosan calcium alginate beads[J]. J Appl Polym Sci, 1994, 51: 1427.

第 4 章 胶原与明胶

4.1 胶原与明胶的结构

胶原的英文是"collagen",源自希腊文"kolla"和"gennan",意思分别是"胶水"和"生产",所以"collagen"的意思是"生成胶的产物",是生物组织在煮时产生的一种"胶水"。"collegen"一词产生于 19 世纪,用于表示煮沸后产生明胶的结缔组织成分[1],也被认为是一种固定细胞的"生物胶"[2]。现代胶原的定义是细胞外基质(extracellular matrix,ECM)的重要组成部分,由氨基酸组成的大分子链,可以自组装成交叉条纹的原纤维,为细胞的生长提供支撑。胶原是动物体内含量最丰富的蛋白质,约占动物体内全部蛋白质的 30%,相当于体重的 6%,在结缔组织中约占 20%~30%。在结缔组织维持其结构和生物完整性方面胶原起着关键作用。

明胶和胶原都是蛋白质,因此它们的基本结构单元都是氨基酸。蛋白质的分子结构分成一级、二级、三级、四级。其中,一级结构是蛋白质的基本结构,指氨基酸在蛋白质分子中的排列顺序;二级、三级、四级结构是蛋白质分子的高级结构,指蛋白质分子在空间中的三维结构。胶原分子作为一种蛋白质,也具有完整的四级空间结构。

(1)胶原的结构

所有的胶原分子都是由三条α-肽链组成,在空间上以三股螺旋方式相互缠绕形成绳状结构,其长度约为 280nm,直径约为 1.4nm(图 4-1)。组成胶原分子的三条α-肽链都是左手螺旋结构,但它们形成的三螺旋结构为右手超螺旋,由于最终形成的三螺旋结构的旋转方向与构成它们的多肽链的旋转方向相反,因此不易发生旋解,从而使胶原具有极高的强度。在胶原分子中,除了形成三股螺旋结构之外的区域都称为非螺旋结构域,胶原分子两端的非螺旋结构区域称为端肽(telopeptide)。组成胶原分子的这三条α-肽链可以是相同的,这类胶原被称为均相三聚体;也可以是不同的,被称为异相三聚体。根据蛋白质的命名法,蛋白质分子中不同的肽链分别被称为α_1-链、α_2-链和α_3-链。如 I 型胶原蛋白,由两条相同的α_1-链和一条不同的α_2-链组成,称为$[\alpha_1(Ⅰ)]_2\alpha_2(Ⅰ)$,而由三条不同的肽链组成的Ⅵ型胶原,则称为$\alpha_1(Ⅵ)\alpha_2(Ⅵ)\alpha_3(Ⅵ)$。肽链后面括号中大写的罗马数字表示不同的胶原类型,代表其被发现的先后次序。每条肽链有 1000 个左右的氨基酸残基,其分子量在 $10^4 \sim 10^5$ 之间,因此一个胶原分子的分子量可达 30×10^4。

在三螺旋结构域中,由于空间位阻的限制,三螺旋的中心区只能容纳氨基酸中分子量最小的甘氨酸,因此,在形成三螺旋结构域的α-肽链中,每三个残基就有一个甘氨酸(Gly)残基,也就是说,三螺旋结构是由(Gly-X-Y)的重复三肽序列组成的(X 和 Y 指

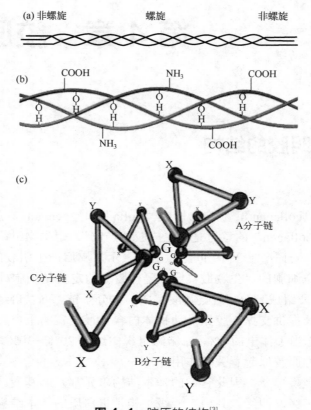

图 4-1 胶原的结构[3]

（a）胶原的三螺旋结构；（b）胶原三螺旋结构内的氢键；（c）胶原三螺旋结构的投影

其他氨基酸残基）。其中，最常见的序列是甘氨酸-脯氨酸-羟脯氨酸（Gly-Pro-Hyp），约占 12%；Gly-Pro-Y 序列和 Gly-X-Hyp 序列约占 44%；而 Gly-X-Y 序列占据了剩下的 44%，如图 4-2 所示。

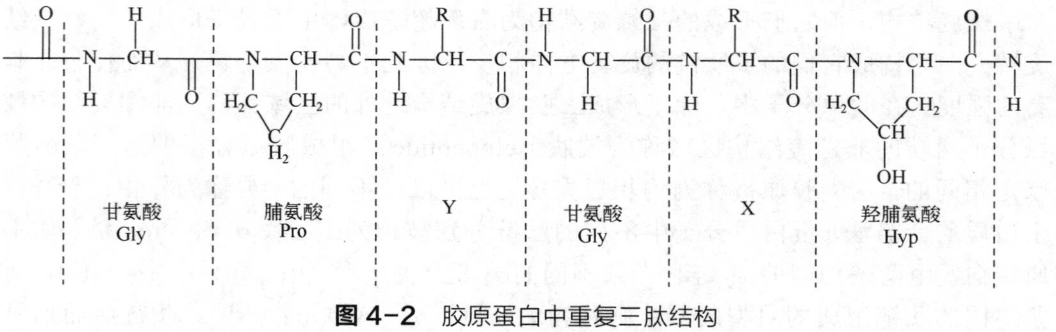

| 甘氨酸
Gly | 脯氨酸
Pro | Y | 甘氨酸
Gly | X | 羟脯氨酸
Hyp |

图 4-2 胶原蛋白中重复三肽结构

脯氨酸和羟脯氨酸的存在，稳定了胶原的三螺旋结构：①在相邻的多肽链中，除了甘氨酸残基之间会形成氢键外，羟脯氨酸残基上的羟基之间也能形成氢键，从而稳定三螺旋结构；②脯氨酸和羟脯氨酸都为脂环族氨基酸，可以防止 C—N 键的旋转，从而增加多肽链的刚性。

三股螺旋形成的胶原分子称为原胶原（tropocollagen），原胶原通过共价键首尾相接、平行排列，形成胶原微纤维（microfibril），进一步聚集成束后，形成胶原纤维。目前公认的胶原纤维排列模型认为，原胶原在首尾相接时，有 1/4 错位的搭接（图 4-3），但首尾相接的原胶原之间具有一定的间隙，就形成了胶原微纤维的重叠区（overlap）和间隙区（gap），这两种区域沿微纤维纵向交替分布，其中重叠区有 5 个胶原蛋白分子，而间隙区只有 4 个胶原蛋白分子。这种周期性的交替排列也导致 D 特征条带的产生，在天然的水合状态下，其长度为 67nm。

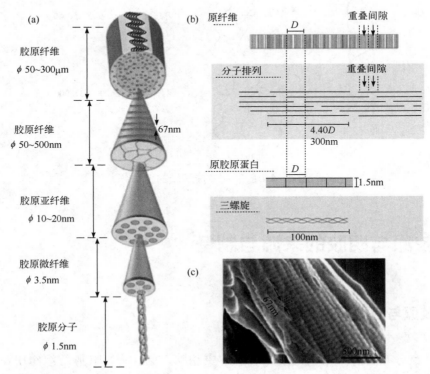

图 4-3　（a）胶原纤维的多级结构[4]；（b）胶原分子的结构[3]；（c）胶原纤维的 SEM 照片，显示其具有 67nm 的周期性[5]

（2）明胶的结构

明胶是胶原水解后的产物，在胶原向明胶的转变过程中，胶原分子的三螺旋结构大部分遭到破坏，转变成无规卷曲的结构，因此明胶是立体结构遭破坏的胶原。胶原在水解成为明胶的过程中，其三螺旋结构有三种可能的变化：①三条 α-肽链完全解螺旋，成为三条互不缠结的肽链；②一条肽链完全解螺旋，而另外两条肽链之间还存在着氢键；③三条肽链之间都存在着少量氢键。此外，在碱性条件下水解时，胶原肽链上的酰胺侧基也会被水解，导致明胶中酰胺的数量降低，水解产物羧基的数量增加。

结构上的转变对其性能也产生了影响[6]：①水解后，明胶的分子量降低，分子量分布变宽；②与胶原相比，明胶更易溶解和酶解；③由于蛋白质的结构发生了变化，因此明胶不具备生物活性；④三螺旋结构的消失，使分子链规整排列结构消失，分子的机械强度降低。胶原转变成明胶的结构示意图见图 4-4。

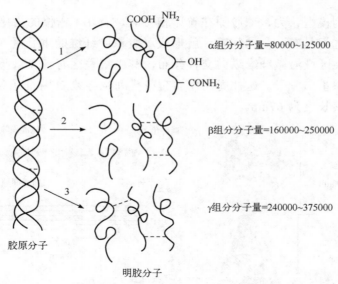

α组分分子量=80000~125000

β组分分子量=160000~250000

γ组分分子量=240000~375000

图 4-4　胶原转变成明胶的结构[7]

4.2　胶原与明胶的来源与制备

4.2.1　胶原与明胶的来源

　　胶原广泛分布在脊椎动物的皮、肌腱、主动脉、肠、胃、乳腺等组织中，其中在皮和肌腱中的胶原含量可以达到组织干重的 70%以上，因此可以从天然组织中提取胶原。根据来源不同，胶原可以分成哺乳类动物胶原、鱼类胶原等，在哺乳动物中根据胶原所在组织的不同可以分为皮胶原、骨胶原、齿胶原等。目前已经发现有 40 种脊椎动物的基因可以表达 29 种不同类型的胶原，每种胶原在不同组织中的分布和含量都不同。其中，Ⅰ、Ⅱ、Ⅲ、Ⅴ和Ⅺ型是种类最丰富的 5 种胶原[8]。

　　从组织提取胶原产量高，但可能会引发种间疾病的传播、感染性病原体的转移（如朊病毒）等问题。为了解决这些问题，人们开始利用生物工程技术和人工合成方法制备类胶原蛋白（collagen-like protein）：

　　（1）细胞产生胶原蛋白

　　由于胶原蛋白在生物体内就是由特定的细胞合成的，因此可以在一定条件下诱导细胞合成胶原蛋白分子，之后再从培养基或沉积的细胞层中分离提取所合成的胶原，即细胞产生胶原蛋白（cell-produced collagen）。这种方法可以使用自体细胞合成胶原，因此没有免疫反应，但这对细胞的合成活性和培养条件的要求非常苛刻，导致产率低下。

　　（2）重组胶原蛋白

　　重组胶原蛋白（recombinant collagen）是通过生物工程技术，将人体胶原蛋白的信使RNA 逆转录成互补 DNA，经酶切后的一段基团重组于大肠杆菌、毕赤酵母或化脓链球菌等微生物中，构建高表达与人同源的重组胶原蛋白基团工程菌，经大规模发酵及纯化，获得高纯度的重组胶原蛋白。重组胶原蛋白显著提高了稳定性、亲水性和生物相容性。

（3）合成胶原蛋白

胶原蛋白具有 Gly-X-Y 重复序列的三聚体结构，可以通过人工合成这一结构来模拟胶原蛋白，但目前合成的三螺旋结构长度都低于 10nm，远不及天然 Ⅰ 型胶原 300nm 的长度，所以人工合成的胶原蛋白（synthetic collagens）只能用作纳米球[9]、纳米片[10,11]等微结构。

由于明胶是胶原的水解产物，因此理论上只要是含有丰富胶原的动物体组织都可以作为明胶的原料。

4.2.2　胶原与明胶的制备

（1）胶原的制备

对于从生物组织中提取胶原，常用的方法有：中性盐法、酸溶液法和酶解法，对应的提取介质分别为中性盐溶液、有机酸溶液和蛋白酶溶液。

我们知道胶原是由多条肽链组成的，且肽链之间通过共价键交联，形成三维网状结构，因此胶原在水中的溶解度很低。在体内，大部分的胶原都以交联的胶原纤维形式存在，这部分胶原称为难溶性胶原；有一小部分胶原未能共价交联或是新合成的，称为可溶性胶原。对于可溶性胶原，可以通过中性盐溶液和稀有机酸溶液溶解提取出来；对于难溶性胶原，一般先用胃蛋白酶切除胶原末端的交联结构，切除后剩下的胶原分子就具有可溶性，可以通过有机酸溶液提取出来。

由于不同类型的胶原在体内的分布是不同的，因此提取胶原之前，需要选择适当的组织材料。如 Ⅰ 型胶原可以从动物皮、肌腱和骨中提取；Ⅱ 型胶原可以从透明软骨中提取。用于提取胶原的组织材料，必须在开始提取前除去非胶原性的碎肉、脂肪等附属物。特别是要用有机溶剂除去脂肪，否则一旦混入胶原溶液，无论使用中性盐溶液和酸溶液都无法除去，最后只能得到乳浊状的胶原溶液。出现这种情况后，可以向胶原溶液中加入 1%的正丁醇溶液萃取出胶原溶液中的脂质。

在提取胶原时，首先用中性盐法提取组织中的可溶性胶原。一般采用 pH 7.4 左右的 0.15～1mol/L 的 NaCl 溶液作为提取介质，而生物体内新合成的胶原由于交联程度更低，可以用 0.15～0.45mol/L 的 NaCl 溶液。除了 NaCl 外，常用的中性盐还有三羟甲基氨基甲烷盐酸盐（Tris-HCl）、磷酸盐等。在中性条件下，胶原的变性温度为 40～41℃，为了避免胶原变性，需要在 4℃下对胶原进行提取。同时为了减少组织中各种蛋白酶对胶原的降解作用，需要在中性盐溶液中加入各种蛋白酶抑制剂。

经中性盐溶液提取后的组织可以用稀有机酸溶液来提取。常用的有机酸为 pH 2.5～3.5、0.05～0.5mol/L 的醋酸或者 0.15mol/L 的柠檬酸溶液。稀有机酸溶液除了可以提取可溶性胶原之外，还可以使组织溶胀，并破坏其中的 Schiff 键，使这部分胶原也溶解出来。经有机酸溶液提取后的胶原称为酸溶性胶原。在酸性条件下，胶原的变性温度为 38～39℃。为了避免胶原变性，一般在 10℃下对胶原进行提取。酸溶液中也需要加入蛋白酶抑制剂，以减少胶原的降解。

在可溶性胶原和酸溶性的胶原都被提取后，剩下的难溶性胶原需要通过酶解法进行提取。酶解法的原理是使用一些蛋白酶，将胶原末端形成交联结构的部分降解下来，从而使剩下的部分具有可溶性。常见的蛋白酶有胃蛋白酶、胰蛋白酶、木瓜蛋白酶等。其中，在酸性条件下，使用胃蛋白酶进行降解；在中性条件下，则使用木瓜蛋白酶。由于酶的降解只对胶原末端的非螺旋区有效，而对螺旋区无作用，因此通过这种方法得到的胶原，仍具有完整的三股螺旋结构，适用于生物医用材料。通过酶解法得到的胶原称为酶溶性胶原。

除了上述三种方法外，还可以使用碱法来提取胶原蛋白，但这种方法容易造成肽键的水解，导致产物的分子量较低。水解严重时，还会产生对人体有害的 D 型氨基酸，因此碱法并不常用。

提取出胶原后，还需对其进行分离和纯化。盐析是目前最常用也是最简便的分离胶原的方法。通常在胶原的粗提液中加入较多的粉状盐（一般是 NaCl）或浓 NaCl 溶液将胶原析出。由于不同类型的胶原，在不同 pH 及盐浓度下具有不同的溶解性，因此可以通过分步盐析，初步分离不同类型的胶原。

为了进一步提高胶原的纯度，在盐析后往往需要使用离子交换色谱、亲和色谱和高效液相色谱等方法对胶原进行纯化，获得精制胶原。

（2）明胶的制备

明胶与胶原类似，也是从含有胶原的组织中提取的，根据提取方法不同可以分为 A 型明胶（酸法水解）和 B 型明胶（碱法水解），后来又开展了对酶法水解的研究。

①酸法水解。通过浸酸使胶原水解而制备明胶的方法为酸法，此法适用于以骨头和猪皮为原料制备明胶。与胶原一样，在制备明胶之前必须对原料进行处理，除去非胶原性的组织和脂肪。然后将处理好的原料充分水洗，以除去水溶性的杂质，在水洗到 pH 值低于 10 时，可在水洗时加入酸，直到 pH 至中性。原料水洗后开始浸酸，可以使用盐酸、硫酸、亚硫酸、磷酸等无机酸。在浸酸过程中逐步加入酸液，直到 pH 值稳定在 2.5～3.0，然后静置浸酸 24～40 h，并严格控制温度在 10～20℃之间、pH 2.5～3.0；若 pH>3，则要补加酸液。将浸酸处理后的原料水洗数次，直到 pH 达到水洗终点。在酸法制备明胶时，水洗终点根据最终对产品的需求决定，当 pH>5.0 时，明胶的黏度高，而 pH<5.0 时，明胶的黏度低。所以，在生产低黏度明胶时，将水洗终点控制在 pH 5.0 以下，而在生产高黏度的明胶时，应将水洗终点控制在 pH 5.0 以上。

酸法水解制备明胶具有以下优点：周期短，只需要 10～48h；废水量少，废水处理较方便；生产成本低，得到的产品的质量和产率高，具有很好的经济效益。但酸法只有在处理交联度较小的原料时，才能获得高质量、高产率的明胶。

②碱法水解。使用石灰悬浮液、氢氧化钠等预处理含有胶原的原料来生产明胶的方法称为碱法。将牛皮、猪皮等原料脱毛、去脂，浸入石灰乳中，并在浸泡过程中不断翻动，使原料浸泡均匀，还要经常更换石灰乳，这一步工艺在明胶制造中称为浸灰。浸灰可以使胶原分子主链间的部分结合键（如氢键、酰胺键等）打开，部分肽键发生断裂，侧链上的酰胺键和肽键也被破坏，最终破坏胶原的三螺旋结构。浸灰的时间根据原料性质和最终产品的品质决定，大约在 15～120 天。浸灰结束后，需要对原料进行水洗，以

除去吸附在原料中的氧化钙和原料的分解产物，这一步称为退灰。必须水洗至原料的 pH<10，才算达到退灰终点。

③酶法水解。由于酶催化具有专一性，如果能找到合适的酶，可以切去胶原的末端肽，但不破坏胶原的主链，使之成为可溶性胶原，就能使原料达到提胶的要求。

首先除去原料中的非胶原物质和脂肪，然后调节原料的 pH，加入特定的酶溶液，不同的酶对 pH 和温度的要求都不同，如胃蛋白酶的最适 pH 值为 2，胰蛋白质为 7～8。同时根据需要，还要加入适量的酶激活剂或抑制剂，并依据用途确定酶解时间。酶解后可以在原料中加入中性盐和表面活性剂，使明胶沉淀析出，再进行进一步的提纯、除味、脱色等工艺，得到明胶。

酶法的处理时间仅为碱法的 1/5，产率几乎为 100%，且得到的明胶分子量分布窄，但酶法对酶种的筛选和工艺条件、设备要求都很严格，所以较少用于大型生产。

4.3　胶原和明胶的物理性质

4.3.1　胶原和明胶的一般物理性质

明胶是无色或略带淡黄色、无嗅、无味、无挥发性、透明而坚硬的非晶体物质，其相对密度约为 1.27。明胶在短时间加热到 105℃时仍不熔化，但在 60℃以上长时间加热时，明胶会变软胀大，其黏度也逐渐降低。明胶不溶于冷水，但可以吸收 5～10 倍自身质量的水，并膨胀软化；溶于热水，冷却后会形成凝胶。在常温下，明胶还可以溶于尿素、硫脲、硫氰酸盐及高浓度的氯化钾和碘化钾溶液，也可以溶于醋酸、水杨酸等有机酸中，不溶于乙醇、乙醚等溶剂，在明胶的水溶液中加入硫酸铵等盐类可以使明胶析出[12]。

4.3.2　明胶的等电点

由于胶原和明胶都是蛋白质，其肽链上有许多酸性或碱性的基团，且每条肽链的两端都有 α-羧基和 α-氨基，这些基团都具有给予质子和接受质子的能力。在溶液中，随着 pH 的变化，胶原和明胶就成了带许多正电荷和负电荷的蛋白质。

在酸性条件下，明胶分子链上的正电荷多于负电荷，明胶分子整体呈电正性，在外加电场作用下，明胶分子向负极移动；在碱性条件下，明胶分子链上的负电荷多于正电荷，明胶分子整体呈电负性，在电场作用下会向正极移动。在某一 pH 条件下，明胶分子上的正负电荷数目刚好相等，呈两性离子状态，此时明胶分子在外加电场作用下，既不向正极移动也不向负极移动，这时的 pH 就称为明胶的等电点（isoelectric point，pI）。

明胶的端基和可解离侧基都有自己的 pI 值，如表 4-1 所示。由于受到分子中邻近电荷的影响，一些肽链侧基的 pI 值会与相应的氨基酸的 pI 值不同。在等电点时，胶原和明胶都具有一些独特的理化性质。如：此时胶原和明胶分子的净电荷为零，所以其溶液的电导率最小；由于净电荷最少，所以渗透压和浊度也最低。此外，电中性的高分子一般趋向于卷曲状态，卷曲状态的分子运动阻力最小，所以处于等电点的溶液就表现出黏度最小的性质；而带电荷的分子会由于静电斥力而伸展，在伸展状态下分子链之间容易缠结，从而使溶液的黏度增大。

表 4-1　蛋白质中可解离基团的 pI 值

可解离基团		pI 值（25℃）
α-羧基	$— COOH \rightleftharpoons — COO^-$	3.0～3.2
β-羧基（天冬氨酸，Asp）	$— COOH \rightleftharpoons — COO^-$	3.0～4.7
γ-羧基（谷氨酸，Glu）	$— COOH \rightleftharpoons — COO^-$	4.4
咪唑基（组氨酸，His）		5.6～7.0
α-氨基	$— \overset{+}{N}H_3 \rightleftharpoons — NH_2$	7.6～8.4
ε-氨基（赖氨酸，Lys）	$— \overset{+}{N}H_3 \rightleftharpoons — NH_2$	9.4～10.6
巯基（半胱氨酸，Cys）	$—HS \rightleftharpoons — S^-$	9.1～10.8
苯酚基（酪氨酸，Tyr）		9.8～10.4
胍基（精氨酸，Arg）		11.6～12.6

利用明胶在等电点时呈电中性，可以直接使用电泳的方法来测定其等电点。此外，根据胶原和明胶在等电点时的物理和化学性质，也可以测定其等电点。在不同 pH 下，对胶原和明胶的这些性质进行测定，并将所得数据对 pH 作图，可以发现曲线在等电点处有一个突变，因此可以计算出胶原和明胶的等电点。

4.3.3　玻璃化转变温度

作为高分子，玻璃化转变温度（T_g）是其最重要的性质之一，对高分子结构表征、改性等方面，具有重要的参考意义。玻璃化转变温度是高分子链段开始运动或冻结时的温度，而链段的运动是通过主链单键的旋转来实现的，因此玻璃化转变温度与高分子链的柔性和分子间作用力有关。

影响胶原和明胶玻璃化转变温度的因素有：

（1）氨基酸组成

胶原和明胶的基本结构都是氨基酸，而氨基酸侧基的类型将对主链的柔性产生巨大的影响。如在哺乳类动物胶原中，含有较多的脯氨酸（Pro）和羟脯氨酸（Hyp），而在鱼类胶原中，这类氨基酸的含量则较低。脯氨酸和羟脯氨酸中都含有吡咯环，导致多肽主链的 C—N 键的旋转位阻增大，不能自由旋转，使多肽链的刚性增加；吡咯环上的氮原子还可以与多肽链上的羰基形成氢键，使分子间的作用力增强。这两者的协同作用，使哺乳类动物胶原具有较高的玻璃化转变温度。

（2）胶原的类型

不同类型的胶原，除了多肽链的氨基酸组成不同外，肽链之间的螺旋结构和形成三螺旋区域的比例也有所不同，从而对其玻璃化转变产生影响。

（3）提取方法

不同的提取方法会导致胶原和明胶的结构和分子量不同（如 4.2.2 节），对其玻璃化转变温度也有影响。

（4）交联程度

交联使分子链的刚性增加，阻碍分子链的链节运动，从而提高分子的玻璃化转变温度。胶原和明胶分子间和分子内都存在着一定程度的交联。明胶经脱水交联后，其 T_g 可以从 175℃提升至 196℃。

（5）极性溶剂

水、甘油、乙二醇等极性溶剂可以降低胶原和明胶的玻璃化转变温度。根据高分子自由体积理论，这些极性溶剂可以降低胶原和明胶分子的自由体积。此外，这些小分子溶剂本身的含量对胶原和明胶的 T_g 也会产生影响，如在水分含量较低时，水分的含量每增加 1%，明胶的 T_g 下降约 5℃；当水分含量低于 1%时，明胶会发生脱水交联，进一步提高 T_g。

4.3.4　力学性能

胶原纤维使组织具有弹性和黏性[13]。其机械强度源于胶原分子的三股螺旋结构和其他分子间和分子内的交联。胶原纤维的变形机制与具有塑性形变区的结晶聚合物的变形机制类似。从胶原的应力-应变曲线可以看出，应力-应变曲线的斜率随着应变的增加而增加，即胶原纤维的模量随着应变的增加而增加，直到断裂。可以将胶原的应力-应变曲线划分成四个区域[14]，即脚趾区或低应变区（toe region）、脚根区（heel region）、弹性区或线性区（elastic region）和纤维破裂（fibre failure）。

（1）脚趾区

这一区域可以去除胶原纤维中的宏观卷曲部分，这一现象在光学显微镜中即可以观察到。胶原纤维中的这种卷曲部分已被证明可以作为一种缓冲或肌腱内的减震器，使个别纤维可以在纵向范围内小幅度伸长而不损伤组织[15]。

（2）脚根区

这一区域通常开始于应变为 2%处，在这一区域，胶原的弹性模量逐渐增加。X 射线研究表明，处于这一区域中的胶原结构中的扭结部分变直，导致胶原纤维内胶原分子的横向堆积增加，整个体系有序度也增加。随着扭结区域不断减少，体系的熵增加，导致应力-应变曲线向上弯曲[16]。

（3）弹性区

当胶原蛋白被拉伸至这一区域时，大部分的扭结已被拉直。关于胶原纤维在弹性区的形变机制目前没有确切的结论，但最有可能的原因是三螺旋结构的伸展和纤维之间的滑移[17]。

（4）纤维破裂

在弹性区胶原纤维之间的滑移使间隙区的长度增加，重叠区的长度减小，若继续施加应力，胶原纤维会分裂成单独的微纤维，而微纤维破裂时，胶原网络也就破裂[18]。

4.3.5　胶体性质

胶原和明胶在水溶液中表现出胶体性质。胶原的分子链上有许多极性侧基，如羟基、羧基等，它们可以通过氢键与水分子结合，发生水合作用，在胶原分子周围形成一层水分子膜，水分子膜可以将各个颗粒相互隔开。胶原和明胶都是两性离子，在特定 pH 溶液中，两者的表面都带有相同的电荷，并和它周围带有相反电荷的离子构成稳定的双电层，且由于具有相同的电荷，颗粒之间的静电相互作用可以保证颗粒不会聚集沉降，增强了溶液的稳定性。因此胶原与明胶在水中能形成稳定的胶体溶液。

胶原可以结合自身质量 10 倍以上的水，从而形成亲水胶体。胶原蛋白结合的水以两种状态存在：一是与极性基团结合的水，不易蒸发；二是在胶原分子之间以自由状态存在的水，较易蒸发。

4.4　化学性质

胶原和明胶都具有蛋白质的一般化学性质，它们的分子中都保留有肽链末端的氨基和羧基，同时侧链上还有各种活性官能团，可以进行一系列的化学反应。

4.4.1　氨基的修饰改性

胶原分子中含有大量的 ε-氨基、亚氨基等活性较高的基团，可以进行一系列的反应。氨基上的反应既可以用来修饰胶原和明胶，也可以用来保护氨基，以便进一步修饰。

（1）脱氨基反应

在常温下，胶原蛋白上的氨基可以与亚硝酸反应生成氮气，原来的氨基被氧化成羟基。反应生成的氮气一半来自蛋白质分子，另一半来自硝酸，因此通过测量生成氮气的体积可以测定参与反应的氨基的含量，从而计算出明胶上氨基的含量。该反应也是将氨基转化为羟基的方法，在反应过程中所使用的试剂均为水溶性好的小分子试剂，便于修饰后的提纯。胶原上的脱氨基反应见图 4-5。

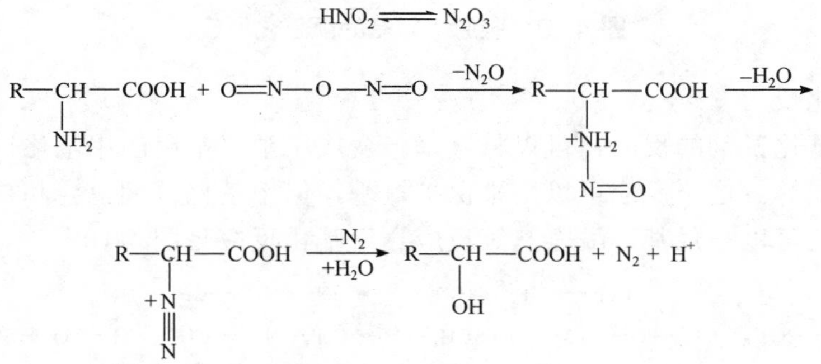

图 4-5　胶原上的脱氨基反应

（2）与醛反应

甲醛与氨基通过加成反应，初步生成 *N*-羟甲基衍生物，进一步反应则会生成 *N*-二羟甲基衍生物，从而保护自由氨基。氨基被保护后，则可以使用标准的碱溶液滴定自由羧基的数量，计算出蛋白质的含量。胶原上氨基与甲醛反应见图 4-6。

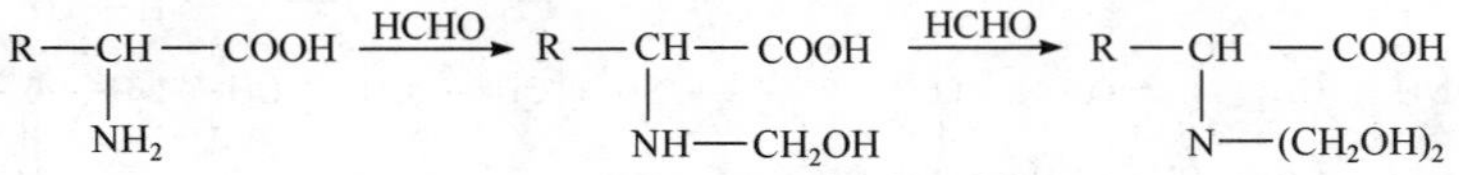

图 4-6　胶原上氨基与甲醛反应

其他醛类物质可以与明胶或胶原上的氨基反应生成 Schiff 碱，见图 4-7。

图 4-7　胶原上氨基与其他醛类物质反应

（3）酰基化反应

常用的酰化试剂有酸酐、酰氯和一些烯酮类物质。酰化反应通常与反应体系的 pH 有关，需在碱性条件下进行，主要在明胶的赖氨酸残基的 ε-氨基上发生。该反应消耗了胶原和明胶分子链上的氨基，并引入了羧基，因此反应会降低胶原和明胶的等电点。酰基化反应见图 4-8。

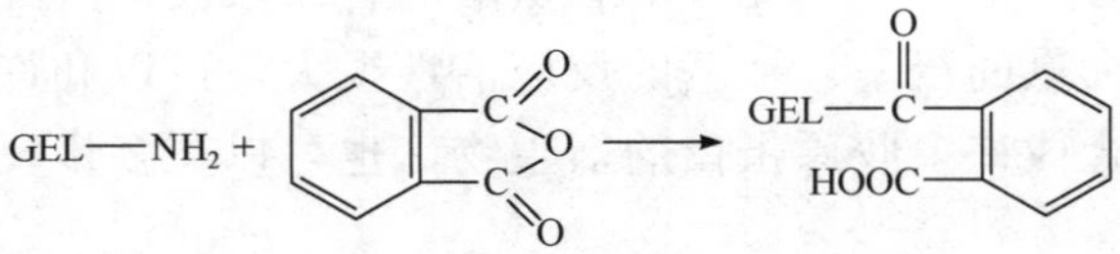

图 4-8　胶原上氨基的酰基化反应

（4）胍基化反应

ε-氨基的活性较大，可以与 *O*-甲基异脲或 *S*-甲基异脲反应，生成胍基。与 ε-氨基相比，α-氨基的活性较低，同时可能存在位阻，所以不易发生此反应。胍基化反应见图 4-9。

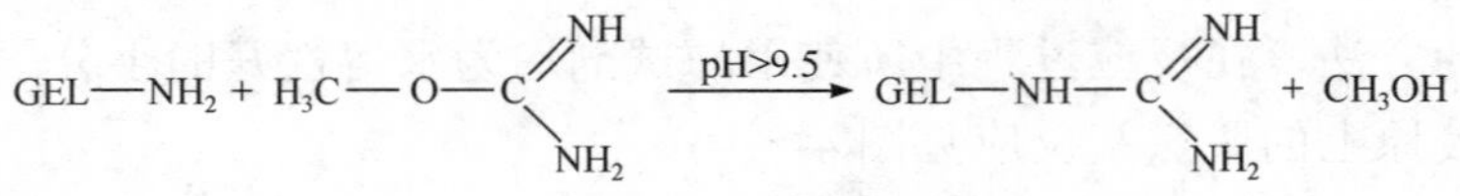

$$GEL—NH_2 + H_3C—O—C \overset{NH}{\underset{NH_2}{\parallel}} \xrightarrow{pH>9.5} GEL—NH—C \overset{NH}{\underset{NH_2}{\parallel}} + CH_3OH$$

图 4-9　胶原上氨基的胍基化反应

（5）甲基化反应

通过与甲基化试剂的反应，可以将氨基转变成甲基，常用的甲基化试剂有：重氮甲烷、硫酸二甲酯等。这个反应可以用来保护氨基，但甲基化试剂也会和羧基反应生成甲酯，重氮甲烷还可以与羟基、酰氨基等反应。甲基化反应见图 4-10。

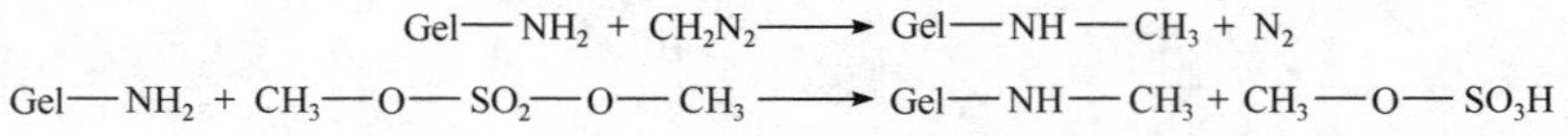

$$Gel—NH_2 + CH_2N_2 \longrightarrow Gel—NH—CH_3 + N_2$$
$$Gel—NH_2 + CH_3—O—SO_2—O—CH_3 \longrightarrow Gel—NH—CH_3 + CH_3—O—SO_3H$$

图 4-10　胶原上氨基的甲基化反应

（6）巯基化反应

氨基的巯基化方法有两种：

在 Ag$^+$的催化下，与 N-乙酰基高半胱氨酸硫代内酯反应，反应的 pH 值为 7.5，见图 4-11。

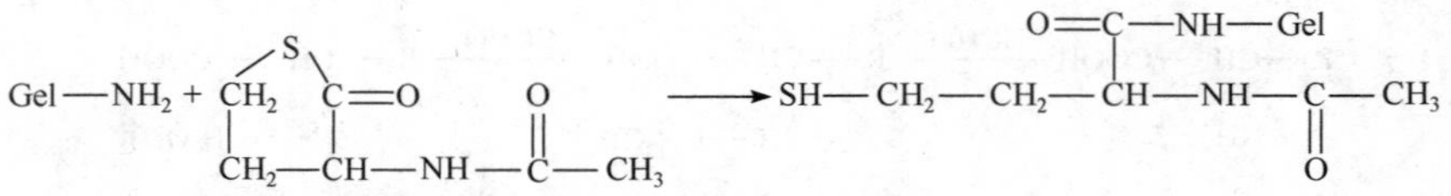

$$Gel—NH_2 + CH_2 \overset{S}{\underset{CH_2—CH—NH—C—CH_3}{\diagdown}}C=O \overset{O}{\underset{}{\parallel}} \longrightarrow SH—CH_2—CH_2—CH—NH—C—CH_3$$

图 4-11　胶原上氨基的巯基化反应

与 S-乙酰基硫代丁二酸酐反应，见图 4-12。

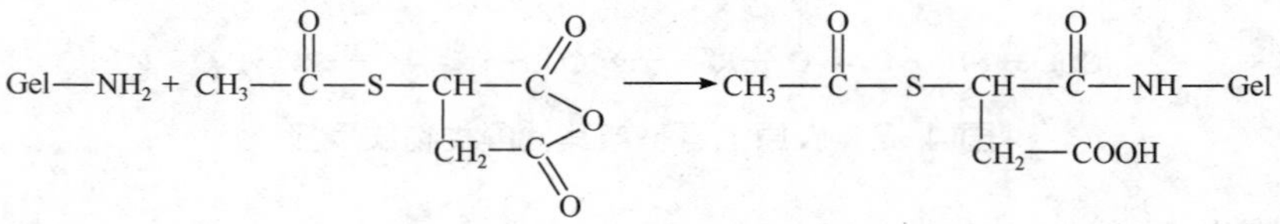

$$Gel—NH_2 + CH_3—C—S—CH—C \overset{O}{\underset{CH_2—C}{\diagdown}}O \longrightarrow CH_3—C—S—CH—C—NH—Gel$$

图 4-12　胶原上氨基与 S-乙酰基硫代丁二酸酐反应

4.4.2　羧基的修饰改性

在胶原和明胶的分子链中，二元羧酸谷氨酸的含量很高，因此除了肽链末端的羧基外，在侧链上也含有大量的羧基。羧基的反应活性很大，可以和许多官能团发生反应，利用这一特性，可以合成许多胶原蛋白的衍生物，也可以在多步反应过程中对羧基进行保护。

（1）酯化反应

胶原上的羧基可以与醇羟基和硫酸二甲酯发生酯化反应，两个反应的反应程度都可以达到 90%以上。通过酯化反应可以在胶原或明胶分子上引入脂肪酸，从而降低胶原或明胶的亲水性。胶原上羧基的酯化反应见图 4-13。

$$Gel—COOH + CH_3—OH \longrightarrow Gel—COOCH_3 + H_2O$$

$$Gel—COOH + CH_3—O—SO_2—O—CH_3 \longrightarrow Gel—COOCH_3 + CH_3—O—SO_3H$$

图 4-13　胶原上羧基的酯化反应

（2）酰胺化反应

胶原的侧链羧基可以与碳化二亚胺反应，该反应可以对蛋白质进行交联，见图 4-14。

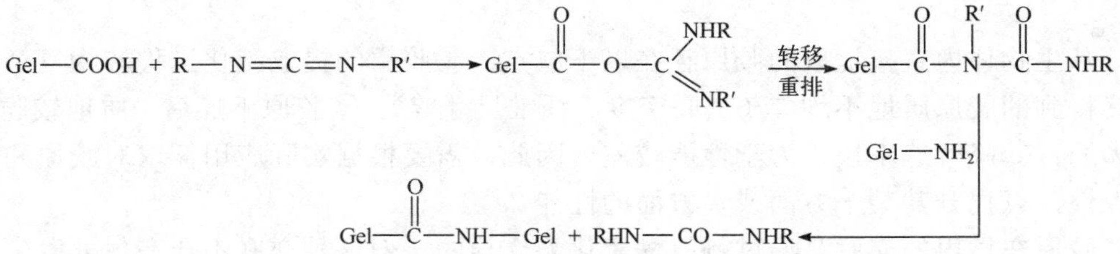

图 4-14　胶原上羧基的酰胺化反应

4.4.3　甲硫基的修饰改性

胶原与明胶中的甲硫基主要来自蛋氨酸（又名甲硫氨酸）的侧基，在 pH 值较低时，甲硫基可以与过氧化氢、卤代烷、叠氮化合物和 β-丙内酯等反应（图 4-15）。

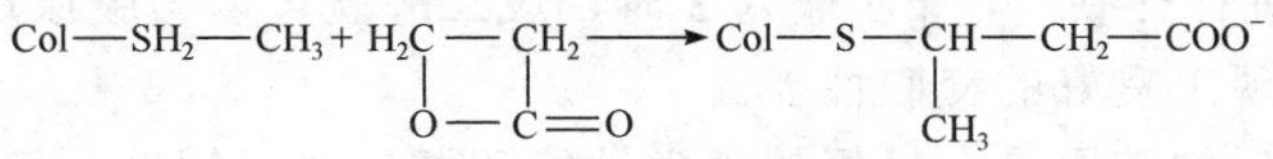

图 4-15　胶原蛋白上甲硫基与 β-丙内酯的反应

4.4.4　胍基的修饰改性

胍基是精氨酸的侧基。在强酸介质中（6～12mol/L），胍基可以与 1,3-二羰基化合物反应生成环状化合物（图 4-16）。

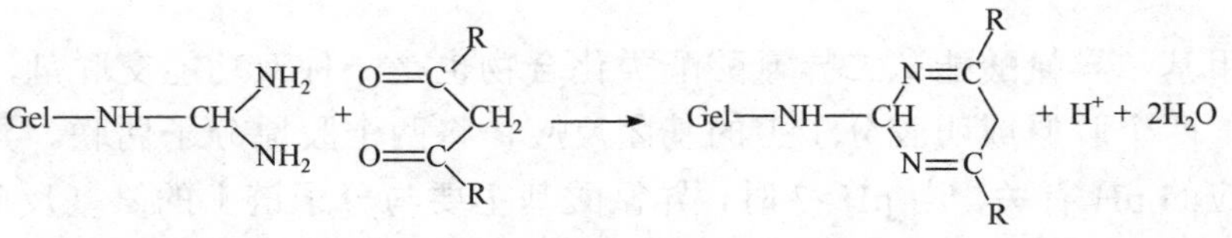

图 4-16　胶原上胍基与 1,3-二羰基化合物的反应

而在碱性条件下，则可以与 1,2-二羰基化合物反应生成环状化合物。

4.4.5　羟基的修饰改性

胶原蛋白中的羟基可以与重氮甲烷和氮丙啶反应（图 4-17）。

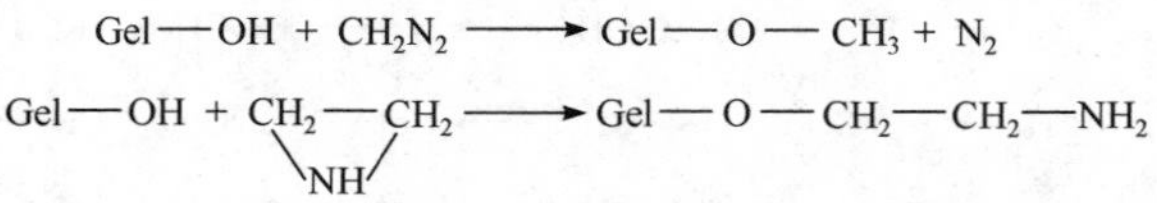
Gel—OH + CH2N2 → Gel—O—CH3 + N2
Gel—OH + CH2—CH2 → Gel—O—CH2—CH2—NH2
NH

图 4-17 胶原蛋白上的羟基与重氮甲烷和氮丙啶反应

4.4.6 胶原与明胶的改性

从生物体内直接提取的胶原存在以下缺点：①胶原的提取纯化过程较为复杂，导致最终得到的胶原质地不均匀（交联密度、纤维尺寸等）；②胶原干燥后，质地较脆，成膜能力弱；③降解速率快，力学性能较差。因此，需要根据实际应用需求对胶原和明胶进行改性，以提升其某一方面或多方面的性能。

胶原在体内的交联是通过赖氨酰氧化酶介导的，但这种交联不会在体外发生，未交联的胶原和明胶缺乏足够的机械强度，因此需要对它们进行交联改性。对胶原和明胶的交联改性可以分为化学交联、物理交联及酶交联改性。

（1）化学交联改性

目前使用最广泛的化学交联剂是醛类交联剂（如戊二醛）[19]、异氰酸酯（如六亚甲基二异氰酸酯）[20]和碳二亚胺[例如，1-乙基-3-(3-二甲基氨基丙基)碳二亚胺（EDC）][21]。

①戊二醛交联。戊二醛（glutaraldehyde，GTA）可以使胶原或明胶交联，其两个醛基可以分别与两个来自同一个分子或不同分子的伯氨反应形成 Schiff 碱。戊二醛可以在很宽的 pH 范围内进行交联，在 pH 值为 3 时，戊二醛就可以与胶原反应，在 pH 5～12 之间，戊二醛均表现出良好的交联性能。

经戊二醛交联后的胶原具有良好的力学性能和抗生物降解性，但戊二醛的交联难以控制，未反应的戊二醛对生物体具有毒性，容易造成炎症和异物反应。戊二醛交联胶原见图 4-18。

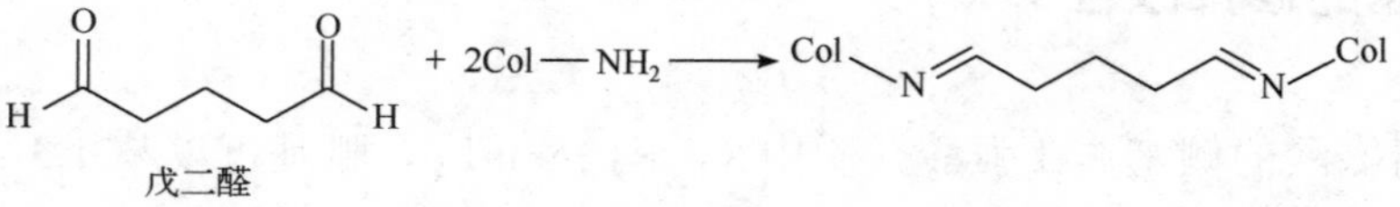
+ 2Col—NH2
Col
N
Col
戊二醛

图 4-18 戊二醛交联胶原

②六亚甲基二异氰酸酯。二异氰酸酯类化合物也是一种双功能交联剂，两个异氰酸基可以分别与两个胶原或明胶分子上的基团反应，将两个胶原分子偶联。异氰酸酯的交联机理与反应的 pH 有关。当 pH>7 时，异氰酸基主要与分子链上的氨基反应，形成取代脲；当 pH<7 时，异氰酸基主要与分子链上的羟基反应，生成氨基甲酸酯衍生物。六亚甲基二异氰酸酯交联胶原见图 4-19。

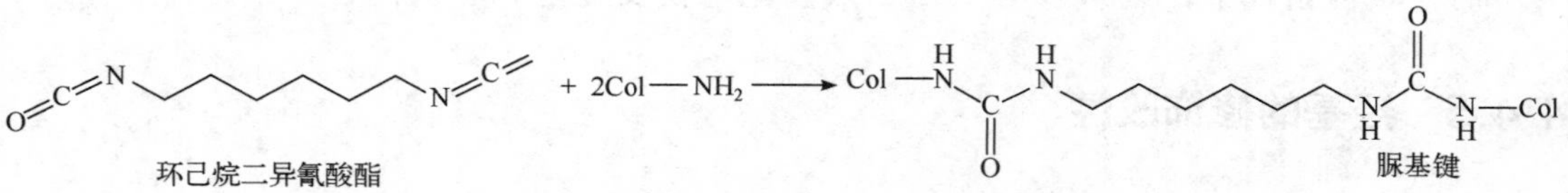
+ 2Col—NH2
Col
Col
环己烷二异氰酸酯
脲基键

图 4-19 六亚甲基二异氰酸酯交联胶原

③碳二亚胺。碳二亚胺在与胶原发生交联反应（图 4-20）时，先与肽链上的羧基反应生成中间产物，然后与肽链的氨基反应，形成偶联物。碳二亚胺介导的偶联反应可以在 pH 5~9 之间反应，其中最佳的反应条件在 pH 7 左右。

碳二亚胺交联的体系是一个水溶性的体系，毒性较低，但仍有一种程度的炎症和异物反应问题。

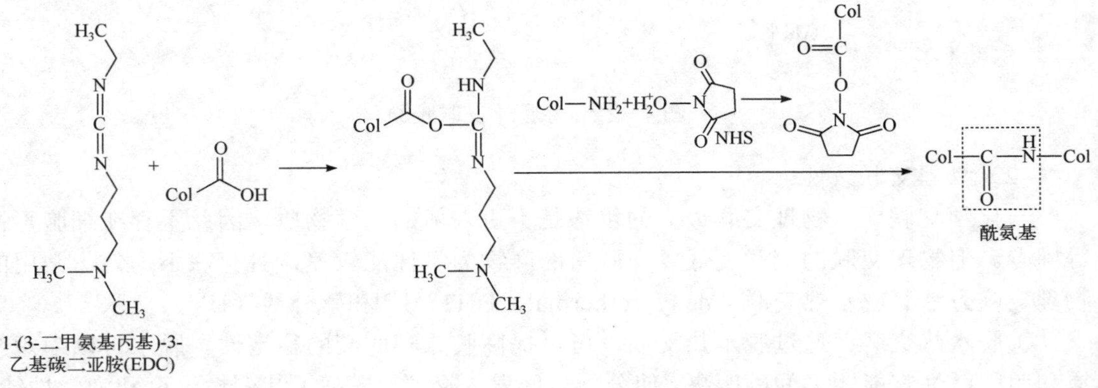

图 4-20　碳二亚胺交联胶原

④支化聚乙二醇。支化聚乙二醇可以通过合成，控制分子量和官能团数量，同时具有良好的生物相容性。最常见的聚乙二醇类交联剂为聚(乙二醇)醚四琥珀酰亚氨基戊二酸酯[22, 23]，其末端的 NHS 基团可以与明胶及胶原上的氨基反应，从而进行交联。支化聚乙二醇交联胶原见图 4-21。

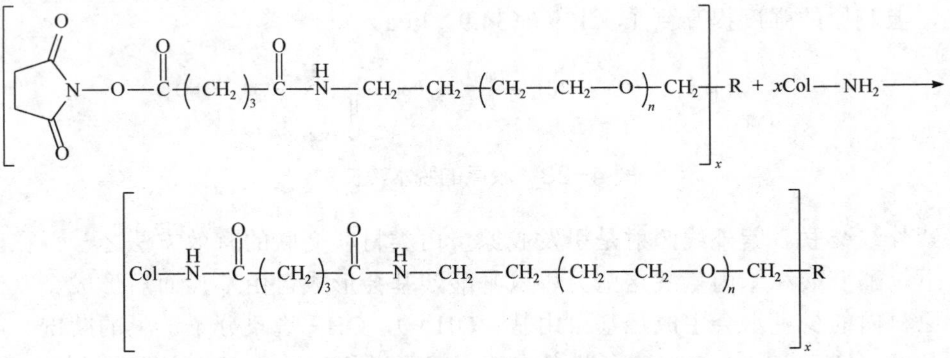

图 4-21　支化聚乙二醇交联胶原

⑤京尼平。近年来，人们发现京尼平是一种很好的交联剂，京尼平是由中药活性成分之一京尼平甘，经水解、分离、提纯得到，目前也可以通过人工合成得到。它是一种环烯醚萜类化合物，具有羟基、羧基等多个活性基团。

京尼平交联胶原（图 4-22）或明胶得到的产物具有良好的生物相容性，其毒性是戊二醛的 1/10000[24]。

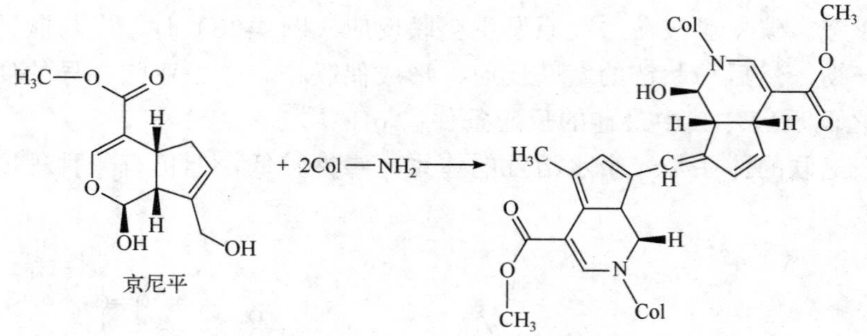

图 4-22 京尼平交联胶原

（2）物理交联改性

与化学交联比，物理交联最大的优势是不引入新的化学物质，因此不存在细胞毒性等问题。但物理交联的交联度低，交联后的产物力学性能较差，且交联不均匀。常用的物理交联方法有脱水热交联（dehydrothermal，DHT）[25]和紫外线（UV）交联[26]。

①脱水热交联。通过脱水热交联，可以提高胶原和明胶的稳定性。脱水可以缩短胶原和明胶活性官能团之间的距离，使分子之间发生交联，提高了其变性温度和力学性能。在真空环境下，将胶原在高于 100℃的温度下加热数小时，胶原分子链上的羧基和氨基或羟基之间会脱水，发生酰胺化反应或酯化反应，形成交联结构[27]。参与这一过程的氨基酸残基有天冬氨酸、谷氨酸、丝氨酸、精氨酸和赖氨酸，这些残基占胶原分子 3156 个氨基酸残基中的 745 个。

经过脱水热交联（图 4-23）后，明胶和胶原的拉伸强度、弹性模量等力学性能均有所提高。Drexler 等[28]研究发现，经 DHT 交联后，胶原纤维的直径和纤维间距离没有显著变化，但胶原的强度提高到了（139.0±34.9）kPa。

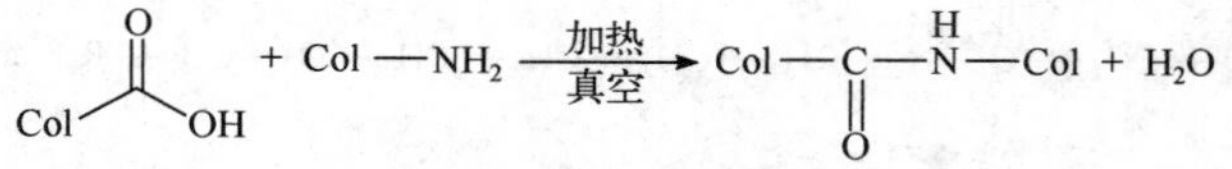

图 4-23 胶原的脱水热交联

②紫外线交联。紫外线照射是引发胶原蛋白类材料交联的有效方法之一。在紫外光的照射下，酪氨酸和苯丙氨酸这些芳香氨基酸残基会形成自由基，而后形成交联结构；同时，原料内的少量水会生成羟基自由基（OH·），OH·进攻分子链上的肽键，产生多肽自由基（—NH—C·—CO），多肽自由基之间可以相互结合形成交联结构[29]。紫外线交联不仅快速有效、无毒，而且可以明显改善材料的力学性能及热稳定性。但在胶原的 3156 个氨基酸残基中，大约只有 51 个芳香氨基酸残基可以利用，因此紫外线交联的效率比脱水热交联的效率要低得多。

交联效率与胶原与明胶本身的品质、辐射剂量和照射时间都有关[29]。Paul 等[30]研究发现，使用紫外线照射潮湿的胶原可以使其溶解性迅速下降。

（3）酶交联改性

酶交联改性既可以解决化学交联导致的细胞毒性，又可以解决物理交联交联度低的问题。转谷氨酰酶可以催化赖氨酸的 ε-氨基取代谷氨酸残基上的 γ-氨基，从而形成共价，对胶原或明胶进行交联。酶交联改性可以模拟体内胶原的交联。酶交联胶原反应见图4-24。

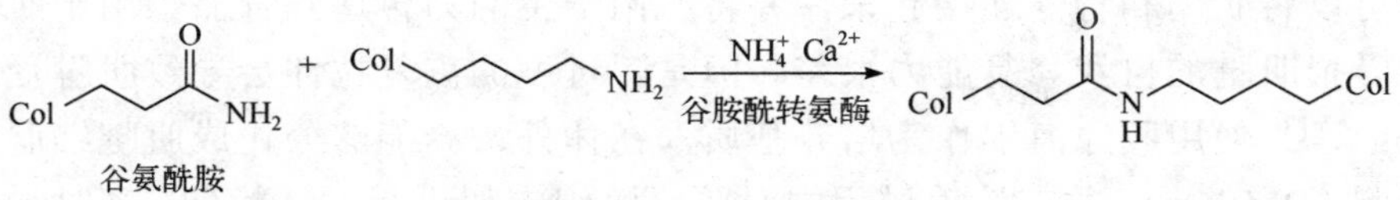

图4-24　酶交联胶原反应

4.5　应用

4.5.1　生物医药领域的应用

作为生物大分子，胶原和明胶都具有良好的生物相容性，特别是胶原，其力学性能高，可以促进细胞生长、止血，可作为药物释放介质，可促进伤口愈合，可生物降解，具有多种优异性质。

（1）胶原与明胶止血材料

人体在有小的创伤时可通过自身凝血进而修复，但在有大的创伤和手术造成出血时，如果不能及时止血，很容易造成死亡。一般的止血机理可分为外源性止血和内源性止血，胶原可以同时促进这两种止血机理，因而具有良好的止血效果：①胶原分子具有良好的亲水性，在接触伤口时可以吸收血液中的水分，使血液中参与凝血的生物活性因子和血小板的浓度增加，促进血痂形成，阻塞血管；②胶原本身可以通过血小板受体聚集血液中的血小板，并刺激血小板进一步释放凝胶因子，激活生物体的内源性止血机制[31]。目前发现有三种血小板胶原受体，分别是：$\alpha_2\beta_1$、糖蛋白Ⅵ和血友病因子（von Willbrand factor，vWF）。Knight 等[32]还发现甘氨酸-脯氨酸-羟脯氨酸残基与糖蛋白Ⅵ受体可以特异性识别。

人们还发现将胶原制成海绵状的多孔材料可以提高其吸水速率，从而进一步提高其止血性能。早在1983年，Coln 等[33]就制备了胶原海绵并验证了其良好的止血性能。在对伤口进行止血的同时，也需要对伤口进行抗菌消炎。Yan 等[34]使用壳聚糖/羟基磷灰石纳米粒子与胶原复合，通过冷冻干燥的方法制备得到多孔的止血海绵。壳聚糖本身就具有止血[35]和抗菌的功能，而纳米粒子的引入增强了海绵的力学性能。

（2）组织工程支架材料

胶原蛋白是人体细胞外基质的成分之一，当它作为支架材料植入体内时，被认为是身体的内源成分而不是异物，因此它具有良好的生物相容性。胶原和明胶都是生物可降解材料，并且可以通过调整胶原蛋白的交联度来调节其降解速度，使之与组织生长速率相匹配，因此非常适合用作支架材料。当以胶原和明胶为原料制备的支架材料植入体内时，随着宿主细胞的生长和组织的重建，支架材料将逐渐被降解。支架材料还可以用来培养和接种宿主的细胞，如软骨细胞、成骨细胞和成纤维细胞。

①组织修复。肌腱是结缔组织的一种，由肌腱细胞和丰富的细胞外基质（ECM）组成。肌腱可以将肌肉和骨骼连接起来，并将肌肉产生的力传递到骨骼。由于肌腱的新陈代谢低，受损肌腱的自我修复能力很差。但是，过度的重复拉伸会导致肌腱受损甚至断裂。Zhang 等[36]使用胶原海绵作为培养基质，在体外培养能够分化成肌腱细胞的骨髓间充质干细胞（BMSCs），并在培养过程中对胶原海绵支架进行循环拉伸，同时加入转化生长因子β₁（TGF-β₁），以刺激 BMSCs 向肌腱细胞的分化。然后将这种海绵支架材料植入受伤的肌腱处，结果显示，在受伤处观察到了纤维状的结构，说明该支架材料可以有效促进肌腱组织的修复。

②手术缝合线。胶原具有良好的生物相容性和降解性，具有一定的成纤维性，且成纤后具有一定的强度，可以用于制备可吸收手术缝合线，用于消化系统等需要内缝合的手术中，避免了二次手术。

徐海洋等[37]对比了胶原蛋白缝合线和传统的非吸收丝线在口腔种植中对伤口愈合状况的影响，结果显示，可吸收的胶原蛋白缝合线在治疗 7 天后大多数被吸收，且缝合部位没有污物附着，线体清洁，伤口的愈合率也高于非吸收丝线。由于口腔缝合多是无张力缝合，所使用的缝合线无须承受太大的外界张力，因此可以使用纯胶原蛋白线。而在大多数的缝合场景中，缝合线需要承受较大的拉力，但完全由胶原制备的缝合线的降解速度过快、耐热水收缩性差，力学性能也无法达到要求，所以需要对胶原缝合线进行一定化学交联改性或将其与其他高分子材料复合。

Mazzocca 等[38]使用胶原对聚酯/聚乙烯缝合线进行表面改性，并用于肩袖手术中，观察细胞和组织的生长状况，结果发现，涂覆有胶原的手术缝合线，具有刺激细胞增长和黏附的功能，有利于肩袖肌腱与骨骼的结合。

③敷料。长期以来，慢性溃疡、烧伤等导致的皮肤组织缺损一直是人类健康的重大威胁之一。敷料是一类可以促进皮肤愈合的医用材料。敷料可以作为外部环境的屏障，使伤口免受微生物的感染。理想的伤口敷料应具备良好的生物相容性、保湿性、透气性等基本特征。胶原是细胞外基质的主要成分，本身就会在伤口愈合的过程中生成，具有良好的生物相容性和降解性，还可以促进凝血，这些性质使胶原十分适用于伤口敷料。

Ying 等[39]制备了一种基于胶原和透明质酸的水凝胶敷料用作伤口敷料。首先将 I 型胶原蛋白与透明质酸进行酚羟基改性，然后使用辣根过氧化氢酶交联，制备得到水凝胶。对水凝胶敷料的结构和性能进行表征发现，其具有多孔结构，有利于伤口处的物质交换。同时在伤口处还观察到了人微血管内皮细胞（HMEC）和成纤维细胞，说明该敷料可以促进皮肤伤口的愈合。

（3）胶原与明胶药物载体

胶原蛋白是一种很好的表面活性剂，已经证明其具有穿透游离脂质体界面的能力，利用这一性质，可以制备基于胶原与明胶的药物载体。

胶原蛋白水凝胶是一种能在水中溶胀但不溶解的聚合物，具有良好的生物相容性，亲水性的小分子能从胶原蛋白水凝胶中自由扩散。此外，胶原蛋白水凝胶对温度、酸碱等刺激较敏感，在用作药物载体时可以控制药物的释放。

胶原微球可以负载脂溶性的药物，微球只能被特异性酶降解，从而释放出药物。胶原微球的大小与其交联程度有关，交联度越大，微球的粒径越小。

4.5.2　胶原与明胶在食品工业中的应用

胶原或明胶加入肉制品中，可以提高结缔组织的嫩度，增加其口感，同时也增加了食品中蛋白质的含量。且胶原蛋白易于染色，可以根据制品的需要染成合适的颜色，在肉制品中，可以用红曲等食用色素，将添加的胶原蛋白染成与肌肉组织相似的红色。李星等[40]研究发现，将胶原蛋白添加到香肠中，可以使香肠的水分不易流失。

胶原还可以用于中性奶饮料、酸性奶饮料、鲜牛奶、酸奶等液态乳制品中，防止乳清析出。Gerhardt 等[41]发现，在发酵的乳酸饮料中加入胶原蛋白后，可以降低乳酸饮料的沉降性，提高乳酸菌的含量和饮料的稳定性。

明胶可作为冷冻食品的改良剂，在冰淇淋、雪糕的生产中，加入适量的明胶可以防止形成大的冰晶，保持口感的细腻，明胶在冰淇淋中的用量一般为 0.25%～0.60%。在饮料行业，明胶可以用作沉降剂和澄清剂，具有很好的效果，产品质量也非常稳定。其中，鱼明胶是国际上公认的最高级的胶澄清剂。在果酒酿造过程中明胶也起到增黏、乳化、稳定、澄清的作用。在茶饮料的生产中，明胶可以防止因长期存放而导致的浑浊现象。

4.5.3　胶原与明胶在照相工业中的应用

照明明胶是明胶中的一种，是感光材料工业中的重要原料。照明明胶的主要作用如下。

（1）乳化时的保护作用

在感光乳剂的制造过程中，照明明胶作为一种介质，能使卤化银颗粒均匀地悬浮在其中，从而保证感光乳剂的制成。由于卤化银的溶解度非常小，反应生成的卤化银几乎立即结晶析出，导致得到的感光材料极不均匀。而在明胶溶液中，银离子与卤离子生成卤化银微晶后，明胶会吸附在晶体表面形成保护层，保护层阻止了各个微晶的聚集，从而使体系稳定。

（2）控制卤化银的晶型与分散度

由于明胶会吸附在卤化银微晶的表面，因此明胶的浓度对卤化银颗粒的分散度有很大的影响。明胶浓度小时，卤化银的分散度低，颗粒平均尺寸大，感光度较高；反之，则颗粒的平均尺寸较小，感光度较低。

（3）化学增感剂

在明胶制备的过程中，虽然已经除去了大部分的有机和无机杂质，但仍有极其微量的金属离子、非胶原组分残存在最后的产品中。这些杂质对乳剂的照相性能有着非常重要的影响，如：铜离子和三价铁离子具有减感作用；铅与二价铁离子会导致灰雾的产生；一些含硫无机杂质有增感作用；胱氨酸、核糖核酸等有机杂质具有降低感光和抑制灰雾的能力。

（4）支持剂

在感光乳剂的涂布过程中，由于明胶具有成膜性、粘满性和凝冻性，可以很方便地将乳剂涂布在支持体上，并能有效控制涂层的厚度，使乳剂能均匀且稳定地附着在支持体上。

（5）潜影稳定作用

卤化银晶体中的卤离子光照后，分解出光自由电子和卤原子，光自由电子与银离子反应生成银原子，银原子的不断积累就形成了潜影。但光解产生的卤原子可能又会与银原子反应重新生成卤化银，使感光度降低。明胶中的酪氨酸、组氨酸和蛋氨酸残基都能与卤原子反应，防止其与银重新结合，所以明胶可以稳定潜影，间接提高了乳剂的感光度。

（6）使感光材料能长期保存

早期的感光材料是卤化银分散在珂罗酊溶液中制得的，这种感光材料只能在乳剂尚未干燥时使用，因此这种乳剂涂层一旦干燥后，显影剂就无法渗透入内进行冲洗，这种感光材料称为湿版。而明胶由于具有溶胀性，明胶乳剂即使干燥后也能在显影剂中溶胀而进行冲洗，所以明胶作为分散基质的感光材料能够以干版形式使用，这也促进了感觉材料工业的诞生。

此外，在制备明胶乳剂的过程中加入交联剂，可以提高感光材料的耐热性、抗冲击强度，降低其对环境温度的敏感性；明胶大分子链上的氨基可以与染料通过静电力结合而染色，这种性质使其可以染印彩色影片。

4.5.4　胶原与明胶在造纸工业中的应用

胶原分子链有许多活性基团，如氨基、羧基等，能与纸张中的纤维素分子上的羟基产生相互作用，使纸纤维之间的作用力增加，从而提高纸张的物理强度。胶原分子上还有很多亲水基团，赋予纸张更好的保湿性，如纸尿布、卫生巾等产品使用的纸，在吸收一定量的水分后，仍能保持较干爽的感觉。

4.5.5　胶原与明胶在纺织工业中的应用

胶原蛋白的结构与人体皮肤相似，因而与人体皮肤具有较好的亲和能力，所以使用胶原蛋白制成的纺织面料舒适性高。但胶原蛋白在纺丝过程中可纺性差，不易形成连续丝条；形成的丝条纤维结晶度小，易脆断。所以现在对胶原蛋白的纺丝还处于与其他组分共混纺丝的阶段。胶原蛋白可与壳聚糖、纤维素、聚乙烯醇（PVA）、聚丙烯腈（PAN）等进行共混纺丝制备复合纤维，以提高其可纺性。

胶原和明胶来源广泛，是优良的可再生自然资源之一，已经在生物医药、药物载体、食品工业、照相工业、造纸工业、纺织工业等领域得到广泛的应用。未来有关胶原和明胶的研究，理论上要重点关注明胶化过程中胶原蛋白的二、三级结构（尤其是三螺旋结构）以及维持这些结构稳定的相关价键的存在状况，将热力学等手段与微观结构检测相结合，解析胶原蛋白结构变化的动态特性与分子机制，为其制备、改性及其产业化应用提供理论依据。应用领域需要加强科技创新，开发新的胶原和明胶复合材料品种，开拓更加广阔的应用领域。

参考文献

[1] Lioyd L L. Biomaterials: Novel Materials from Biological Sources[M]. UK: Macmillan, 1991: 55-122.

[2] Huxley-Jones J, Robertson D L, Boot-Handford R P. On the origins of the extracellular matrix in vertebrates[J]. Matrix Biology, 2007, 26(1): 2-11.

[3] Sorushanova A, Delgado L M, Wu Z, et al. The collagen suprafamily: from biosynthesis to advanced biomaterial development[J]. Advanced Materials, 2019, 31(1): e1801651.

[4] Yang W, Meyers M A, Ritchie R O. Structural architectures with toughening mechanisms in nature: a review of the materials science of Type-I collagenous materials[J]. Progress in Materials Science, 2019, 103: 425-483.

[5] Yang W, Gludovatz B, Zimmermann E A, et al. Structure and fracture resistance of alligator gar (Atractosteus spatula)armored fish scales[J]. Acta Biomaterialia, 2013, 9(4): 5876-5889.

[6] 徐润, 梁庆华. 明胶的生产及应用技术[M]. 1988.

[7] 蒋挺大. 胶原与胶原蛋白[M]. 2006.

[8] Fahnestock S R(美), Steinbuchel A(德). 生物高分子: 聚酰胺和蛋白质材料Ⅱ[M]. 邵正中, 杨新林, 译. 2005.

[9] Luo T, He L, Theato P, et al. Thermoresponsive self-assembly of nanostructures from a collagen-like peptide-containing diblock copolymer[J]. Macromolecular Bioscience, 2015, 15(1): 111-123.

[10] Jiang T, Xu C, Liu Y, et al. Structurally defined nanoscale sheets from self-assembly of collagen-mimetic peptides[J]. Journal of the American Chemical Society, 2014, 136(11): 4300-4308.

[11] Zeugolis D I, Raghunath M. Collagen: Materials Analysis and Implant Uses[M]. Elsevier, 2011: 261-278.

[12] He Q, Huang Y, Wang S. Hofmeister effect-assisted one step fabrication of ductile and strong gelatin hydrogels[J]. Advanced Functional Materials, 2018, 28(5): 1705069.

[13] Sherman V R, Tang Y, Zhao S, et al. Structural characterization and viscoelastic constitutive modeling of skin[J]. Acta Biomaterialia, 2017, 53: 460-469.

[14] Depalle B, Qin Z, Shefelbine S J, et al. Influence of cross-link structure, density and mechanical properties in the mesoscale deformation mechanisms of collagen fibrils[J]. Journal of the Mechanical Behavior of Biomedical Materials, 2015. 52: 1-13.

[15] Järvinen T A H, Järvinen T L N, Kannus P, et al. Collagen fibres of the spontaneously ruptured human tendons display decreased thickness and crimp angle[J]. Journal of Orthopaedic Research, 2004, 22(6): 1303-1309.

[16] Silver F H, Christiansen D L, Snowhill P B, et al. Transition from viscous to elastic-based dependency of mechanical properties of self-assembled type I collagen fibers[J]. Journal of Applied Polymer Science, 2001, 79(1): 134-142.

[17] Fratzl P, Misof K, Zizak I, et al. Fibrillar structure and mechanical properties of collagen[J]. Journal of Structural Biology, 1998, 122(1): 119-122.

[18] Kato Y P, Silver F H. Formation of continuous collagen fibres: Evaluation of biocompatibility and mechanical properties[J]. Biomaterials, 1990, 11(3): 169-175.

[19] McDade J K, Brennan-Pierce E P, Ariganello M B, et al. Interactions of U937 macrophage-like cells with decellularized pericardial matrix materials: Influence of crosslinking treatment[J]. Acta Biomaterialia, 2013, 9(7): 7191-7199.

[20] Bryan N, Ashwin H, Smart N, et al. The innate oxygen dependant immune pathway as a sensitive parameter to predict the performance of biological graft materials[J]. Biomaterials, 2012, 33(27): 6380-6392.

[21] Olde Damink L H H, Dijkstra P J, van Luyn M J A, et al. Cross-linking of dermal sheep collagen using

第
4
章

a water-soluble carbodiimide[J]. Biomaterials, 1996, 17(8): 765-773.

[22] Delgado L M, Fuller K, Zeugolis D I. Collagen cross-linking: biophysical, biochemical, and biological response analysis[J]. Tissue Engineering Part A, 2017, 23(19-20): 1064-1077.

[23] Collin E C, Grad S, Zeugolis D I, et al. An injectable vehicle for nucleus pulposus cell-based therapy[J]. Biomaterials, 2011, 32(11): 2862-2870.

[24] Sung H W, Huang R N, Huang L L H, et al. In vitro evaluation of cytotoxicity of a naturally occurring cross-linking reagent for biological tissue fixation[J]. Journal of Biomaterials Science, Polymer Edition, 1999, 10(1): 63-78.

[25] Matsumoto K, Nakamura T, Shimizu Y, et al. A novel surgical material made from collagen with high mechanical strength a collagen sandwich membrane[J]. 1999, 45(4): 288-292.

[26] Sionkowska A, Wess T. Mechanical properties of UV irradiated rat tail tendon (RTT)collagen[J]. International Journal of Biological Macromolecules, 2004, 34(1): 9-12.

[27] Terzi A, Storelli E, Bettini S, et al. Effects of processing on structural, mechanical and biological properties of collagen-based substrates for regenerative medicine[J]. Scientific Reports, 2018, 8(1): 1429.

[28] Drexler J W, Powell H M. Dehydrothermal crosslinking of electrospun collagen[J]. Tissue Engineering Part C: Methods, 2010, 17(1): 9-17.

[29] Sionkowska A. Modification of collagen films by ultraviolet irradiation[J]. Polymer Degradation and Stability, 2000, 68(2): 147-151.

[30] Paul R G, Bailey A J. Chemical stabilisation of collagen as a biomimetic[J]. The Scientific World Journal[J]. 2003.

[31] Usha R, Sreeram K J, Rajaram A. Stabilization of collagen with EDC/NHS in the presence of L-lysine: a comprehensive study[J]. Colloids and Surfaces B: Biointerfaces, 2012, 90: 83-90.

[32] Knight C G, Morton L F, Onley D J, et al. Collagen-platelet interaction: Gly-Pro-Hyp is uniquely specific for platelet Gp Ⅵ and mediates platelet activation by collagen1[J]. Cardiovascular Research, 1999, 41(2): 450-457.

[33] Coln D, Horton J, Ogden M E, et al. Evaluation of hemostatic agents in experimental splenic lacerations[J]. The American Journal of Surgery, 1983, 145(2): 256-259.

[34] Yan T, Cheng F, Wei X, et al. Biodegradable collagen sponge reinforced with chitosan/calcium pyrophosphate nanoflowers for rapid hemostasis[J]. Carbohydrate Polymers, 2017, 170: 271-280.

[35] Chen G, Yu Y, Wu X, et al. Bioinspired multifunctional hybrid hydrogel promotes wound healing[J]. Advanced Functional Materials, 2018, 28(33): 1801386.

[36] Zhang B, Luo Q, Deng B, et al. Construction of tendon replacement tissue based on collagen sponge and mesenchymal stem cells by coupled mechano-chemical induction and evaluation of its tendon repair abilities[J]. Acta Biomaterialia, 2018, 74: 247-259.

[37] 徐海洋, 徐昊, 张丽, 等. 可吸收胶原蛋白线与丝线编织非吸收线在口腔种植中的应用[J]. 中国组织工程研究, 2014, 12(18): 1877-1882.

[38] Mazzocca A D, McCarthy M B, Arciero C, et al. Tendon and bone responses to a collagen-coated suture material[J]. Journal of Shoulder and Elbow Surgery, 2007, 16(5, Supplement): S222-S230.

[39] Ying H, Zhou J, Wang M, et al. In situ formed collagen-hyaluronic acid hydrogel as biomimetic dressing for promoting spontaneous wound healing[J]. Materials Science and Engineering: C, 2019, 101: 487-498.

[40] 李星, 葛良鹏, 张晓春. 胶原蛋白对香肠品质的影响研究[J]. 食品研究与开发, 2014, (17 vo 35): 13-15.

[41] Gerhardt Â, Monteiro B, Gennari A, et al. Physicochemical and sensory characteristics of fermented dairy drink using ricotta cheese whey and hydrolyzed collagen[J]. Revista do Instituto de Laticínios Cândido Tostes, 2013, 68: 41-50.

第 5 章　海藻酸钠

5.1　海藻酸钠的结构

海藻酸是天然的海洋多糖，海藻酸盐一般指海藻酸和金属一价或二价离子形成的高分子化合物，海藻酸钠是最常见、典型的海藻酸盐。

海藻酸钠是由α-L-古罗糖醛酸（guluronate，简写为 G）和β-D-甘露糖醛酸（mannuronate，简写为 M）通过 1,4-糖苷键聚合而成的无支链二元共聚物[1]。海藻酸钠分子化学结构包含 G 段和 M 段，由连续的 G 单元（GGGGGG）、连续的 M 单元（MMMMMM）和交替的 GM 单元（GMGMGM）组成，是一种无支链线型嵌段共聚物，由 M、G 通过 MM、GG、GM 片段的顺序组合而成（图 5-1）。其中，G、M 含量和排序分布取决于褐藻类植物的产地、季节等因素。

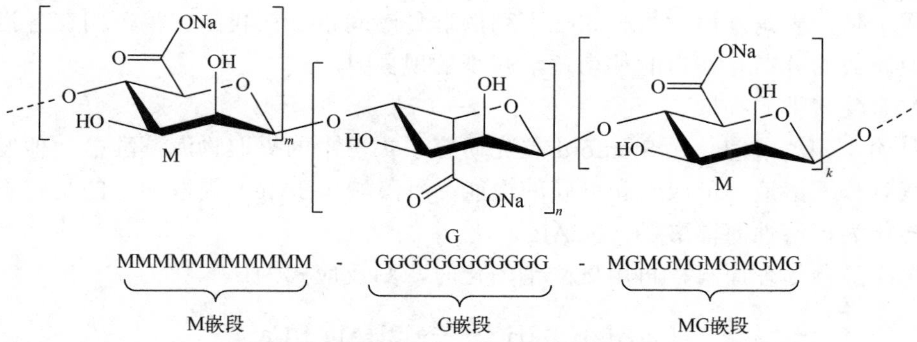

图 5-1　海藻酸钠结构式及其连接方式图

G 单元和 M 单元的含量及其序列结构决定了海藻酸钠的物理化学性质，通常把 G 含量的高低当作海藻酸钠物化性质的指标之一。高 G 指的是 G 含量高于 70%，G 链的长度较大时，聚合物具有较高的刚性，而低 G 含量的海藻酸钠水凝胶则更加具有弹性。由于结构单元组成方式不同（如 MMM 段、GGG 段、MGMGMG 段），分子中各段重叠形成的重叠区域各不相同，当 GG 段重叠时，其分子式之间形成的菱形孔洞有利于 Ca^{2+} 的进入。

5.2　海藻酸钠的来源与种类

（1）海藻酸钠的来源

海藻酸钠主要来源于褐藻门，如海带属、巨藻属、泡叶藻、马尾藻属等多种天然褐藻类，在自然界储备丰富，主要存在于海藻细胞的细胞基质和细胞壁，并赋予细胞一定的力学性能。Myklested 研究发现，在细胞中的海藻酸主要是以海藻酸钙的形式存在，也有部分以海藻酸镁、海藻酸钾及海藻酸钠的形式存在。海藻酸在海藻细胞中的含量大约为干重的 20%，其含量随季节的改变而变化。

（2）海藻酸钠的种类

海藻是生长在海洋中的一类植物，海藻的种类主要是指红藻、绿藻、褐藻三大门海洋藻类。

①红藻。包括掌状红皮藻、紫菜、石花菜属、角叉菜属等。掌状红皮藻主要分布在北大西洋两岸；角叉菜属主要分布在大西洋岩石海岸；紫菜主要分布在不列颠群岛、日本、韩国及我国沿海；石花菜属则是世界性的红藻，分布很广。在我国，红藻门属的数量在各沿海区域都有分布。

②绿藻。主要分布在淡水，淡水中的绿藻分布很广，不受水温的限制，世界各地均有分布。在海水的阴湿处也有分布，仅占 10%。海水中的绿藻种类主要有石莼目、丝藻目、管藻目和管枝藻目等。海洋中的绿藻主要分布在海洋沿岸，并附着在浅滩中的岩石上。海水的温度决定了海洋中绿藻的分布。

③褐藻。包括大型褐藻、马尾藻和墨角藻属等。在太平洋及南极地区分布着巨藻属和海囊藻属，海带属在太平洋沿岸及不列颠群岛都很丰富，在墨西哥湾流和马尾藻海中马尾藻属常见，墨角藻属大量分布在不列颠群岛潮间带。在我国，褐藻门在各沿海均有分布，但属数的分布存在自北往南逐渐减少的现象[2]。

（3）海藻酸钠的提取

1881 年，化学家 E. C. Stanford 首先研究了褐藻中的提取物海藻酸盐，他发现这种提取物具有浓缩溶液、形成膜和凝胶的性能。海藻酸（HAlg）提取的目的是将不溶性钙和镁盐转化为可溶性海藻酸钠（NaAlg）。

如果用酸预处理原料，再用碳酸钠消化时，则反应式为：

$$Ca(Alg)_2 + 2H^+ \longrightarrow 2HAlg + Ca^{2+} \tag{5-1}$$

$$HAlg + Na^+ \longrightarrow NaAlg + H^+ \tag{5-2}$$

如果用碳酸钠消化原料，则是利用离子交换将海藻酸钙转化为海藻酸钠，反应式为：

$$Ca(Alg)_2 + 2Na^+ \longrightarrow 2NaAlg + Ca^{2+} \tag{5-3}$$

海藻酸盐的提取工艺有许多，但大多数都大同小异，主要流程如图 5-2 所示，包括前处理、消化及纯化三大步骤。海藻酸钠提取工艺的研究核心是如何在前处理、消化和纯化步骤中提高海藻酸盐的产率，减少其降解和改善其外观。

在我国，提取海藻酸钠的主要原料是海带。据统计，国内外每年大约需要高纯度海藻酸钠 1000 多吨。因此，高效地提取海藻酸钠可为海藻酸钠的应用提供有力的保障。

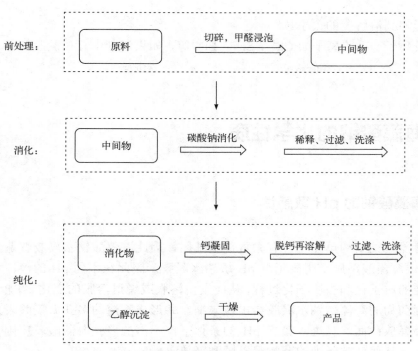

图 5-2　海藻酸盐提取的工艺流程示意图

5.3　海藻酸钠的物理性质

（1）海藻酸钠的分子量和黏度

海藻酸钠纯品为白色或淡黄色粉末，几乎无嗅无味，且无毒。海藻酸钠的分子量一般在 32000～400000 之间，它的分子式为$(C_6H_7NaO_6)_x$，其结构单位分子量为 198.1，分子量的大小对海藻酸钠的理化性质具有较大的影响。高分子量的海藻酸钠会形成高黏度溶液，其在搅拌和注射时会形成较大的剪切力，黏度随温度的升高显著降低。pH 值对海藻酸钠溶液的黏度有很大影响。随着 pH 值的降低，海藻酸钠溶液的黏度增加，并在 pH = 3～3.5 左右达到最大值，因为海藻酸钠主链中的羧基被质子化并形成氢键。

经研究发现，不同类型的海藻中，海藻酸的分子量不同，含量也不同[3]。

（2）海藻酸钠的溶解性

海藻酸钠的溶解性是由直链上羧基的状态决定的[4]，非质子化的海藻酸钠可以溶解在水中，但不会完全溶解在任何一种有机溶剂中；而质子化的海藻酸钠不会完全溶解在任何一种溶剂中，即使是在水中也不能完全溶解。海藻酸钠在水中的溶解度由以下三个参数控制[5]。

①溶剂的 pH 值。如果要求海藻酸钠溶解，其溶剂的 pH 值须高于某临界值，使羧基不能质子化。

②离子强度。介质中的离子强度高低会影响到聚合物的构象、链的伸展情况以及黏

度，从而影响到溶解度的大小。

③凝胶离子。凝胶离子如 Ca^{2+}、Sr^{2+}、Ba^{2+}等，如果溶剂中存在凝胶离子，则海藻酸钠不能溶解。

5.4   海藻酸钠的化学性质

5.4.1   海藻酸钠的 pH 敏感性

由于海藻酸钠结构单元中含有大量羧基基团，因此海藻酸钠水凝胶普遍具有明显的pH 响应性。海藻酸钠属于阴离子型 pH 敏感水凝胶，因此在不同 pH 的溶液中羧基基团会发生可逆的质子化和去质子化过程，从而发生溶胀或者退溶胀的变化。在较低的 pH 条件下，包埋药物的海藻酸钠水凝胶会出现皱缩，并形成不溶的多孔海藻酸表皮，包埋的药物也不会释放；而一旦进入较高 pH 的条件下，不溶的多孔海藻酸表皮则会转变为黏稠的可溶层，从而使被包埋的药物得以顺利释放[6]。

5.4.2   海藻酸钠的降解性

海藻酸钠在一定的条件下可以发生降解，常用的降解海藻酸钠的方法有物理降解、化学降解和生物降解方法。物理降解方法主要包含热降解、紫外光降解、超声降解和 ^{60}Co-γ射线辐射等，能使海藻酸盐糖苷键发生断裂，从而使其分子量降低；化学降解方法主要包括酸降解、碱降解、氧化反应降解和光化学反应降解等；生物降解方法主要为酶降解。

（1）热降解

热降解是海藻酸钠降解研究中十分重要的问题，对海藻酸钠进行热解动力学研究表明：当温度高于 60℃时，海藻酸钠水溶液或者含水的海藻酸钠降解速率明显加快[7]。海藻酸钠的热降解还受离子强度的影响。当氯化钠浓度小于 0.1mol/L 时，降解速率随浓度的增大而降低；当氯化钠浓度大于 0.1mol/L 时，降解速率变化较小。

海藻酸钠在溶液中更容易降解，溶液中海藻酸钠降解速率是固体形式的 30 倍。水热法降解海藻酸钠，在 180～240℃水热条件下，海藻酸钠降解，最先释放甘露糖醛酸（M），然后释放古罗糖醛酸（G），说明以上单糖的产生是由于选择性地断裂了 M—M、M—G 和G—G 片段之间的糖苷键。

（2）超声降解

用超声处理不同分子量的海藻酸钠，随着超声波频率的增大，海藻酸钠的分子量不断降低，当超声波频率为 40kHz 时，降解海藻酸钠分子量的最低值可达到 9.988 万。由于超声处理会引起聚合物分子链之间的重排，使海藻酸盐的分子链变得更坚硬，因而超声降解的效果往往不及辐射降解。

（3）化学试剂降解

酸降解法可用磷酸、草酸和硫酸等，此法能诱导糖苷键发生断裂。海藻酸钠在中性条件下，其降解的速率较低。当 pH 大于 10 或者小于 5 时，降解速率明显提高；如果 pH 小于 3，海藻酸钠溶液会有胶凝现象。根据分子量与黏度的关系，可通过黏度仪测定黏度变化了解分子量的下降程度，也可由高效尺寸筛析色谱法（high performance size exclusion chromatography，HPSEC）测量分子量及其分布区间。

碱降解法是由于发生 β-消去反应。在碱性条件下，海藻酸盐 C5 上的 H 容易失去，并由于羧基的诱导，C4 上的电子向 C5 发生偏移，从而使糖苷键发生断裂。然而，碱降解海藻酸盐得到的产物比较多。不同温度和不同碱浓度降解海藻酸盐得到一系列降解产物，产物有 2-羟基丁酸和几种其他羟基一元羧酸。

（4）酶降解

海藻酸钠酶降解是一种重要的降解过程，海藻酸酶是一种裂解酶，它可以在多种微生物代谢过程中产生。海藻酸盐裂解酶的种类比较丰富，来源也比较广泛，又由于酶具有专一性和选择性的特点，被认为是降解海藻酸盐比较有效的方法。酶降解法是使海藻酸盐发生 β-(1,4)消去反应而诱导糖苷键断裂，这和酶的专一性和选择性有关。此法使海藻酸盐在非还原端 C4、C5 之间形成不饱和双键，而得到不饱和糖醛酸寡糖。此外，还有射线引起的降解、紫外光引起的降解等。

5.5　海藻酸钠的改性

与中性多糖分子不同，海藻酸盐是一种天然的阴离子聚合物，在海藻酸钠主链上分布着丰富的自由羟基和羧基，是一种理想的化学改性物质。通过对羟基和羧基改性得到海藻酸钠衍生物，可以改变其溶解性、疏水性、理化性质和生物学特性，有多种潜在的应用。海藻酸钠羟基的改性方法包括氧化、疏水改性、接枝聚合、氧化-胺化还原、硫酸化、酯化、酰胺化、偶联等反应。

5.5.1　氧化反应

海藻酸钠糖环氧化后分子链上将有更多的反应性基团，因此氧化海藻酸钠受到很多关注。海藻酸钠是由 M 单元和 G 单元按一定比例顺序键合而成，其糖醛酸单元具有顺式邻二醇结构，用强氧化剂高碘酸钠对海藻酸钠糖环上 C2 和 C3 位置上的—OH 基团进行氧化，通过 C—C 键的破裂导致形成两个醛基，其氧化机理如图 5-3 所示，过量的高碘酸钠还可以将醛进一步氧化为羧酸。由于糖环的破裂以及醛基的生成，海藻酸钠分子链获得了更大的旋转自由度和新的反应基团。反应过程中必须避光，同时，通过改变氧化剂的用量来控制海藻酸钠的氧化度。

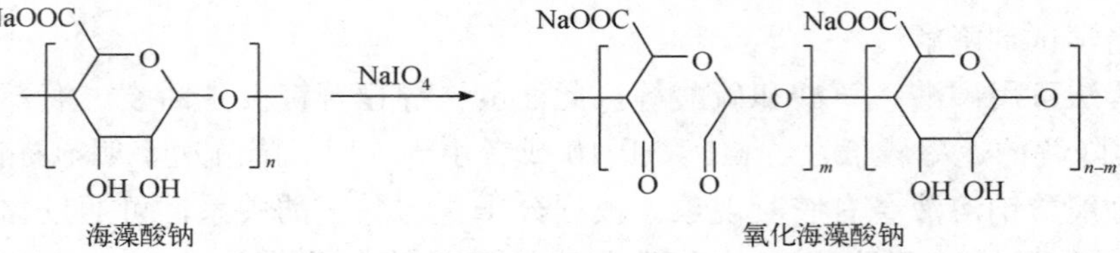

图 5-3　高碘酸钠氧化海藻酸钠的示意图

向海藻酸钠溶液加入高碘酸钠后，再添加硝酸银溶液，可以发现随着反应的进行，澄清溶液中逐渐产生白色沉淀，即形成了碘酸银，由此可以定性地判断发生了氧化-还原反应，此时高碘酸根被还原成碘酸根，而海藻酸钠有基团被氧化。

5.5.2　海藻酸钠的疏水改性

海藻酸钠的结构特点是含有大量羧基和羟基，可以与各种含疏水性基团的小分子发生偶联反应，使其得到疏水改性。海藻酸钠主要与下列几类物质发生偶联反应：①烷基类，溴代十二烷和溴代十八烷、正辛胺和环己基异腈、十二胺；②环糊精类，α-环糊精、β-环糊精；③氨基酸类，半胱氨酸；④醇类，胆甾醇、聚乙二醇。疏水改性聚合物具有广泛的用途[8-10]。

5.5.3　海藻酸钠的接枝聚合

海藻酸钠可以通过化学接枝、化学-酶法和紫外光引发等方法对其进行接枝改性[11]。理想的接枝单体应满足以下要求：成本低、环境污染小、可生物降解、接枝结构稳定性好、物理化学性质适合应用目的。

海藻酸钠接枝用的单体种类、接枝反应类型多种多样，可根据不同的应用需求选择接枝单体，根据接枝单体结构选择合适的接枝反应。海藻酸钠可以与下列单体通过不同接枝反应进行改性：①丙烯酰胺、N-异丙基丙烯酸酰胺；②丙烯酸；③异丁烯酸酐、N-乙烯基-2-吡咯烷酮等。

海藻酸钠经过接枝改性后的衍生物，具有更高的稳定性、选择性、机械强度和生物相容性，应用范围扩大，在医药领域可作为疏水药物增溶剂、蛋白质药物的递药系统和缓控释制剂的辅料，固定化细胞或组织作为生物反应器或者移植体替代体内损伤组织器官；还可在工业上作为絮凝剂，制备分离 DMF/水混合液的膜，用于环境治理等。

5.5.4　海藻酸钠的氧化-胺化还原反应

氧化海藻酸钠的醛基为进一步改性提供新的反应基，特别是与氨基的还原反应。氨基（—NH$_2$）与醛基发生席夫碱反应，然后用 Na(CN)BH$_3$ 或者硼氢化钠（NaBH$_4$）还原，可在海藻酸钠分子链上引入新的基团。用 Na(CN)BH$_3$ 还原更具优势，因为在 pH 6～7 条件下，[(CN)BH$_3$]$^-$阴离子对亚胺中间基团的还原速度更快，而对醛基和酮基的还原可忽略不计，因此更具选择性，Na(CN)BH$_3$的缺点是价格贵且毒性较大。氧化海藻酸钠的胺化-还原反应见图 5-4。

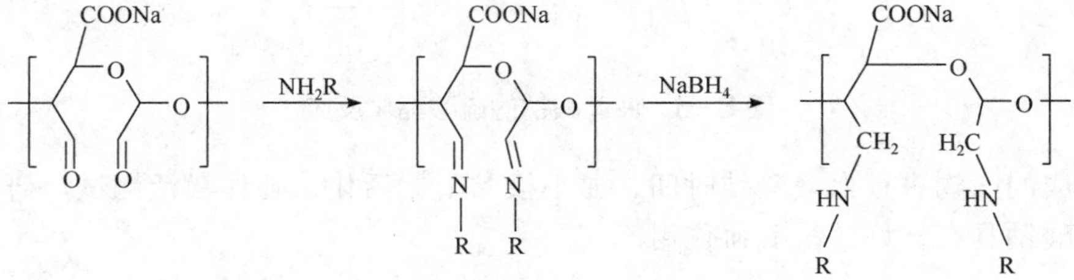

图 5-4　氧化海藻酸钠的胺化-还原反应

以海藻酸钠为原料，经氧化开环后生成醛基，然后与十二胺发生胺化反应，最后用硼氢化钠还原，可以合成新型的纳米絮凝剂 SADC。由于 SA 分子链上本身已经具有亲水的羧酸基团，经接枝十二烷基基团后，同时具有了疏水基团，絮凝剂能在水溶液中形成纳米胶束。新型的纳米絮凝剂不仅可有效去除重金属离子，还可去除小分子有机污染物[12,13]。

5.5.5　海藻酸钠的酯化反应

（1）羧基的酯化反应

在催化剂存在下，海藻酸钠可以通过与几种醇类物质直接进行酯化反应，以达到改性的目的[14,15]。反应过程中，保持醇含量过量，以确保反应有利于产物的形成，如图 5-5 所示。

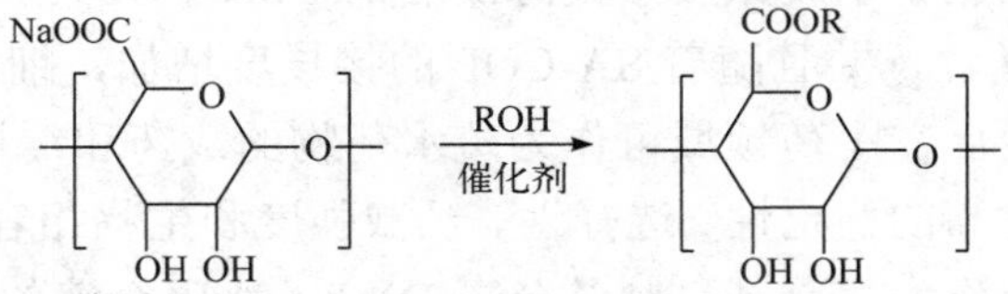

图 5-5　海藻酸钠与醇的酯化反应

酯化反应是一种简单的改性方法，通过这种方法，烷基被接枝到海藻酸钠分子上，以增加海藻酸钠的疏水性。以海藻酸钠为原料，在浓硫酸催化下，室温条件与丁醇发生反应，18h 后得到既能包覆亲水性分子，又能包覆疏水性分子的海藻酸丁酯。同时，天然海藻酸钠所具有的凝胶和无毒特性都得到了保留。

（2）羟基的硫酸酯化反应

氯磺酸（ClSO$_3$H）在甲酰胺存在的条件下，可与海藻酸钠反应，生成海藻酸钠硫酸盐（图 5-6）。海藻酸钠硫酸盐结构与肝素（heparin）相似，含有海藻酸钠硫酸盐的血浆体外凝血实验表明，硫酸海藻酸钠具有很高的抗凝血活性[16]，并且该作用与磺化度密切相关，同时还能促进细胞生长以及增殖扩散。因此，硫酸海藻酸钠在血液相关的临床方面具有非常好的应用前景。

图 5-6 海藻酸钠的硫酸酯化反应

对合成的产物进行血液凝结时间、血小板黏附 / 活化、补体激活测试，研究表明：硫酸海藻酸钠具有极好的抗凝血作用。

5.5.6　海藻酸钠羧基的酰胺化反应

用偶联剂 1-乙基-(3-二甲基氨基丙基)碳酰二亚胺盐酸盐（EDC-HCl）对海藻酸钠进行疏水性改性，在海藻酸盐聚合物主链上羧酸基团和含氨基分子之间形成酰胺键，如图 5-7 所示。

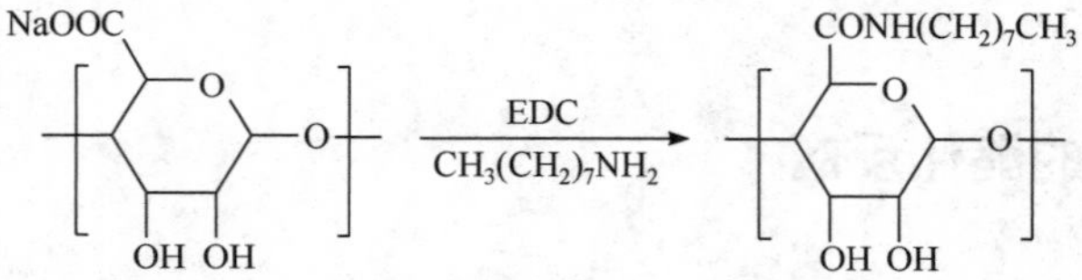

图 5-7 以 EDC-HCL 为偶联剂的海藻酸钠酰胺化反应

将胶原蛋白肽和海藻酸钠在以 EDC 和 NHS 为偶联剂的条件下反应，通过酰胺键偶联海藻酸钠羧酸基团，制备了胶原肽接枝海藻酸钠（SA-COP）。结果表明，合成的 SA-COP 具有较好的细胞活性，并且随着 SA-COP 的接枝度增加，细胞活性增加[17]。

海藻酸钠经过改性后在医药领域可作为疏水药物的载药和缓控释体系，而且改性后的海藻酸衍生物具有更高的稳定性、选择性、机械强度和生物相容性。SA 改性后应用范围扩大，还可在工业上作为絮凝剂，制备分离 DMF / 水混合液的膜，用于环境治理等。

5.5.7　海藻酸钠凝胶的形成

（1）离子交联海藻酸钠凝胶

海藻酸钠是一种阴离子聚电解质多糖，可与 Ca^{2+}、Ba^{2+}、Sr^{2+}、Cu^{2+}、Pb^{2+}、Cd^{2+}、Co^{2+}、Ni^{2+}、Zn^{2+} 及 Mn^{2+} 等离子发生交联作用形成凝胶，这类凝胶就是离子交换型凝胶。该凝胶形成的主要原因是古罗糖醛酸中的 Na^+ 与二价阳离子交换，形成了经典的"蛋壳"结构。

海藻酸钠水溶液与 Ca^{2+}、Sr^{2+} 和 Ba^{2+} 等二价阳离子形成的凝胶无毒，而其他离子因具有毒性，因而使其应用受到限制。

传统的海藻酸钠微球制备方法主要是乳化-交联法、注滴法、喷雾法和聚电解质复合法。微球在制备过程中因方法不同，产物形状亦各有特点，可根据实际需要选择合适的制备方案。

①乳化-交联法。海藻酸钠溶液在搅拌等外力作用下，分散在不相容的油相中，进而乳化成液滴，液滴体积在较强的界面张力下不断增加，由于球形体积具有最小的比表面积，因此液滴只能在处于球形状态时才能有较低的界面能。降温冷却后，乳化后形成的球形液滴经交联剂固化成微球。再加入丙酮或异丙醇等将微球内部的水分脱去，增加微球的机械强度，通过洗涤、抽滤将微球分离出来。

根据 Ca^{2+} 与海藻酸钠反应进行的方向可分为内源乳化法和外源乳化法。内源乳化法是将 $CaCO_3$ 粉末分散于海藻酸钠水溶液中，然后乳化形成包含 $CaCO_3$ 粉末的海藻酸钠液滴，将酸性水溶液滴入油相中，H^+ 逐渐扩散至液滴内部后，与 $CaCO_3$ 反应产生 Ca^{2+}，Ca^{2+} 再逐渐向外扩散而使海藻酸钠液滴固化，固化是从内部至表面。外源乳化法中，海藻酸钠水溶液和油相先形成油包水（W／O）乳液，然后将含 Ca^{2+} 的水溶液滴入该乳液中，Ca^{2+} 从海藻酸钠液滴外部逐步扩散进入液滴内部，固化是从表面至内部。

②注滴法。滴注法应用最早，使用相对较多。将一定浓度的海藻酸钠溶液置于内径略大于 1 mm 的注射器或管状物中，利用海藻酸钠易与 Ba^{2+}、Ca^{2+}、Sr^{2+} 等二价阳离子发生凝胶成球原理，将其滴至交联剂中，反应一段时间后可得海藻酸钠微球。该微球的尺寸受到海藻酸钠水溶液黏度、浓度、注射器出口大小等因素影响。溶液浓度越高，微球粒径越大，但海藻酸钠水溶液浓度不超过 5%，这与海藻酸钠自身黏度有关。将海藻酸钠滴入含阳离子溶液之中所制备的微球，其粒径会受到液滴下落距离、针头孔径以及溶液黏度等因素影响，所制备球囊有均匀尺寸与较好的球形，并且伴随海藻酸钠的浓度变大，会使得球囊与球形越来越接近，但当海藻酸钠溶液浓度高于 5%（体积质量）时，制备通常很难进行。这种方式主要缺陷是生产效率不高，在大规模的生产中不适合使用。

③喷雾法。该方法的原理是通过带有挤压喷嘴装置，将一定浓度的海藻酸钠溶液喷至含有交联剂的溶液中与交联剂发生反应。在此过程中药物与海藻酸钠首先混合均匀，然后制备出海藻酸钠载药微球。微球粒径大小可由灌注的气体压力控制，注射器出口在交联剂的上方，可保证过膜喷射出来的海藻酸钠溶液的无菌性。该方法适用于肽、蛋白质、小分子药物的负载。

④聚电解质复合法。聚电解质复合物是通过混合两种带相反电荷的聚合物水溶液形成的。其主要相互作用力是静电吸附，同时也可能存在一些其他作用力，如氢键、库仑力、范德华力等。凝胶机理是利用两种相反电荷的聚电解质在特定的 pH、离子强度条件下形成双层电离平衡，通过两种带相反电荷离子的吸引凝聚成致密的凝胶微球。因存在羧基负离子，海藻酸钠在水溶液中呈现负电荷，容易与带正电荷的物质相互作用而形成凝胶。经典案例如将海藻酸钠水溶液喷入壳聚糖溶液中形成海藻酸钠/壳聚糖复合微球。利用聚电解质复合法制备出的海藻酸钠微球，可以提高海藻酸钠微球的性能，拓宽海藻酸钠微球的应用范围。

人们常用一些聚阳离子电解质与海藻酸钠形成聚电解质复合物，常用的聚阳离子电解质有壳聚糖、聚 L-赖氨酸、二乙氨乙基葡聚糖等。

（2）共价交联海藻酸钠凝胶

用双官能团的交联剂与海藻酸钠分子中的功能基团反应，可以将海藻酸钠共价交联。例如，吴敏等以二甲亚砜作为溶剂，用癸二醇与海藻酸钠分子中的羧基酯化反应，在反应过程中不断用水泵抽出生成的水分，使得反应朝着生成交联凝胶的方向进行。得到了共价交联的海藻酸钠凝胶。红外光谱分析交联的凝胶，发现在 $1735cm^{-1}$ 处出现吸收峰，归属于酯键中羰基的伸缩振动，说明交联反应是通过酯化反应完成的。与 Alg 相比，交联凝胶具有三维的网状结构。这是因为癸二醇是疏水的，当它与海藻酸钠反应时，会产生亲疏水的界面，从而形成致密的孔。与海藻酸钠相比，共价交联海藻酸钠凝胶在 0.9%（质量分数）NaCl 的生理盐水和 pH 6.8 的 PBS 中稳定性好。

5.6 海藻酸钠的应用

目前对于海藻酸钠衍生物的应用，主要集中于食品行业、医药领域、污水处理等方面。

5.6.1 食品行业

由于海藻酸钠具有独特的增稠性、亲水性、稳定性、胶凝性、耐油性、成膜性等特性，广泛应用于食品工业中，是目前世界上生产规模最大且用途极为广泛的食品添加剂之一，被广泛应用于食品添加剂和增稠剂、稳定剂等[18-20]。

①作为添加剂。在食品中添加海藻酸钠，能够对食品结构进行性质改善，例如，可以添加到果凉粉、果酱以及果冻等中，与其他的水溶性胶体相比，海藻酸钠所产生凝胶有着不可逆性，凝胶与果冻状态比较接近，有食用价值。可增加食品花色品种，提高食品质量，实现保健作用，降低生产成本和提升企业效益。

②作为增稠剂。在较低的浓度条件下，海藻酸钠黏度比较高，所以海藻酸钠可以作为增稠剂，添加在人造奶油、海蜇以及软糖之中，替代黄原胶以及瓜尔胶，主要特点是没有异味、稳定性好、热量低以及透明度高等。在固体类食品之中，应用海藻酸钠可以对食品黏度进行控制，一般添加量在 0.5% 左右。

③在果汁饮料、冰淇淋、汽水以及啤酒等中，可以将海藻酸钠当作稳定剂。在乳制品、人造奶油以及植物蛋白饮料中可以作为乳化剂。一些国家在啤酒之中加入其衍生物（海藻酸丙二醇酯），使啤酒泡沫变得细腻与稳定，在一定程度上提高啤酒品质。

海藻酸钠复合纳米材料在食品上的应用研究，主要集中在食品包装薄膜、涂膜保鲜果蔬、饮用水消毒等。在海藻酸钠食品包装或涂膜材料中添加纳米材料，可提高膜与基体之间的结合强度，改善膜的气密性，还能增强保鲜剂的抑菌性和抗氧化性能，强化保鲜效果。刘凯等公开了一种高强度高抗菌性海藻酸钠食品包装膜，将纳米纤维素/壳聚糖-苯扎氯铵复合物加入海藻酸钠中制得薄膜，该薄膜克服了纯海藻酸钠膜低强度、无抗菌性的两大缺点，在食品包装中具有较高的应用价值。

5.6.2 医药领域

海藻酸钠因具有良好的生物相容性和可降解性而被广泛应用于生物医药材料领

域[21-25]。其应用领域包括细胞培养基质、封装细胞、药物包埋与控制释放、医用敷料、栓塞微球等生物领域。海藻酸钠作为辅料，主要功能是控释，由于辅料黏度比较大，在口服类药物中加入海藻酸钠，能够将人体消化药物过程延缓，以便缓慢释放药物效果，使得药物作用的时间得以延长，将副反应作用弱化。如：国外生产的消心痛缓释片，这种药物制备过程就充分利用了海藻酸钠特性，国内长效的消心痛片同样使用了海藻酸钠。

（1）药物载体

海藻酸凝胶微球能将药物或活性物质包裹在其腔体内，可防止药物突释，并具有 pH 敏感性、粒径适宜、口服无毒等特点。海藻酸钠可以包埋很多药物，包括小分子药物和大分子药物。其中小分子药物可以是双氯芬酸钠、利福平、阿霉素、布洛芬等，大分子药物包括多糖类、核酸、蛋白质等，包埋形式和控释方法有许多种类型，海藻酸钙凝胶微球已成功应用于多种药物的控制释放。

海藻酸钠与羧甲基壳聚糖/有机累托石纳米复合材料微球对牛血清蛋白（BSA）的包封率及缓释性能都有较大提高，包封率从 56%提高到 86%，药物缓释时间从 24h 上升到 72h。

双氯芬酸钠海藻酸钙凝胶微球的球形较好，包封率较高。用优化的微乳化与离子交联方法，制备包覆阿霉素的海藻酸钠复合纳米微球，再将载药微球与人转铁蛋白连接，可制备人转铁蛋白修饰的海藻酸钠载阿霉素纳米微球，为解决乳腺癌细胞的耐药性提供了体外实验基础。采用静电液滴法制备利福平海藻酸钠微球，微球球形圆整，分散性好，包封率和载药量都较高。在模拟肠液释放药物时，药物开始释放速度较快，随后比较缓慢，至药物释放完全。

海藻酸钠靶向纳米给药系统具有高度的肝脏靶向性，可同时包封亲水性和疏水性抗癌药物，具有药物缓释功能，可减少药物用量和给药次数。

叶酸和醛基化海藻酸钠改性载顺铂磁性纳米复合物，可稳定分散于水溶液中，能被叶酸受体表达阳性的鼻咽癌细胞 HNE-1 和喉癌细胞 Hep-2 选择性摄取，可实现靶向给药。

海藻酸钠对于大分子药物的包埋目前应用较多的是对多肽及蛋白质类药物。这是由于多肽和蛋白质类药物易被体内胃中的酶水解失活，若直接口服会使这类药物的疗效降低，而海藻酸钠具有生物可降解性，微球冷冻干燥后，表面致密，内部形成几十微米的孔径用以包裹大量药物，对蛋白质活性的保持和持续释放非常有利。

（2）医用敷料

海藻酸钠可与抗菌材料复合制备成纳米复合抗菌材料，这些材料由于具有良好的抑菌性、稳定性及安全性等受到人们的关注。例如，以乙酸锌、氢氧化钠、海藻酸钠为原料，用微波处理后得到海藻酸钠/氧化锌纳米颗粒。研究表明，所得的海藻酸钠／氧化锌纳米复合物对大肠杆菌和金黄色葡萄球菌都有快且强的抑制效果。

医用纺织品的主要功能是保护伤口，以免受尘粒和细菌的感染，同时控制伤口的渗出液。海藻酸纤维有良好的吸湿性能和生物活性，可以作为治疗伤口的材料。海藻酸钙纤维可以与伤口渗出物中的钠离子进行离子交换，海藻酸钙纤维变成海藻酸钠纤维。海藻酸钠水溶性较好，纤维会膨化，海藻酸钙不溶于水，在水中膨化的程度小，随着钠离子和钙离子的交换，纤维的膨化程度会大大增加，从而增加了纤维的吸湿能力。

海藻酸钠具有创伤修复性，根据海藻酸钠成膜的性质，能够制备医用敷料或是凝胶膜，在深度溃疡、烧烫伤以及洞穿性的伤口治疗中，愈合作用明显。

海藻酸钠与纳米材料混纺为复合纤维，可用于伤口缝合及包扎，并已有商品化产品。赵艳用湿法纺丝法制备了海藻酸钠／纳米氧化石墨复合纤维，通过细胞试验可以看出，该复合纤维材料具有良好的生物相容性，对细胞具有较好的亲和力，它们的存在有利于细胞的生长和增殖。

在医药之中采取海藻酸钠制备药物，可以作为避孕药与止血剂等。

（3）海藻酸钠复合材料缓释制剂

海藻酸钠的分子中有羧基，壳聚糖分子中有伯氨基，因此海藻酸钠可与壳聚糖通过正、负电荷相互吸引凝聚形成微球。这类复合材料可作为药物的缓释载体，以提高材料的包封率和稳定性，调节海藻酸钠凝胶的 pH 依赖性，控制药物的缓释性能。海藻酸钠与壳聚糖的复合材料现已作为多种药物的缓释载体。

用海藻酸钠与明胶互穿网络交联聚合物为基础，以戊二醛和氯化钙溶液作为交联剂，对质子泵抑制剂药物奥美拉唑进行包埋，结果表明，此制剂在酸性环境中可缓慢释放，释放百分率较小，而在碱性环境中出现突释。此体系适用于在酸性环境中需要保护药效，而在碱性环境中发挥药效的药物载体。

（4）栓塞微球

海藻酸钠可以用来制备栓塞微球，是动脉栓塞材料之一。动脉栓塞治疗主要是针对血管比较丰富的组织（如肝脏、子宫等），利用动脉栓塞术将血管栓塞剂选择性地插入病变部位，通过阻断组织供血，造成组织缺血、缺氧、缺营养物质的供应，达到使治疗肿瘤的目的。在栓塞微球中负载化疗药物制备成载药栓塞微球，既可以阻断动脉供血，又可以使化疗药物定向释放；化疗药物在微球上的负载，既增强微球对栓塞部位的杀伤力，又减弱化疗药物对正常组织的损害。与放疗和化疗相比较，动脉栓塞治疗在应用过程中，对正常组织伤害较小，药物在病变部位可以定向释放，减少化疗药物对周身的毒副作用，对血管的有效栓塞作用在一定程度上也可以降低癌细胞扩散的风险。

5.6.3　污水处理

海藻酸钠及其改性产物也被广泛应用于污水处理[26-28]。

（1）海藻酸钠直接进行污水处理

由于海藻酸钠结构单元中带有大量的羧基负离子，能够直接与二价阳离子形成凝胶沉淀下来，从而除去污水中的金属离子。用海藻酸钠水溶液与重金属离子反应，直接处理废水溶液中的 Pb^{2+}、Cu^{2+} 和 Cd^{2+}，结果表明，重金属离子与海藻酸钠能够快速形成凝胶，海藻酸钠凝胶对 Pb^{2+} 的亲和力高于 Cu^{2+} 和 Cd^{2+}，这使得在 Cu^{2+} 和 Cd^{2+} 离子存在的情况下，可以选择性地从废水中去除 Pb^{2+}。但是对于 Cu^{2+}、Cd^{2+} 和高浓度 Pb^{2+}（1000mg/L）的去除率仍有待改善。

在吸附过程中，金属离子被吸附常常伴随着其他金属离子的释放过程，所以海藻酸钠对金属离子的吸附伴随着一个离子交换的过程。很多科学家也研究过褐藻类对重金属离子吸附的机理。用 FTIR、XPS 和 SEM 等分析技术，研究褐藻对不同重金属离子的吸附机理，发现吸附 Ni^{2+} 和 Pb^{2+} 的机理主要是离子交换。

（2）海藻酸钠化学改性后处理污水

以海藻酸钠为原料，利用硝酸铈铵作为引发剂，与丙烯酰胺发生接枝聚合可以合成一种新型的絮凝剂，对高岭土和铁矿石悬浮液能进行有效的絮凝。接枝的聚丙烯酰胺分子链越长，絮凝效果越好。将海藻酸钠氧化降解后，用氨基硫脲进行改性，可以合成新型絮凝剂，絮凝剂对 5 种重金属离子（Fe^{3+}、Cu^{2+}、Pb^{2+}、Cd^{2+}、Hg^{2+}）均有明显的絮凝效果。用 SA 与羧甲基纤维素进行接枝，可以得到一种新型的 SA 絮凝剂，用来处理低浓度（5mg/L）的 Pb^{2+} 废水溶液，对 Pb^{2+} 的去除率可超过 99%。将 SA 与戊二醛进行后交联改性得到一种新的海藻酸钠微球，改善了 SA 的溶胀性能，并能同时吸附染料亚甲基蓝和多种重金属。

（3）海藻酸钙微球处理污水

海藻酸钠处理废水，常用的一种方法是以钙离子作为交联改性剂，将 SA 制成膜状、凝胶及微球等多种形态的絮凝剂，用来处理废水中的污染物。

海藻酸钙-皂土-活性炭结构的吸附剂球用于处理阳离子染料亚甲基蓝废水，取得良好的效果。利用海藻酸钙微球包埋饮用水处理残渣制得吸附材料，可用以处理工业含氟废水，具有良好效果。当废水中共存其他阴离子（如硝酸盐、氯化物和硫酸盐）时，这种新型的吸附染料仍然对氟化物具有高选择性。

（4）与金属离子结合改性处理污水

海藻酸钠与硫酸铜反应，同时加入四氧化三铁，可形成核壳结构的颗粒。将漆酶固定在此颗粒上，最终得到一种海藻酸铜核壳固定漆酶体系，对含有高毒性污染物（二氯苯氧氯酚）的废水进行处理，取得良好效果。由于颗粒中含有四氧化三铁，也使得颗粒易回收循环使用。

以海藻酸钙为原料，在惰性气体环境下 900℃高温裂解制备了多孔石墨碳材料。海藻酸与钙离子可形成"蛋盒"结构，经高温炭化处理后，海藻酸钙"蛋盒"结构被破坏，形成中孔结构，并产生巨大的比表面积，对水中的硫化物有良好的去除率。

海藻酸钠由于其来源丰富、无毒无害、有良好的生物降解性和生物相容性，已大量用于食品工业和医药工业，但是仍然存在一些不足。作为药物载体，海藻酸钠水凝胶的载药量不甚理想，海藻酸钠水凝胶的强度与韧性也不足，使其在应用上受到限制。在海藻酸钠的提取上，仍存在诸多问题，例如提取工艺繁杂、生产成本高、降解严重、平均收率较低、产品的黏度和色泽等质量指标欠佳。

未来对于海藻酸钠的研究将注重以下方面：

①在海藻酸钠改性方面，进一步提高海藻酸钠中羟基与羧基的反应选择性修饰，有效提高海藻酸钠材料的功能性；进一步拓宽海藻酸钠在药物包埋、水污染处理、食品工业、印染行业等领域的应用范围。

②结合其他天然高分子材料，协同制备结构可控、性能优异和环境友好的海藻酸钠基新材料。对于海藻酸钠纳米复合材料的生物安全性进行研究和科学评价。

③在海藻酸钠的提取方面，优化工艺，简化步骤，在工艺流程中减少杂质，并提高收率。深入了解海藻酸钠在提取过程中的反应机制以及降解机理，对海藻酸钠的精炼以

及提取工艺进行理论指导。

　　④海藻的生长环境对其安全性带来一定不利影响，因为藻类的富集能力很强，海水中的重金属、多氯联苯和药物残留等会在海藻中产生富集。因此，为保证海藻食用的安全性，应从源头抓起，对海藻养殖和生长的环境进行严格的监测和控制。

　　⑤加强海藻酸钠各组分的分离纯化技术，对海藻酸多糖的化学结构、生物活性、应用及其医学和药用价值等方面进行深入研究，使其向智能化、仿生化方向发展，使海藻酸钠在医药学方面得到更多的应用，发挥更大的价值。

参考文献

[1] 康祺, 于炜婷, 吴叶, 刘袖洞, 马小军. 非共价键交联海藻酸钠水凝胶的制备与性能[J]. 化学通报, 2015, 78(3): 236.

[2] 张水浸. 中国沿海海藻的种类与分布[J]. 生物多样性, 1996, 4(3): 139-144.

[3] Rehm B H A, Valla S. Bacterial alginates: biosynthesis and applications[J]. Appl Microbiol Biotechnol, 1997, 48: 281-288.

[4] S N Pawar, K J Edgar. Biomacromolecules, 2011, 12(11): 4095-4103.

[5] Pawar S N, Edgar K J. Alginate derivatization: A review of chemistry, properties and applications[J]. Biomaterials, 2012, 33(11): 3279-3305.

[6] S C Chen, Y C Wu, F L Mi et al. J. Control. Rel., 2004, 96(2): 285-300.

[7] 席国喜, 等. 海藻酸钠的热分解研究[J]. 化学世界, 2000, 41(5): 254-258.

[8] 李志勇, 倪才华, 熊诚, 李倩. 海藻酸钠的疏水改性及释药性能研究[J]. 化学通报, 2009, 72: 93-96.

[9] 马福文, 靳勇, 张文芳, 周邵兵, 倪才华. 星型聚乳酸对海藻酸钠的疏水改性及释药性能研究[J]. 药学学报, 2010, 45: 1447-1451.

[10] Wu M, Ni C H, Yao B L, Zhu C P, Huang B, Zhang L P. Covalently cross-linked and hydrophobically modified alginic acid hydrogels and their application as drug carriers[J]. Polymer Engineering and Science, 2013, 53: 1583-1589.

[11] 张连飞, 宋淑亮, 梁浩, 吉爱国. 海藻酸钠接枝聚合物研究进展[J]. 中国生化药物杂志 C, 2009, 30: 281-284.

[12] Tian Z L, Zhang L P, Ni C H. Preparation of modified alginate nanofl occulant and adsorbing properties for Pb^{2+} in wastewater[J]. Russ J Appli Chem, 2017, 90: 641-647.

[13] Tian Z L, Zhang L P, Ni C H. Preparation and flocculation properties of modified alginate amphiphilic polymeric nano-flocculants[J]. Environmental Science and Pollution Research, 2019, 26:32397-32406.

[14] Leonard M, De Boisseson A R, Hubert P, et al. Hydrophobically modified alginate hydrogels as protein carriers with specific controlled release properties [J]. Journal of Controlled Release, 2004, 98(3): 395-405.

[15] Broderick E, Lyons H, Pembroke T, et al. The characterisation of a novel, covalently modified, amphiphilic alginate derivative, which retains gelling and non-toxic properties [J]. Journal of Colloid and Interface Science, 2006, 298(1): 154-161.

[16] Huang R H, Du Y M, Yang J H. Preparation and in vitro anticoagulant activities of alginate sulfate and its quaterized derivatives [J]. Carbohydrate Polymers, 2003, 52(1): 19-24.

[17] Fan L H, Cao M, Gao S, et al. Preparation and characterization of sodium alginate modified with collagen peptides [J]. Carbohydrate Polymers, 2013, 93(2): 380-385.

[18] 王春霞, 张娟娟, 王晓梅, 范素琴, 解素花. 海藻酸钠的综合应用进展[J]. 食品与发酵科技, 2013, 5, 99-102.

[19] 侯萍, 何进武, 刘肖冰, 樊伟伟, 李铭, 陈冬梅. 海藻多糖在食品添加剂中的应用研究进展[J]. 保鲜与加工, 2019, 5, 196-200.

[20] 詹现璞, 吴广辉. 海藻酸钠的特性及其在食品中的应用[J]. 食品工程, 2011, 1, 7-9.

[21] 陈红, 徐静, 康晓梅, 曾宪仕, 程莉萍, 张志斌. 海藻酸钠及其复合材料在生物医药中的研究进展[J]. 世界科技研究与发展, 2010, 32: 536-539.

[22] 盘茂东, 李嘉诚, 林强, 王向辉, 汪莉华. 海藻酸钠在药物控释中的应用[J]. 中国药业, 2008, 19, 3-5.

[23] 袁晓露, 李宝霞, 黄雅燕, 杨宇成, 叶静, 张娜, 张学勤, 郑秉得, 肖美添. 海藻酸钠微囊的制备及应用进展[J]. 化工进展, 2022, 6, 3103-3112.

[24] 李旺, 张猛, 张亚南, 王洁, 倪才华. 直接缩聚法海藻酸钠/乳酸低聚物接枝共聚物的合成及释药性能研究[J]. 高分子通报, 2014, 9: 92-96.

[25] 严丽华, 郭圣荣. 海藻酸钠微球的制备及其应用进展[J]. 绿色科技, 2017, 24: 144-147.

[26] Arica M Y, Arpa C, Ergene A, Bayramoglu G, Genc Ö. Ca-alginate as a support for Pb(Ⅱ)and Zn(Ⅱ)biosorption with immobilized *Phanerochaete chrysosporium*[J]. Carbohyd Polym,2003, 52: 167-174.

[27] 孟朵, 倪才华, 朱昌平, 黄波. 改性海藻酸钠絮凝剂的合成及其对重金属离子的吸附性能[J]. 环境化学, 2013, 2: 249-252.

[28] Tian Z L, Zhang L P, Shi G, Sang X X, Ni C H. The synthesis of modified alginate flocculants and their properties for removing heavy metal ions of wastewater[J].Journal of Applied Polymer Science, 2018, 135: 46577.

第6章　聚乳酸

6.1　聚乳酸的合成原料、结构及表征

（1）乳酸和丙交酯

合成聚乳酸的起始原料是乳酸。乳酸是含有三个碳的有机酸，一端为甲基，另一端为羧基，中间碳上接羟基，学名为 2-羟基丙酸，分子中有一个不对称碳原子，其结构式如图 6-1 所示。

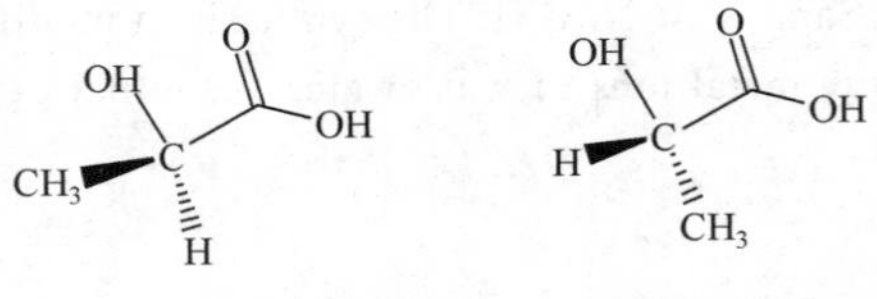

D(−)-乳酸　　　　　　　L(+)-乳酸

图 6-1　乳酸的分子结构

乳酸是具有旋光活性的小分子，有左旋乳酸和右旋乳酸两种旋光异构体，L-乳酸（L-lactic acid）为左旋型，D-乳酸（D-lactic acid）为右旋型，L-乳酸和 D-乳酸等比例混合即为消旋的 DL-型，无旋光活性。L-乳酸既可天然存在于不同的动物器官中，又可以存在于动物的肌肉、体液中（肌乳酸）。D-乳酸并不是天然存在于自然界中的，是通过人工制得的。D-乳酸和 L-乳酸除旋光性外，它们的其他理化性质相同，但 DL-型的物理性质与它们有所差别，表现在其熔点和熔化热比单一 D 或 L 构型的低。

由于乳酸结构中羧基和羟基的存在，所以乳酸可以发生自聚合，直接转化为聚酯。因其既是醇又是酸，可以形成分子间酯。

通过乳酸环化制备的二聚体称丙交酯，其旋光性可分为四种：①由两个左旋乳酸单体环化脱水形成一分子的丙交酯称为 L,L-丙交酯（或 L-丙交酯）；②由两个右旋乳酸单体环化脱水形成的丙交酯称为 D,D-丙交酯（或 D-丙交酯）；③由一个左旋乳酸单体和一个右旋乳酸单体脱水环化形成的一分子丙交酯称为内消旋 D,L-丙交酯（或 meso-丙交酯）；④由等量的 L-丙交酯单体和 D-丙交酯单体简单混合，形成的丙交酯称为外消旋 D,L-丙交酯。

近年来，由于环保的要求及发酵法生产技术的进步，乳酸已主要通过根霉菌和乳酸杆菌等菌采用发酵法生产。发酵法生产乳酸可用的原料很多，如天然多糖（如淀粉、纤维素等）和一些可利用的工业生产废弃物。因此，发酵法生产乳酸不仅省了不可再生的石油资源，降低了成本，还提高了聚乳酸的市场竞争力。

（2）聚乳酸的结构及表征

①聚乳酸的结构。聚乳酸（PLA）是一种高分子材料，无毒，具有良好的生物相容性，可生物降解吸收，机械强度高，可加工成型，它在体内水解缓慢，易被自然界中的各种微生物或动植物体内的酶分解代谢，最终形成二氧化碳和水，不污染环境，因而被认为是最有前途的可生物降解高分子材料。聚乳酸是以乳酸（以淀粉或其他物质生物发酵法制得）为原料，然后通过直接或开环聚合制得的，聚合物主链中含有酯键。PLA 是线型脂肪族热塑性聚酯，由乳酸或乳酸的二聚体（丙交酯）聚合而成。1932 年，卡罗瑟斯率先使用乳酸生产脂肪族聚酯，他通过在真空条件下加热乳酸的同时除去水，得到了一种力学性能较差的低分子量 PLA。1954 年，杜邦公司研发并申请了生产高分子量聚乳酸的专利。

②聚乳酸的红外光谱。用傅里叶红外光谱仪测定的聚乳酸红外光谱如图 6-2 所示。

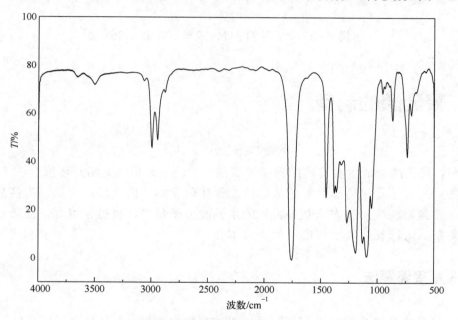

图 6-2 聚乳酸的红外光谱图

在 3500cm^{-1} 和 3650cm^{-1} 处的峰为聚合物末端的羟基吸收峰。2990cm^{-1} 和 2870cm^{-1} 处的峰为甲基中 C—H 伸缩振动吸收峰。1450cm^{-1} 和 1375cm^{-1} 处的峰为甲基中 C—H 弯曲振动吸收峰。2940cm^{-1} 处的峰为亚甲基中 C—H 伸缩振动吸收峰。1465cm^{-1} 处的峰为亚甲基中 C—H 弯曲振动吸收峰。1750cm^{-1} 处的强峰为羰基的伸缩振动吸收峰，1050～1280cm^{-1} 范围内宽而强的峰为 C—O 伸缩振动吸收峰，这两处的峰证明了聚合物中酯基的存在。

③核磁共振图谱。聚乳酸的核磁共振图谱 ^{1}H NMR 测试：以氘代氯仿作溶剂，以四甲基硅烷为内标物，400 MHz 下测定。其核磁共振光谱图见图 6-3。在化学位移 $\delta = 1.5$ 处的信号归属于聚乳酸侧基的—CH$_3$ 质子峰，在 $\delta = 5.1～5.3$ 处的信号归属于聚乳酸主链中的—CH 质子峰。

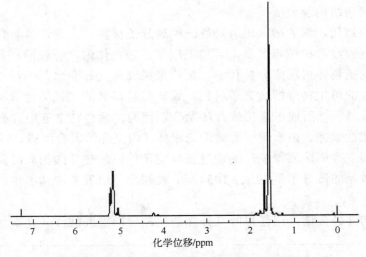

化学位移/ppm

图 6-3　聚乳酸的 ^1H NMR 核磁共振光谱图

6.2　聚乳酸的制备

目前，聚乳酸合成主要有乳酸直接缩聚法（一步法）和丙交酯开环聚合法（两步法）两种方法。两步法是先将乳酸制备成环状二聚体丙交酯，丙交酯经重结晶提纯后再经过开环聚合得到聚乳酸，该方法制备得到的聚乳酸分子量高，机械强度高，品质好。但合成工艺复杂，流程长，收率较低，生产成本高。

6.2.1　直接缩聚法

直接缩聚法是将乳酸直接在高温低压下进行脱水缩聚，具有合成工艺简单、流程短、收率较高、生产成本较低、适合大规模工业化生产的优点。但其合成的聚乳酸通常存在分子量较低、分子量分布较宽、产物色泽较深等缺点。而且，低分子量聚乳酸的力学性能、热性能以及耐候性比较差，应用范围有限。

乳酸同时含有—COOH 和—OH，既是酸也是醇，可以直接自缩聚。乳酸直接缩聚的原理如图 6-4 所示。

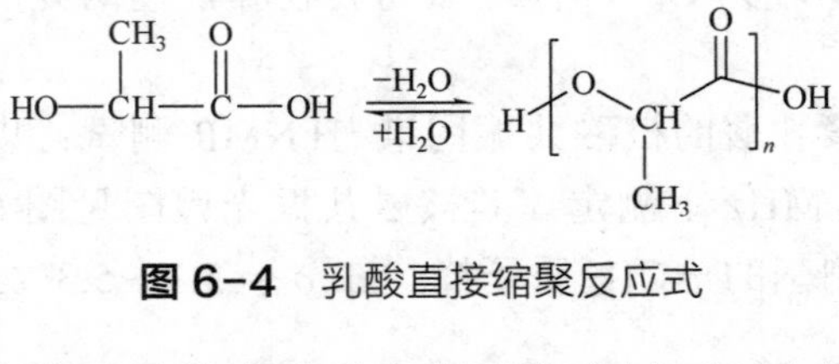

图 6-4　乳酸直接缩聚反应式

用直接缩聚法获得高分子量的聚乳酸必须要注意以下三个问题：水的有效脱除、动力学问题以及抑制聚合物的降解。为了有效脱除缩聚反应产生的水分子,可以通过形成共沸物的方法,即使用沸点与水相近的有机溶剂,使其能与水形成低沸点的共沸物,在常压下或是减压的条件下带走所产生的水分子,以使平衡反应向生成聚乳酸的方向移动。

直接缩聚法的优点:

工艺简单,单体转化率较高;聚乳酸的产率高,成本相对比较低;以乳酸为原料直接缩聚反应流程短,合成的聚乳酸不含或含极少量催化剂。

直接缩聚法的缺点:

乳酸中不挥发性的杂质经缩聚反应后仍然留在聚乳酸成品中,不易除去,因此作为原料的乳酸必须尽量纯净。在发酵制备乳酸的过程中涉及的蛋白质及糖类等物质都要严格除去。纯净的乳酸从外观看是透明的,若杂质含量较多,乳酸将会呈黄色,在长时间加热聚合过程中,颜色将进一步加深。聚乳酸用在食品包装或医学材料方面,对其安全性的要求会更高,乳酸中有害金属离子的含量不能超过一定的标准,因此乳酸的提纯特别重要。

直接缩聚法制得的聚乳酸的分子量仍处于可用范围的中下限,还不能通过直接缩聚法得到分子量较高的聚乳酸。

目前对直接缩聚法制备聚乳酸的研究不是特别多,因其仍存在技术壁垒,虽然成本较低,但所得聚合物的分子量相对较低,没有太大的实际应用价值,因此提高聚合物分子量是直接缩聚法的关键。

为了通过直接缩聚法得到高分子量的聚乳酸,人们进行了一些研究。直接缩聚法制备聚乳酸的研究始于 1913 年,但当时所得聚合物分子量较低(低于 2500),且性能较差,容易分解,没有什么实际应用价值。Okada 用二次加入焦磷酸和氯化亚锡的方法,直接缩聚合成的聚乳酸分子量高达 10300。美国 Cargilu 公司宣布采用单步法制备出可控分子量的聚乳酸。日本 Mitsui Toatsu Chemical 公司为了得到高分子量的聚乳酸,采用了溶剂法直接缩合,即在反应过程中通过共沸蒸馏法(使水和有机溶剂形成共沸物)不断除去缩合产生的水。而 Ajioka 等采用二苯醚为溶剂,锡粉为催化剂,连续共沸除水 40 h,合成了分子量达 30 万的聚乳酸[1]。秦志中等以锡粉作催化剂,分阶段升温减压除水,通过本体及溶液聚合制备了分子量达到 20 万的高分子量聚乳酸[2]。日本学者使用有机溶剂循环共沸脱水,用 3A 分子筛干燥溶剂,合成了重均分子量达到 24 万的 L-PLA。

6.2.2　开环聚合法

该方法是先将乳酸在合适的条件下预聚,在高温高真空条件下裂解、蒸馏,得到粗丙交酯;然后对粗丙交酯进行提纯,得到高纯度的丙交酯;最后在一定的温度和真空度条件下,丙交酯开环聚合,得到高分子量的聚乳酸[3-6]。

整个过程分为两步:

第一步,合成丙交酯:由于乳酸分子中同时含有一个羟基和一个羧基,在受热的条件下,两分子乳酸相互酯化脱水,可以形成稳定的六元环。同时,低分子量的聚乳酸在较高的温度下发生热裂解,生成丙交酯,经过反复重结晶后将得到纯净的丙交酯。

第二步，合成聚乳酸：丙交酯在一定催化剂条件下开环聚合，制得分子量较高的聚乳酸。

丙交酯开环聚合合成聚乳酸路线图见图6-5。

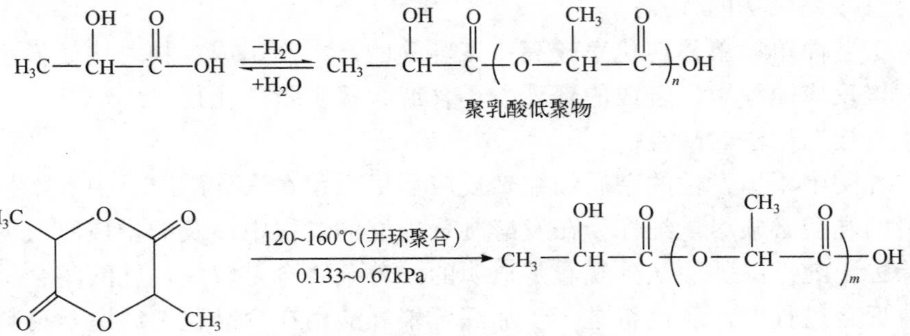

图6-5　丙交酯开环聚合合成聚乳酸路线图

通过丙交酯开环聚合制备的聚乳酸分子量较高，材料性能满足实际应用要求，故市面上的聚乳酸大多是通过丙交酯开环聚合获得的。为了使材料性能达到要求，人们对丙交酯开环聚合的反应条件做了详尽的研究，这些因素主要包括单体纯度、催化剂浓度、聚合温度、聚合真空度、聚合时间等[7]。开环聚合所用的催化剂不同，聚合机理也不同。到目前为止，主要有三类丙交酯开环聚合的催化剂体系：阳离子型催化剂体系、阴离子型催化剂体系、配位型催化剂体系。

阳离子型催化剂体系[8-10]。主要代表有对甲苯磺酸、CF_3SO_3Me、FSO_3H、CF_3SO_3H、羧酸等；卤化物型催化剂有 $SnCl_2$、$AlCl_3$、$MnCl_2$、$SnCl_4$ 等。这类催化剂是按阳离子机制进行催化开环聚合的，即阳离子催化剂离解出 H^+，进攻内酯环外氧生成氧𬧼离子，然后形成阳离子中间体，最后烷氧键断裂进行链增长。但使用这类催化剂所得产物分子量不高，且只能引发内酯本体聚合。

阴离子型催化剂体系[11-13]。较典型的有醇钾、醇钠、丁基锂等，阴离子型催化剂离解出负离子，然后进攻内酯，形成活性中心内酯负离子，形成的负离子进一步进攻内酯单体从而进行链增长。阴离子型催化剂体系反应活性高，反应速率快，可进行本体或溶液聚合，但有极明显的副反应，而这些副反应的发生阻碍了高分子量聚合物的制备。邓先模等研究了聚乙二醇、环戊二烯钠等对丙交酯的开环聚合，催化活性高，反应条件温和，但也有副反应发生。

配位型催化剂体系[14,15]。配位型催化剂体系引发的聚合也称配位插入聚合，目前应用得最成熟，具有代表性的催化剂是辛酸亚锡或异丙醇铝等。辛酸亚锡作为引发剂的优点是产物低消旋化和高转化率。辛酸亚锡已被美国食品药品监督局（FDA）认可作为食品添加剂，因此目前该体系是应用最多的体系之一，且在本体聚合中应用比较多。一般认为辛酸亚锡仅仅是催化剂，体系内的极少量的杂质[如水或含羟基化合物（ROH）等]是真正的引发剂[16]。

开环聚合的优点：

聚合所得的聚乳酸分子量较高，可以达到数十万；对制备丙交酯的原料乳酸纯度要求较低，这是因为所制备的丙交酯是通过挥发收集的，而且要经过重结晶提纯，原料乳酸中的杂质（蛋白质、多糖等）可与挥发性的丙交酯分离，不会混入丙交酯。

开环聚合的缺点：

合成丙交酯工艺复杂、成本较高、条件苛刻，需要高温、高真空，丙交酯产率低。丙交酯必须提纯才可以使用。提纯方法一种是重结晶法，该方法过程烦琐，消耗溶剂量较大，提高了生产成本；另一种是减压蒸馏法，该方法不仅技术要求高，而且设备投资大，有一定环境污染。丙交酯开环聚合时间较长，条件苛刻。

6.3　聚乳酸的性质

（1）物理性质

聚乳酸的物理性质优越，具有良好的透明度，优异的柔韧性，较高的机械强度，以及高的热稳定性。

聚乳酸不溶于水，但溶于许多有机溶剂，聚乳酸材料具有比其他可降解塑料更加优异的性能。聚乳酸的物理性质一览表见表 6-1。

表 6-1　聚乳酸的物理性质一览表[17]

性能	聚（L-乳酸）	聚（D-乳酸）	聚（D,L-乳酸）
溶解性	可溶入氯仿、二氯甲烷、乙氰、二氯乙烷、二噁烷等；低温下乙苯、四氢呋喃、甲苯、丙酮等只能部分溶解聚乳酸，加热后聚乳酸溶解性增加	可溶入氯仿、二氯甲烷、乙氰、二氯乙烷、二噁烷等；低温下乙苯、四氢呋喃、甲苯、丙酮等只能部分溶解聚乳酸，加热后聚乳酸溶解性增加	可溶入氯仿、二氯甲烷、乙氰、二氯乙烷、二噁烷等，但 PDLLA 溶解性更好
固体结构	半结晶性	半结晶性	无定形
熔点/℃	170～180	180	—
玻璃化转变温度/℃	56	58	50～60
热分解温度/℃	200	200	180～200
拉伸率/%	20～30	20～30	—
断裂强度/MPa	40～50	50～60	—
比旋光度/（°）	-157	+157	0
水中降解时间/月	4～6	4～6	2～3

三种聚乳酸立体结构中，PDLLA 为无定形非晶体材料，没有熔融温度，材料的力学性能比较差，但其生物降解速度较快。在 L-乳酸或 D-乳酸聚合中适当加入 D,L-乳酸，可以调节降解周期。

（2）可降解性

聚乳酸分子主链中含有酯键，在酸或碱的作用下，高分子降解成低聚物，最终水解成单体。聚乳酸具有良好的生物可降解性，在自然界中能被微生物完全降解，最终生成二氧化碳和水（图6-6），不污染环境，这对保护环境非常有利，是公认的环境友好材料。

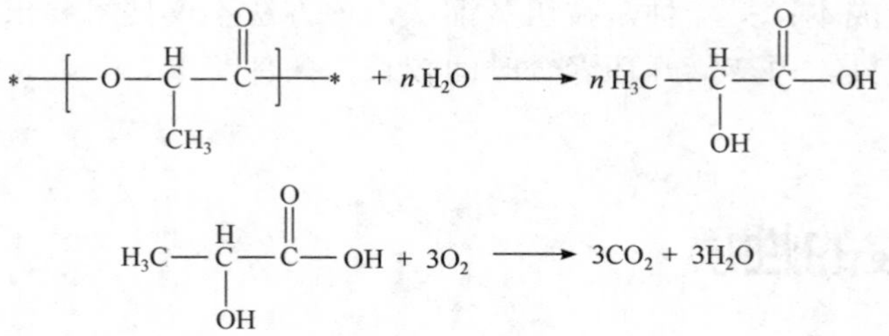

图 6-6　聚乳酸的降解反应式

（3）生物相容性

聚乳酸的生物相容性良好，与人体接触无毒无害，降解的产物乳酸能够经代谢作用成为二氧化碳和水，因此被认为是一种生物相容性极好的高分子材料。聚乳酸已经得到了 FDA 认可，能够作为植入人体的生物材料。

（4）其他性能

聚乳酸是一种热塑性的高分子材料，具有高度的可塑性。聚乳酸可以通过各种相关方式进行热塑成型，可采用吹塑、热塑等各种加工方法，加工方便，可用于加工各种塑料制品。聚乳酸（PLA）薄膜具有良好的透气性、透氧性及透二氧化碳性，它也具有隔离气味的特性。聚乳酸是唯一自身具有优良抑菌及抗霉特性的塑料，其原因是聚乳酸材料表面析出微量酸性单体。当焚化聚乳酸时，其燃烧热值是传统塑料（如聚乙烯）的一半，焚化聚乳酸不会释放出氮化物、硫化物等有毒气体，产品具有安全性。

6.4　聚乳酸的改性

聚乳酸虽然有很好的生物相容性和可降解性，但是聚乳酸自身有很多缺点，例如制品有脆性，抗冲击性差，亲水性差，吸水率较低，对生物黏附性能较差，分解出的酸性物质对细胞生长有害。聚乳酸是骨组织工程支架材料，但聚乳酸的机械强度和强度所维持的时间不够，降解周期难以控制等。另外，聚乳酸的大规模应用价格太贵。因此，纯聚乳酸材料的应用受到了极大的限制。为了增强聚乳酸的性能，扩大聚乳酸的应用范围，降低成本，人们进行了大量的聚乳酸改性研究，改性后的聚乳酸复合材料，大多数性能都比较优异，且保留了其固有的优点。聚乳酸（PLA）的改性主要有以下方面：

6.4.1　增塑改性

PLA 作为一种半结晶聚合物，断裂伸长率较低（<10%），在 PLA 中加入一些沸点较高且难挥发的增塑剂，可降低材料的玻璃化转变温度，提高韧性、抗冲击性和加工性能。

常用的增塑剂有甘油、山梨醇、部分脂肪酸醚、葡萄糖醚、柠檬酸酯类、低聚物聚乙二醇、丙三醇等。葡萄糖醚类增塑剂能够使 PLA 的玻璃化转变温度降低很多，因此可大幅度提高 PLA 的加工性能，改变 PLA 易断裂的缺点。研究证明[18]，乙酰基三丁基柠檬酸酯（ATBC）增塑剂，可以使 PLA 的柔韧性提高，随增塑剂的含量增加，PLA 的流动性变好，熔点、结晶温度变低。Martin 用甘油、柠檬酸酯、聚乙二醇（PEG）、聚乙二醇月桂酸酯和寡聚乳酸（M_w 约 400）对聚乳酸进行增塑，发现低聚物聚乳酸和低聚物 PEG（M_w 约 400）的增塑效果最好。

6.4.2　复合改性

共混改性工艺比较方便和经济，共混能够增加 PLA 的亲水性，比较适合用在药物释放体系方面。PLA 可以和多种生物可降解高分子，如聚羟基丁酸酯（PHB）、聚己内酯（PCL）、淀粉等共混改性。也可以让 PLA 与非生物降解性聚合物，如低密度聚乙烯（LDPE）等复合，以达到改善 PLA 性能的目的[19,20]。

（1）与聚己内酯复合

聚己内酯分子链比较规整，是一种半结晶聚合物，柔顺性好，容易加工，力学性能与聚烯烃相近。此外，聚己内酯与聚乳酸一样安全无毒，具有良好的生物相容性和可降解性，在生物医药方面有广泛的应用。聚乳酸与聚己内酯具有不同的性能特点，例如，玻璃态的聚乳酸降解较快，而橡胶态的聚己内酯降解较慢，二者降解速率互补。因此，聚乳酸与聚己内酯复合，有可能制备出性能优异、降解速率可控的生物材料。

将聚乳酸与聚己内酯共混复合，通过挤出、发泡可以制备性能良好的聚乳酸与聚己内酯复合泡沫板材。研究发现，PCL 的加入可有效改善复合发泡材料的发泡效果。当 PCL 含量为 10% 时，试样的性能最佳，冲击强度和压缩强度分别达到了 8.9kJ/m² 和 31MPa，平均泡孔直径由 2.8mm 降低至 1.1mm，结晶度由 12.68% 上升到 17.95%。

星型 PCL 与 PLA 复合将实现聚乳酸的增韧，星型 PCL 的臂数、臂长及其含量，都能对 PLA 的结晶性和韧性产生影响。

（2）与淀粉复合

淀粉是一种常见的天然高分子，颗粒较小，生产成本较低，将淀粉与 PLA 共混，可提高 PLA 的生物降解性，降低成本。淀粉与 PLA 共混物的拉伸强度和伸长率随淀粉浓度的增加而降低，吸水率随淀粉含量的增加而增加。淀粉与 PLA 共混物的主要缺点是脆性，因此常常会加入一些低分子量的增塑剂如甘油、山梨醇和柠檬酸酯来改善共混物的脆性。采用熔融共混的方法可制备 PLA/淀粉复合材料，随着淀粉含量的增加，复合材料力学性能下降，结晶度减小，储能模量降低，吸水率增大。增容剂环氧树脂的加入，能提高复合材料的力学性能。向聚乳酸/淀粉复合材料中加入甘油，其加入量对聚乳酸/淀粉复合材料性能有一定影响。

（3）与壳聚糖复合

壳聚糖（CS）是甲壳素的脱乙酰化产物，壳聚糖及其衍生物具有抗菌、抗癌、促进伤口愈合、抗病毒等优点，壳聚糖也具有良好的生物相容性和生物降解性，降解产物无毒、无副作用。因此，壳聚糖可以在药物释放体系、伤口愈合材料、抗凝血药物等方面取得应用。聚乳酸在降解过程中，由于羧基存在的酸性环境会导致炎症反应，因此在组织工程中的应用受到一定限制。而壳聚糖是自然界中唯一的碱性多糖，将壳聚糖与聚乳酸复合，利用 CS 的氨基改善 PLA 在降解过程中羧基形成的酸性环境，可以更好地满足组织工程使用需要。

高孔隙率的聚乳酸/壳聚糖三维多孔复合支架材料具有良好的生物相容性，软骨细胞能在复合支架材料贴附增殖，复合材料三个月后仍能保持一定的机械强度和形状，降解速率和炎症反应远远低于纯聚乳酸材料。

通过静电自组装和真空冷冻干燥法制备的聚乳酸/硫酸软骨素/壳聚糖复合材料具有明显的多级结构，内层为致密结构，外层为疏松的海绵结构，复合材料的亲水性较纯聚乳酸有了较大的提高，且具有一定的促进雪旺细胞生长的作用。

（4）与 PVAc 复合

聚乳酸（PLA）和聚醋酸乙烯（PVAc）的混合性较好，质量分数为 5%～30% 的 PVAc 能提高共混物的拉伸强度。当 PVAc 的添加量为 5% 时，共混物的断裂伸长率也有所提高。

（5）与 LDPE 复合

将 PLA 与低密度聚乙烯（LDPE）混合后，研究发现，PLA 的结晶度对共混物的韧性有显著影响，非晶态 PLA 与 LDPE 复合需要 PLA/LDPE 二嵌段共聚物的增容作用，而半晶态 PLA 与 LDPE 共混在没有嵌段共聚物的情况下也表现出增韧效果。

（6）与纤维类材料复合

天然纤维素材料取自大自然，储量和种类丰富，质轻，价格便宜，可再生和可降解。纤维类材料增强 PLA 具有弹性模量大、塑性形变小、强度高等特点，用作改性材料时，其功能一般是提高材料的力学性能。用于 PLA 增强的纤维一般是玻璃纤维、碳纤维和植物纤维，包括稻草、竹纤维、麻纤维、木粉等。用熔融挤出法制备的 PLA／短碳纤维复合材料，随着短碳纤维含量的增加，拉伸性能、弯曲性能和冲击性能均得到显著提高。用亚麻短纤维与 PLA 熔融共混，发现亚麻纤维的加入，提高了材料的热稳定性和结晶度。用马来酸酐对木粉进行改性，再用熔融共混方法制备聚乳酸与木粉复合材料，发现复合材料的最大拉力和抗拉强度较复合前最大增加值都超过了 1 倍，复合材料的界面光滑，黏合紧密。

（7）与聚碳酸酯复合

聚乳酸与脂肪族聚碳酸酯复合，不仅可以改善材料的力学性能，还可以改善材料的生物降解性。通过溶液浇铸法，将脂肪族聚碳酸酯共混到 PLA 中，结果表明，脂肪族聚碳酸酯与聚乳酸共混后，可以提高材料的断裂伸长率。降解性研究发现，随着脂肪族聚碳酸酯含量的增加，聚乳酸与脂肪族聚碳酸酯复合材料的降解速率逐渐加快。

（8）与无机粉体复合

具有生物活性的无机粒子用于改性 PLA 时，可以有效提高 PLA 的力学性能，并赋予其生物活性。无机粉体通常价格低廉，可以很大程度降低材料的成本。常用的有羟基磷灰石、二氧化钛以及钙的无机盐等。四正丁醇钛增韧的 PLA/淀粉复合物，当 $Ti(OBu)_4$ 与 PLA 的摩尔比为 0.2：1 时，其复合改性物的冲击性能提高了 41%，但弯曲性能有所降低，所以需要进一步研究提高柔韧性的措施。

（9）与成核剂复合

针对聚乳酸结晶速率慢、结晶度低和脆性大等缺点，研究人员利用成核剂与聚乳酸复合。研究表明：添加成核剂可以提高 PLA 的结晶速率，增加其结晶度，进而提高热变形温度，这是目前提高 PLA 耐热性最为有效的手段之一。为了克服聚乳酸固有的脆性，研究者对其进行了增塑、共聚和共混改性以制备柔韧的 PLA 材料。

（10）立构复合物

对于等规的 PLA 三嵌段共聚物 PLLA-PDLA-PLLA，由于聚合物链中 PLLA 序列和 PDLA 序列之间可以形成立构复合物，所形成的 PLA 立构嵌段共聚物具有十分优异的耐热性能，软化点高达 200℃左右。

聚乳酸还可以与其他各种材料复合，例如可以分别与石墨烯、碳纳米管、木素磺酸钙、玻璃棉、尼龙、纳米氧化硅、导电聚合物等复合，获得各种所需要的性能。

6.4.3　共聚改性

（1）接枝共聚[21]

将单体乳酸或丙交酯加入其他高聚物体系中，在一定的条件下发生聚合反应，聚乳酸在其他高聚物侧链接枝，形成梳状共聚物 PVA-*g*-PLA。梳状共聚物 PVA-*g*-PLA 的合成路线见图 6-7。

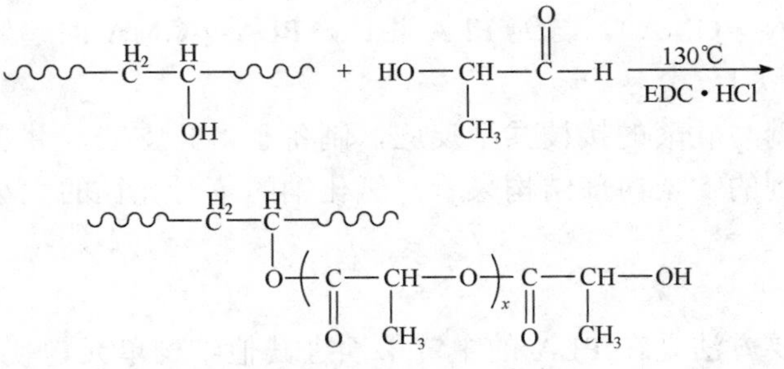

图 6-7　梳状共聚物 PVA-*g*-PLA 的合成路线

图 6-8 是梳状共聚物 PVA-*g*-PLA 和 PVA 的 XRD 谱图，从图中可以看出，聚乙烯醇的峰强而窄，而接枝共聚物的结晶峰却宽而弱，说明接枝以后，共聚物的结晶度变差了。结晶完整的晶体，晶粒较大，内部质点的排列比较规则，衍射线强、尖锐且对称，衍射峰的半高宽接近仪器测量的宽度；而结晶度差的晶体，往往是晶粒过于细小，晶体中有位错等缺陷，使衍射线峰形宽化而弥散。随着聚乳酸接枝率的增加，共聚物的结晶度越来越低，结晶性能越来越差。这是因为随着聚乙烯醇主链上聚乳酸接枝率的增加，

聚乳酸的侧甲基破坏了聚乙烯醇的结构规整性，致使共聚物的结晶性能和结晶度大大下降。

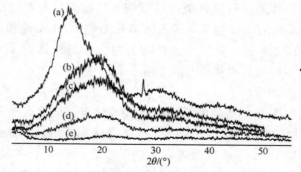

图6-8　梳状共聚物 PVA-*g*-PLA 和 PVA 的 XRD 谱图
（a）PVA；（b）PL1-10；（c）PL1-20；（d）PL1-30；（e）PL1-40

将接枝的梳状共聚物 PVA-*g*-PLA 和 PVA-*g*-PLGA 分别制备成医用防粘薄膜，植入小鼠体内进行防粘连性能、毒性和降解性研究。结果发现：PVA-*g*-PLA 和 PVA-*g*-PLGA 都具有一定的防伤口组织粘连作用，而且具有良好的组织相容性和适宜的力学性能；PVA-*g*-PLGA 薄膜在动物体内降解较快，6 周左右就可以完全降解，而 PVA-*g*-PLA 在动物体内完全降解则需要 8 周。

用二水氯化亚锡为催化剂，使乳酸与 PVA 缩聚制备聚乙烯醇-乳酸接枝共聚物，共聚物的熔点有所降低，但是其热分解的温度却有着明显的提高，改性后的材料可用作包装材料。

通过丙交酯的开环聚合可以合成醋酸纤维素接枝聚乳酸共聚物，从而对聚乳酸进行改性，得到一种可完全生物降解的高分子材料，通过左旋和右旋的单体接枝共聚得到立构复合物，大大拓展了其应用范围，可应用于食品、化工和医药等领域。用甲基丙烯酸缩水甘油酯（GMA）熔融接枝聚乳酸，可制备耐热性好、拉伸强度高和 GMA 接枝率高的接枝共聚物（PLA-*g*-GMA）。与纯 PLA 相比，PLA-*g*-GMA 的起始分解温度和完全分解温度均提高 60℃以上。

夏君通过壳聚糖与乳酸的接枝共聚反应，制备了多孔支架，并在电子显微镜下观察它的结构，从观测到的支架内部结构来看，氯化钠的量对孔径的大小以及成孔数量会产生一定的影响。

（2）直接共聚

直接共聚的主要方法是在 PLA 的主链中插进其他结构单元，使 PLA 的柔韧性、弹性、亲水性、可降解性提高，让聚乳酸分子链的结晶度变低，从而改变聚乳酸的性质，扩大应用范围，提高使用性能[22]。

通过乳酸和羟基乙酸单体在溶液中直接聚合，可以合成聚(乳酸-羟基乙酸)（PLGA）（图 6-9）。也可以通过丙交酯和乙交酯的开环共聚得到聚(乳酸-羟基乙酸)，所得产物分子量比用直接缩聚方法大得多（图 6-10）。

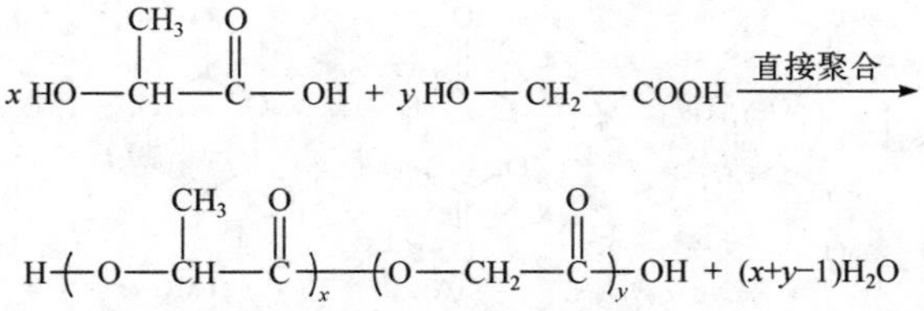

图 6-9　由乳酸和羟基乙酸合成聚（乳酸-羟基乙酸）路线图

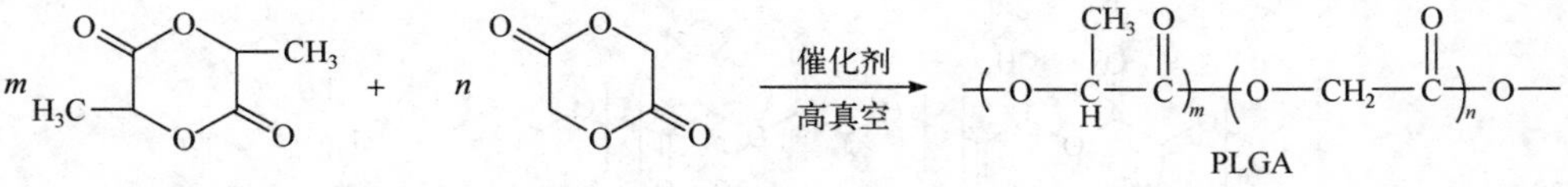

图 6-10　由丙交酯和乙交酯的开环共聚合成聚（乳酸-羟基乙酸）路线图

以数均分子量（M_n）分别为 400、1000 和 2000 的聚乙二醇（PEG）为引发剂，以 D,L-丙交酯为单体，在辛酸亚锡催化下，开环聚合制备了 PLA-PEG-PLA 三嵌段共聚物。通过静态水接触角测试表明，共聚物的亲水性大大增强，说明 PEG 的引入明显提高了 PLA 的亲水性。以 L-苹果酸、D,L-乳酸和聚乙二醇（PEG）为原料，通过"一步法"直接共缩聚合成了三元共聚物 poly(MA-co-LA)-b-PEG，利用聚苹果酸侧链所带的羧基与含有氨基的阿霉素复合，制备了聚电解质复合物纳米胶束（图 6-11）。胶束形态规整，分布均匀，粒径为 100～200nm 之间。共聚物的降解速度比纯聚乳酸加快许多。胶束对于阿霉素的载药率为 18.2%，包封率为 70.6%，释放过程具有 pH 值与盐浓度可调控性。

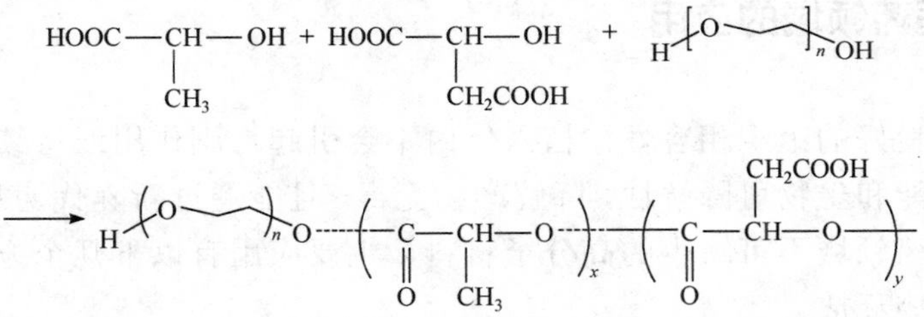

图 6-11　由 L-苹果酸、D,L-乳酸和聚乙二醇合成 poly（MA-co-LA）-b-PEG 路线图

通过开环共聚合制备的 ε-己内酯与 L-丙交酯的共聚物，其 PLA 链段活动能力增强，从而提高共混材料的韧性，有望拓宽聚乳酸在包装材料领域中的应用范围。

用乙酰丙酮锆[Zr(Acac)$_4$]为催化剂，采用熔融聚合的方法，可以合成一系列聚（丙交酯-co-三亚甲基碳酸酯-co-乙交酯）共聚物（DLTG）（图 6-12），产物呈无规非晶结构，表现出良好的热稳定性和力学性能，产物的断裂伸长率大于 200%，韧性得到显著提高。聚合物在玻璃化转变温度以上 14～15℃时，具有良好的形状记忆性能[23]。

（3）聚乳酸两亲性共聚物

以 β-环糊精为中心的三臂星型两亲性共聚物，对于盐酸阿霉素具有高负载能力，作为水溶性药物载体具有潜力。以星型聚乙二醇（sPEG）和 L-丙交酯为原料，采用开环聚合可以合成以星型聚乙二醇为内部嵌段、聚乳酸为外部嵌段的三臂、四臂星型聚乙二醇-聚乳酸嵌段共聚物（sPEG-b-PLLA）。

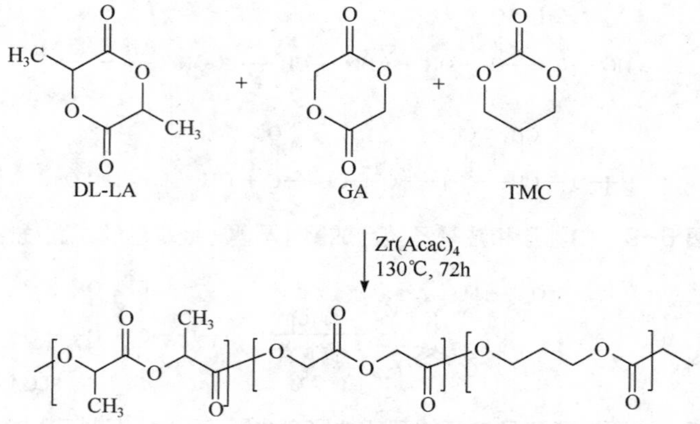

图 6-12　聚（丙交酯-*co*-三亚甲基碳酸酯-*co*-乙交酯）共聚物

关于聚乳酸共聚物的合成已经有大量报道，所得共聚物一方面改进了聚乳酸的理化性质，另一方面增加了共聚物的功能性，扩大了功能高分子材料应用范围。

6.5　聚乳酸的应用

6.5.1　生物医药领域的应用

聚乳酸具有良好的组织相容性，植入体内不会引起毒副作用或持续的炎症反应，具有一定的力学性能和生物可降解性，降解产物无毒，且能通过新陈代谢从体内完全清除，已经成为生物医药领域不可缺少的高分子材料，主要应用有以下几个方面[24-27]。

（1）药物可控释放

药物可控释放指的是将药物置于药物载体材料中，通过一定的作用，使药物可控地释放出来。聚乳酸具有生物可降解性，而且容易制备成纳米颗粒，因而聚乳酸纳米颗粒被广泛应用于疏水性抗肿瘤药物的运输。聚乳酸作为药物载体，在体内缓慢释放药物，随着时间延长，载体内药物含量减少，引起释药变慢，但是随着时间延长，聚乳酸的结构会变得疏松，促使药物的释放变快，弥补了载体内药物含量减少引起的释药变慢，两者综合可实现药物长期匀速释放，从而维持体内药物的有效浓度，提高药效，避免了药物突释引起的毒副作用。此外，聚乳酸在体内可实现安全绿色的降解，降低了降解带来的危害。

有研究者用聚乳酸纳米颗粒作替莫唑胺的载体，并进行啮齿动物神经胶质瘤细胞的体外实验。结果表明，用聚乳酸纳米颗粒进行药物运载时，替莫唑胺的抗肿瘤活性可以得到提高。利用聚乙二醇修饰的聚(乳酸-羟基乙酸)共聚物的纳米颗粒，可以将多烯紫杉醇运送到实体肿瘤，该纳米载药系统可以延长药物的半衰期，还可以使药物在肿瘤组织内大量积累。聚(乳酸-羟基乙酸)共聚物负载的它莫昔芬在被人乳腺癌细胞摄取后，呈现出长时间的缓慢控制释放效果，以及更低的肝脏毒性和肾脏毒性，可以使小鼠的肿瘤变小。基于聚乳酸纳米颗粒的载药系统还被用于白血病的治疗研究中。

（2）组织工程支架

组织工程支架为细胞和组织生长提供适宜的环境，并随着组织的构建而逐渐降解和消失，将新的空间提供给组织和细胞。该结构是细胞获取营养、气体交换、废物排泄和生长代谢的场所，是形成新的具有形态和功能的组织器官的基础。组织工程材料必须具有良好的组织相容性，适宜细胞的正常生长，以及具有安全的生物可降解性。而聚乳酸材料可满足这些条件，能够作为组织工程的基础材料。例如，聚乳酸及乳酸和聚乙醇酸共聚物已经作为第一代组织工程材料，实现了一定的实用价值。Taboasb 等利用烧结的方法，制备了具有两种不同孔结构的羟基磷灰石支架，再将熔融的聚乳酸浇铸在羟基磷灰石支架的模具上成型，将模具部分溶解，得到了具备层状化学结构和特殊物理性能的复合支架。

杨斌等制备了载有角质细胞生长因子的聚乳酸-聚乙醇酸纳米微球，接种毛囊干细胞并进行培养，微球可提供细胞特定生长环境，使干细胞定向分化，构建组织工程皮肤。Xu 等首先制备壳聚糖微球，然后复合到纳米羟基磷灰石/聚乳酸-羟基乙酸支架上，形成双重控释作用，测量了对牛血清白蛋白的释放效果。

（3）骨折内固定及骨修复

治疗骨折的内固定物通常以金属材料为主，但是金属材料生物相容性差，在体液环境中易腐蚀。为了克服金属内固定材料的缺点，从 20 世纪 60 年代起，国外就开始研究可吸收内固定材料。与传统的金属材料相比，聚乳酸类材料有能被生物降解吸收、应力随时间推移逐渐转移至受损区域、使组织得到愈合等优点。将聚乳酸类材料制成骨钉、骨固定板等支撑材料，可以在骨折痊愈后在人体内降解，不需要再进行手术取出，从而可以大大地减轻患者的痛苦。羟基磷灰石和聚乳酸复合制备的人工骨修复材料，可获得特定的微观结构及其技术性能。羟基磷灰石与骨组织无机成分相似，赋予材料高抗压强度、良好的细胞亲和力；羟基磷灰石还能提供物理屏障，控制复合材料的微观结构及降解速度，同时还可提高材料的生物相容性和骨结合能力。聚乳酸植入人体后降解形成酸性产物，将引起无菌性炎症反应，但羟基磷灰石在酸性介质中溶解度提高，形成微碱性环境，可中和酸性降解产物，降低材料内部酸性降解产物的自催化效应及其产生速度，对稳定 pH 值有一定缓冲作用。随着研究的不断深入，羟基磷灰石和聚乳酸复合材料将替代不锈钢等金属材料，用于骨折内固定及骨修复。

（4）医用缝合线

患者手术完成后用医用缝合线来缝合伤口，材料包括可吸收和非吸收两种。聚乳酸类材料由于其生物可降解性，可以作为外科手术缝合线，在伤口愈合后，可被人体自动降解并吸收，是一种可吸收型的缝合线，不需要再次进行拆线。1962 年，美国 Cyanamid公司用聚乳酸制成了性能较好的可吸收缝合线。1966 年，Kulkarni 等报道了聚左旋乳酸手术缝合线的合成和生物可降解性。20 世纪 70 年代，商品名为 Dexon 的医用缝合线已应用于市场。近年来，为了提高聚乳酸缝合线的性能，研究者进行了一些研究，改进聚乳酸缝合线的拉伸比以及机械强度，使之更加符合手术缝合线的实际需要。结晶度高的聚乳酸降解速率很慢，作为手术缝合线有缺陷，因此，研究者们利用丙交酯与乙交酯共聚，破坏聚乳酸的结晶性，以加快降解速度，聚合物的结晶化程度越低，材料越容易被外部介质浸润，聚乳酸材料的降解越快。用乙醇酸和乳酸共聚时，得到的聚合物拥有更快的降解速率，当乙醇酸与乳酸物质的量比为 90：10 时，所得共聚物可作为商品化手术缝合线。

（5）医用防粘剂

聚乳酸可以制备成薄膜或者通过静电纺丝制备成无纺布，用作医用防粘剂。外科手术中，粘连是常见的临床现象，也是在术后愈合过程中不可避免的病理生理过程。术后粘连和瘢痕组织的形成，会引起腹膜粘连、肌腱粘连、眼眶损伤后软组织粘连、周围神经粘连等严重的并发症，常常阻碍人体的正常康复。防粘连材料为机械隔离物，是预防术后粘连最有效的方式之一，而良好的生物相容性和生物可降解性，是理想防粘连材料应该具有的特性，聚乳酸正好具备这些特性，因而是一种理想的术后防粘连材料。

6.5.2　工农业领域、日常生活的应用

聚乳酸在工农业领域和日常生活中的应用越来越广泛，主要有以下方面：

（1）农用薄膜

聚乳酸塑料可用于生产农用薄膜。王亭亭等研究了聚乳酸地膜在土壤中的降解特性及对土壤物理、化学特性和西瓜产量的影响。结果表明，聚乳酸地膜的降解过程为首先出现裂纹，再出现孔洞，最后出现裂缝；在西瓜生长过程中，聚乳酸地膜具有良好的保温作用，对土壤重金属以及主要元素氧化物含量无显著影响；覆盖聚乳酸地膜的西瓜叶片数和叶绿素含量均高于普通地膜组，表现为增产趋势。聚乳酸地膜具有良好的降解性，且对土壤和作物无显著影响，有望替代普通地膜在农田中推广使用，减少农业薄膜对土壤造成的污染。

（2）纺织领域的应用

PLA 纤维是最具发展前景的"绿色环保"纤维之一，具有芯吸导湿性、良好的抗紫外线性、耐菌性、优良的阻燃性、高强度和伸长率、极佳的悬垂性、滑爽性和良好的耐热性。聚乳酸可通过纺粘法制成非织型布，或者纺制成纤维。成品的物理性能良好，具有一定的透气性，而且也不易起静电，可通过结合其他织品用于外衣和内衣等衣物中，最终的衣物触感好，舒适度高。在生活中 PLA 纤维也被用于口罩、抹布等。

（3）食品领域

由于聚乳酸塑料具有生物可降解性和生物相容性等特点，适于制成寿命较短的材料，例如用于制备餐具餐盒、食品包装袋、保鲜膜、塑料容器等包装新鲜的食物，材料废弃后不会对环境造成污染。此外，聚乳酸有望在不久的将来代替聚氯乙烯（PVC）、聚丙烯（PP）、聚苯乙烯（PS）等各种不可降解的塑料，以消除"白色污染"所造成的环境危机。

（4）包装领域[28-31]

包装材料的需求和消耗量巨大，普通塑料造成严重的环境污染和资源浪费，聚乳酸除了优异的生物可再生性和生物可降解性能外，还具有十分优异的透光性、透气性和可加工性能，因此是 21 世纪最有前途的环境友好型包装材料。研究发现，玉米秸秆纤维与

聚乳酸具有较好的相容性，通过改变玉米秸秆纤维的含量和发泡材料的加工工艺可对其性能进行优化。利用纳米纤维素对聚乳酸进行增强改性，可制得应用性能理想、可生物降解的包装材料。以直径为 20～30nm，长度为 200～400nm 的纳米纤维素作为增强材料制备聚乳酸发泡包装材料，在复合材料中加入聚乙二醇作增容剂可以有效改善纳米纤维素和聚乳酸的相容性。

（5）生活领域和其他

聚乳酸纤维可以制作香烟过滤棒，使卷烟烟气中常规成分基本不变，有害成分中亚硝胺释放量略有降低，卷烟感官质量有一定程度提升。因此，聚乳酸纤维在制作卷烟滤棒方面具有良好的应用前景。聚乳酸塑料可以用来制备垃圾袋、超市购物袋、农用种子袋。

PLA 具有优异的透光性、透气性、力学性能和生物可降解性能，是一种具有巨大应用潜力的包装材料。聚乳酸已经被制成各种类型的分离膜，有望在分离和纯化领域替代难降解的高分子膜，既能节约石化资源又能减少白色污染。聚乳酸在其他领域的应用还有：汽车制造配件、服装、餐饮、环境材料、海洋、电子行业、工程材料、电子产品的外壳等。

随着石油资源的减少和生态环境的恶化，生物可降解材料的研究和应用愈来愈重要。聚乳酸具有原料可再生、产品无毒、生物相容性好、可生物降解等优点，因此被认为是最具有发展前景的绿色环保材料之一，在工程塑料、生物医学、纺织纤维、薄膜、包装等领域有巨大的应用前景。

但目前聚乳酸基材料的种类和性能还远不能满足实际应用的要求。主要问题包括：材料的力学性能达不到理想要求，韧性或耐热性能不足，改性材料在 PLA 基体中分散效果不够理想，与其他材料相比，PLA 基复合材料成本较高、价格昂贵，给实际生产应用带来困难。未来对于聚乳酸材料的研究方向主要有：

①从化学结构上改善聚乳酸基材料的缺点，例如与柔性链分子、杂链分子或极性分子共聚，或引入支化/交联结构可提高其力学性能，克服 PLA 材料的脆性、增强韧性、提高耐热性能；通过共混或共聚提高聚乳酸与其他改性材料的相容性和分散性，获得兼具高强度、高弹性模量、良好韧性的 PLA 材料。

②尝试用更多更新的材料对 PLA 进行改性，开发新品种和新用途，扩大应用范围；纳米材料和多种改性方法综合应用将成为今后聚乳酸改性的重点。

③在理论上对于聚乳酸的增韧机理、结晶速率、热转变及其降解可控性进行深入研究。

④降低成本，提高性价比，为聚乳酸基材料的大规模应用提供基础。

参考文献

[1] Ajioka M, Enomotol K, Suzuk K, et al. Basic properties of polylactic acid produced by the direct condensation polymerization of lactic acid[J]. Bull Chem Soc Jpn, 1995, 68(8): 2125-2213.

[2] 秦志忠, 秦传香, 曹雪琴. 聚乳酸的直接合成研究(II)[J], 合成技术及应用, 2003, 18(3), 1-2.

[3] Kricheldorf H R, Kreiser-Saunders I, Boetthcher C, et al. Polylactones: 31. Sn(II)octoate-initiated

polymerization of L-lactide: a mechanistic Study[J]. Polyer, 1995, 36(6): 1253-1259.

[4] 李孝红, 袁明龙, 邓先模, 等. 聚乳酸及其共聚物的合成和在生物医学上的应用[J]. 高分子通报, 1999, 3: 24-32.

[5] Cesar M. M, Hilan Z. K, Li B, Jeffery A B. High molecular weight poly(lactic acid) produced by an efficient iron catalyst bearing a bis(amidinato)-N-heterocyclic carbene ligand[J]. Polyhedron, 2014, 84: 160-167.

[6] 阮建民, 刘莹, 张海坡, 等. 高分子量 L-丙交酯的合成研究[J]. 湖南科技大学学报, 2007, 22(1): 81-85.

[7] Chen L X, Wang J, Fu J, Lei J H. The Syntheses and properties of poly(L-lactide)[J]. Wuhan University Journal of Natural Science. 2000. 7(4): 473-475.

[8] Porter C J, Davies M C, Davis M C. ChicheSter: Wiley, 1994: 158-203.

[9] Wang N, Wu XS, et al. Tailored Polymeric materials for controlled delivery systems[J]. American Chemical Society, Washington, DC. 1997: 242-253.

[10] Gebelein C G, Carraher C E, et al. Applied bioactive polymeric materials[J]. Plenum, 1988: 1-15.

[11] Zhong Z Y, Dijkstra PJ, et al. Single-site calcium initiators for the controlled ring-opening Polymerization of lactides and lactones[J]. Polymer Bulletin. 2003(3): 175-182.

[12] Choi HS, Ooya T, Sasald S, et al. Preparation and characterization of polypseudorotaxanes based on biodegradable poly(L-lactide)/poly(ethylene glycol)triblock copolymers [J]. Macromolecules, 2003: 36: 9313-9318.

[13] Pandey R, Sharma A, ZahoorA, Sharma S, Khuller GK, Prasad B. Poly (D, L-Lactide-co-glycolide) nanoparticle-based inhalable sustained drug delivery system for experimental tuberculosis[J]. Journal of Antimicrobial Chemotherapy, 2003: 981-986.

[14] Szymanski R, Baran J. Molecular weight distribution in living Polymerization proceeding with reshuffling of polymer segments due to chain transfer to polymer with chain scission[J]. Polymer. 2003, 48(11) : 758-764.

[15] Song C S, Sun H F, Feng X D. Microspheres of biodegradable block copolymer for long acting controlled delivery of contraceptives[J]. Polymer J, 1987, 19(5) 485-491.

[16] Kricheldorf R, Kreiser-Saunders I, Boetteher C. Polymer. 1993, 36(6): 1253-1259.

[17] 刘喆, 魏坤, 朱首林. 聚乳酸合成研究进展[J]. 河南化工, 2012, 12(29): 29-31.

[18] 周威, 李晓梅, 王丹, 等. 增塑剂对聚乳酸性能影响的研究[J]. 现代塑料加工应用, 2008, 20(2): 41-44.

[19] 耿佚雯, 李卫红, 汪瑾, 陈泳, 雷文. 国内聚乳酸复合改性的研究现状[J]. 化工时刊, 2018, 32(6), 36-39.

[20] 魏冰, 齐鲁. 聚乳酸改性研究进展[J]. 中国塑料, 2013, 27: 1-5.

[21] 路荣惠, 荣耀, 陈小倩, 孟朵, 倪才华. 梳状聚乳酸的制备及其性能研究[J]. 化工新型材料, 2012, 40: 74-76.

[22] 张亚南, 王洁, 张猛, 李旺, 张丽萍, 倪才华. 直接缩聚法载药纳米胶束的合成及 pH 控释研究 [J]. 化工新型材料, 2015, 43: 158-160.

[23] 汶少华, 雷亚萍, 陈卫星, 李永飞. 聚乳酸共聚物 PDLLA TM CGA 的合成及性能研究[J]. 西安工业大学学报, 2017, 37: 658-664.

[24] 赵璐. 生物可降解材料聚乳酸的制备及应用[J]. 辽宁化工, 2017, 46(8): 834-837.

[25] 盖立婷, 姚金丹, 徐山山, 牟胤赫, 张琦, 吴梓齐, 王珂. 生物可降解聚乳酸及其复合物在医学中的研究进展[J]. 心理医生, 2015, 21(2): 1-3.

[26] 李旺, 张猛, 张亚南, 王洁, 倪才华. 直接缩聚法海藻酸钠/乳酸低聚物接枝共聚物的合成及释药性能研究[J]. 高分子通报, 2014, 9: 92-96.

[27] 马福文, 靳勇, 张文芳, 周邵兵, 倪才华. 星型聚乳酸对海藻酸钠的疏水改性及释药性能研究[J].

药学学报, 2010, 45: 1447-1451.

[28] 吕培, 马丕明, 东为富, 王如寅. 聚乳酸改性及其在包装材料中的应用[J]. 塑料包装, 2017, 27-33.

[29] 晋慧斌. 聚乳酸改性及在包装领域的应用[J]. 工程塑料应用, 2017, 45(12): 135-138.

[30] 杨云. 聚乳酸包装材料的改性研究进展[J]. 食品安全导刊, 2015, 12: 57-58.

[31] 李志杰, 李倩倩. 聚乳酸包装材料合成研究[J]. 中国印刷与包装研究, 2010, 2(2): 52-56.

第7章　黄原胶

7.1　黄原胶的结构

黄原胶又名黄胞胶、汉生胶、黄单胞多糖等,是一种由野油菜黄单胞菌(*Xanthomonas campetris*)分泌的胞外多糖。黄原胶是一种杂多糖,主要结构为重复戊多糖单元:两个葡萄糖单元、两个甘露糖单元和一个葡萄糖醛酸单元,摩尔比为 2.8∶2.0∶2.0。黄原胶主链化学结构与纤维素相同,侧链末端甘露糖连接有丙酮酸。黄原胶分子的一级结构是葡萄糖基以β-1,4-糖苷键连接形成的主链,与甘露糖和葡萄糖醛酸交替连接的三糖侧链;二级结构是侧链通过氢键反向缠绕主链形成的双螺旋或多螺旋结构;三级结构是二级结构通过非共价键形成的网状结构。在加热条件下,黄原胶在溶液中会发生构象转变,即从低温下的有序刚性构象转变成高温下的无序柔性构象。由于支链中含有酸性基团,因此黄原胶在水溶液中呈现多聚阴离子特性,化学结构如图 7-1 所示。

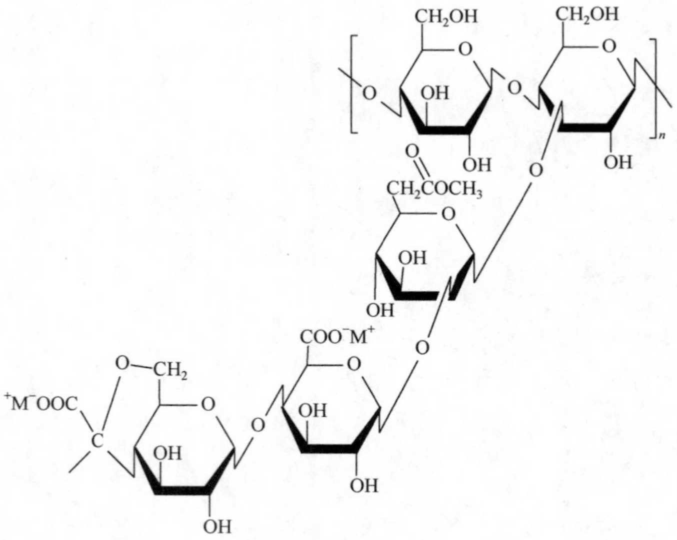

图 7-1　黄原胶的化学结构图[1]

黄原胶(XG)分子中含有—COO⁻、—OH 等强极性基团,并且分子中带电荷的侧链反向缠绕在主链上。在有序状态时,主链与侧链靠氢键作用形成双螺旋结构,这些螺旋结构还以静电力和空间位阻效应等来保持其稳定。当双螺旋结构靠共价键结合时,还可以形成非常规整的螺旋共聚体网状结构(图 7-2),这些网状结构使分子具有很强的刚性,从而使黄原胶在水溶液中的分子链非常舒展,且能够很好地控制水溶液的流动性,因此黄原胶水溶液具有良好的增黏性能。

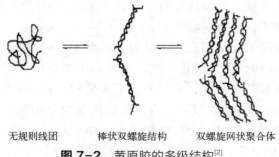

无规则线团　　　棒状双螺旋结构　　　双螺旋网状聚合体

图 7-2　黄原胶的多级结构[2]

　　黄原胶是人类研究最为彻底的一种自然多糖，它具有优良的稳定性、剪切流变性、增稠性、助悬性和乳化性，是目前商业化应用程度最高的一种多糖，被广泛应用于石油、化工、医药、食品、日用等多个领域。黄原胶无毒、无刺激性，不会造成皮肤和眼睛的刺激，在药物领域中的安全性已经被广泛证实。黄原胶经美国食品药品监督局（FDA）批准为不限定剂量的食品添加剂。

7.2　黄原胶的制备

　　黄原胶最早是 20 世纪 50 年代美国农业部北方研究室从甘蓝黑腐病黄单胞菌中发现的中性水溶性多糖，是以糖类为主要原料，经有氧发酵生产的一种细菌胞外多糖。

　　黄原胶的生产国家主要有美国、法国、德国、俄罗斯、日本和中国等。我国对于黄原胶的研究较晚，1979 年南开大学首先选育得到黄原胶的菌种，并进行了发酵提取研究。随后，北京微生物研究所、山东大学等单位也对黄原胶的结构及性质等进行了研究，目前我国是黄原胶的主要生产国家之一。

　　黄原胶的制备是以糖类，如玉米淀粉等为主要原料，经生物发酵工程培养，再经过乙醇提取、干燥、粉碎得到的一种高分子微生物聚合物[2]。

　　黄原胶的生产工艺流程如图 7-3 所示。

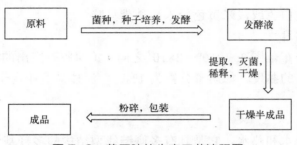

图 7-3　黄原胶的生产工艺流程图

（1）影响因素

影响黄原胶产量和质量的主要因素有：碳源、氮源、pH 值、温度和氧气传质速率，因为这些因素影响野油菜黄单胞杆菌生长。

①碳源的影响。碳源主要是葡萄糖、蔗糖、淀粉等。一般认为蔗糖优于葡萄糖，但是浓度不能超过 4%。淀粉价廉且转化率高，更适用于工业化生产。

②氮源的影响。氮源有蛋白胨、酵母粉、玉米浆和一些无机氮化合物，其中有机氮源要优于无机氮源。Souw 等研究发现，当谷氨酸浓度为 0.015mol/L 时，最适合野油菜黄单胞杆菌生长；其浓度太高时，会抑制野油菜黄单胞杆菌生长。

③温度的影响。一般认为，黄原胶生产的适宜温度为 28～30℃。众多研究发现，28℃是生产黄原胶的最优温度。Cadmus 等研究发现，高温条件下黄原胶的产率会增加，但是黄原胶分子侧链上的丙酮酸基团减少。

④pH 值的影响。众多研究结果表明，中性条件下最适合生产黄原胶的菌类生长。Esgalhado 等指出，适宜菌类培养的 pH 值为 6～7.5，而适宜黄原胶生产的 pH 值为 7～8。

⑤氧气传质速率的影响。黄原胶生产使用的生物反应器种类很多，但是一般喷射搅拌反应器最为常用。在搅拌反应器中，氧气传质速率受到空气流量和搅拌速度的影响。一般认为空气流量为 1L/min 较为合理，搅拌速度控制在 200～300r/min 的范围内，逐渐增加搅拌速度较为合理。

（2）黄原胶的分离纯化工艺

黄原胶的分离纯化一般包括发酵液预处理、粗提取、除蛋白质及小分子等杂质、除热源、醇沉淀等几个步骤。市售黄原胶主要有工业级、食品级及药用级等，不同级别的黄原胶质量标准不同，分离纯化的方法也不同。

7.3 黄原胶的物理性质

黄原胶有以下物理性质[3]：

（1）状态与气味

黄原胶是一种类白色或浅米黄色粉末，稍带臭味。

（2）分子量与黏度

黄原胶分子量分布范围在 2×10^6～2×10^7 之间。黄原胶有突出的高黏性，而且在很低的浓度下仍具有较高的黏度，如质量分数为 1%时，流体黏度相当于明胶的 100 倍左右，增稠效果显著。

（3）溶解性

黄原胶易溶于冷水和热水，它是具有多侧链线型结构的多羟基化合物，其羟基能与水分子相结合，形成较稳定的网状结构。黄原胶在大部分有机溶剂中难以溶解，但可以在 25℃条件下溶解在甲酰胺中，或在 65℃条件下溶解在乙二醇中。

（4）增稠性

黄原胶的增稠性很好，具有低浓度高黏度的特性。质量分数为 0.1% 的黄原胶黏度为 100mPa·s 左右。黄原胶溶液的黏度是相同质量分数明胶的大概 100 倍。黄原胶可与大多数合成的或天然的增稠剂配伍，如槐豆胶、瓜尔胶、卡拉胶及魔芋胶等都能与黄原胶互溶，混合胶黏度显著提高。

（5）流变性

黄原胶具有假塑流变性，其溶液黏度随剪切速率的增加而明显降低，随剪切速率的减弱而黏度又即刻恢复，且这种变化是可逆的。其原因是当受到剪切作用时，连接主、侧链的氢键被破坏，分子成为不规则的线团状，黏度下降；在剪切作用消失时，分子又恢复了原来的结构。这种流变性能使黄原胶具有独特的乳化稳定性能，从而使黄原胶成为一种高效的乳化稳定剂。当黄原胶与纳米微晶纤维素复配时，能在水中形成高强度的全天然生物胶，其触变性变得更强。

（6）温度稳定性

黄原胶在一个相当大的温度范围内（−18～80℃）基本保持原有的性能，具有稳定可靠的增稠效果和冻融稳定效果。即使低浓度的黄原胶水溶液在很广的温度范围内仍然显示出稳定的高黏度。黄原胶溶液在一定的温度范围（−4～93℃）内反复加热冷冻，其黏度几乎不受影响。

（7）耐酸碱盐性

黄原胶水溶液的黏度几乎不受酸碱性的影响，pH 在 3～12 范围很稳定。有学者研究发现，黄原胶分子中的乙酰基在 $pH \geqslant 9$ 时脱去；在酸度较高时又会失去丙酮酸基。但无论是脱去乙酰基还是脱去丙酮酸基，对其黏度均没有什么影响。还有文献报道，当溶液的 pH 值小于 2.5 时，溶液的黏度会发生大幅下降，该报道认为溶液酸度的增加会使黄原胶分子链上带负电荷的基团与 H^+ 结合，分子侧链间的排斥作用被削弱，进而导致溶液的黏度下降。

在多种盐存在时，黄原胶具有良好的相容性和稳定性。它可在质量分数为 10%KCl、10%CaCl$_2$、5%Na$_2$CO$_3$ 溶液中长期存放（25℃、90 天），黏度几乎保持不变。

（8）酶稳定性

黄原胶都能够抵抗多种工业酶类（如淀粉酶、果胶酶、纤维素酶和蛋白酶）的分解，这是因为侧链绕主链反向缠绕，保护主链的 1,4-糖苷键不受损害，因此黄原胶可以用于食品的制作上，如菠萝类食品、淀粉类食品、混合香料以及其他含活性酶的产品。

（9）乳化性

黄原胶具有显著的增稠性和凝胶性，因而常常被用于食品或其他产品，以提高 O/W 乳状液的稳定性。黄原胶可降低油相和水相的不相容性，能使油脂乳化在水中，因而它可在许多食品饮料中用作乳化剂和悬浮稳定剂。只有当质量分数超过 0.25% 时，黄原胶才能起到提高体系稳定性的作用。

（10）安全性

黄原胶是采用天然物质为原料，经发酵精制而成的生物高聚物，1983 年联合国粮农组织（FAO）和世界卫生组织（WHO）所属食品添加剂专家委员会正式批准其为安全食品添加剂，而且对添加量不作任何限制。此外，黄原胶还有良好的润滑性等特点，这些优良的性能大大扩展了黄原胶的应用范围。短期喂养试验毒性研究表明，黄原胶对大鼠和狗无毒、无抑制生长作用；长期喂养试验毒性研究表明，黄原胶对大鼠和狗的生长速率、存活率和血液系统无明显影响。

（11）协同作用

黄原胶与多种天然高聚物，例如塔拉胶、刺槐豆胶、肉桂胶和瓜尔豆胶、魔芋葡甘露聚糖等具有协同作用，这种协同作用使黄原胶的黏度增加，甚至可能形成凝胶。比如，在相同实验条件下，肉桂胶和黄原胶两种物质任意比例混合，混合物溶液的黏度要比相同浓度下两种单独的多糖溶液更高，原因是黄原胶的侧链和肉桂胶的主链发生了作用，两种聚合物之间产生了协同效应，在水溶液中的混合物为非牛顿流体，具有假塑性。

7.4　黄原胶的改性

7.4.1　黄原胶的疏水改性

黄原胶可以与邻苯二甲酸酐进行开环反应，在黄原胶侧链引入疏水性苯基，疏水改性后的聚合物在水溶液中自组装形成胶束（图7-4），纳米胶束的粒径分布在$100 \sim 300nm$。苯环之间的疏水相互作用形成纳米胶束内核，大量羧基和羟基形成纳米胶束外层，使黄原胶载药纳米胶束在药物控释方面的应用具有良好的前景[4]。

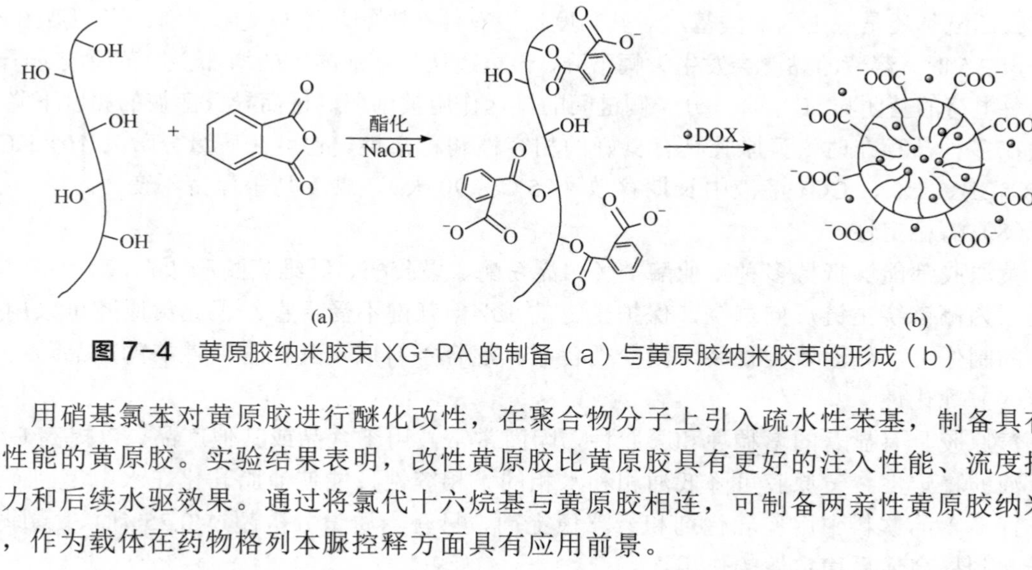

图7-4　黄原胶纳米胶束XG-PA的制备（a）与黄原胶纳米胶束的形成（b）

用硝基氯苯对黄原胶进行醚化改性，在聚合物分子上引入疏水性苯基，制备具有疏水性能的黄原胶。实验结果表明，改性黄原胶比黄原胶具有更好的注入性能、流度控制能力和后续水驱效果。通过将氯代十六烷基与黄原胶相连，可制备两亲性黄原胶纳米胶束，作为载体在药物格列本脲控释方面具有应用前景。

7.4.2　黄原胶的接枝聚合

（1）黄原胶与2-丙烯酰氨基-2-甲基丙磺酸（AMPS）接枝聚合

以硝酸铈铵为引发剂，在氮气保护下，可制备黄原胶-2-丙烯酰氨基-2-甲基丙磺酸接枝共聚物。接枝 AMPS（2-丙烯酰氨基-2-甲基丙磺酸）后黄原胶的结晶性能和微观形貌发生了变化。

（2）黄原胶与丙烯腈的接枝聚合[5]

从提高吸水性树脂的耐盐性出发，以硝酸铈铵为引发剂，以 N,N-亚甲基双丙烯酰胺为交联剂，采用水溶液聚合法，制备了黄原胶接枝丙烯腈耐盐型高吸水性树脂。结果表明：黄原胶与丙烯腈发生了接枝聚合反应，所得树脂对蒸馏水的吸收倍率可达 1156g/g，对 0.9%（质量分数）的 NaCl 溶液的吸收倍率可达 518g/g，是一种耐盐型高吸水性树脂，预计在农业、生理卫生等领域具有较高的应用价值。

（3）黄原胶与 N-乙烯基吡咯烷酮的接枝聚合

采用辐射法可制备黄原胶-N-乙烯基吡咯烷酮（NVP）接枝共聚物[6]。研究表明，接枝率随吸收辐射剂量的增加而增加，并逐步达到平衡。接枝反应发生在 NVP 乙烯基部位，接枝共聚物保留了 NVP 的内酰胺结构；接枝共聚物的热稳定性得到了增强。在低接枝率下，溶液的流变分析表明，其抗高温、抗剪切的能力得到了提高。

（4）黄原胶与丙烯酰胺的接枝聚合

通过氧化接枝聚合的方法，将丙烯酰胺接枝到黄原胶分子链上，得到接枝改性黄原胶聚合物 XG-g-PAM，并用于负载抗高血压药物的控释研究[7]。以过硫酸铵为引发剂，在 N_2 保护下，研究黄原胶与丙烯酰胺的接枝共聚反应，由于引入丙烯酰胺改变了黄原胶的结晶性能，热稳定性也有所提高。以丙烯酰胺、黄原胶（XG）为主要原料，硝酸铈铵为引发剂，合成丙烯酰胺黄原胶接枝共聚物（XGA），通过研究无机盐（NaCl、CaCl₂、MgCl₂）浓度、温度、老化时间和剪切速率等因素对 XGA 溶液黏性行为的影响，结果表明，XGA 具有与 XG 相同的优良耐盐性能，XGA 溶液的黏度在高温（85℃）下具有更好的时间稳定性。XG 和 XGA 溶液的流变曲线均表现为宾汉流体的流变行为，当剪切速率由最大值逐渐减小时，溶液黏度逐渐恢复，但与初始黏度相比存在滞后现象[8]。

（5）黄原胶与丙烯酸的接枝聚合

黄原胶接枝聚丙烯酸最近几年已经被广泛研究。以黄原胶和丙烯酸为原料，N,N-亚甲基双丙烯酰胺为交联剂，过硫酸钾为引发剂，在水溶液中合成黄原胶接枝聚丙烯酸水凝胶。

采用黄原胶为原料与丙烯酸接枝共聚，可制备高吸水性树脂，所得树脂的吸水倍率可达 1026g/g，吸盐水倍率达到 716g/g，且吸水速率适中，保水性能较好，是一种新型的环保型高吸水性树脂[9]。

黄原胶接枝聚合的原理：

关于六元糖环在硝酸铈铵作用下与烯类单体的接枝聚合，有人做过研究，通过模型化合物顺-1,2-环己二醇和反-1,2-环己二醇与 Ce^{4+} 体系引发丙烯腈（AN）的聚合研究，指出由环己二醇反应产生的羟亚甲基自由基很容易与 Ce^{4+} 反应而形成醛基，它进一步氧化成羧基自由基而引发单体聚合，所以引发接枝聚合发生在羧基自由基上。使用硝酸铈铵作为引发剂，进行纤维素接枝聚合丙烯酸甲酯的反应，说明接枝聚合机理也是通过开环反应形成自由基，引发烯类单体的自由基聚合。黄原胶分子中含有类似六元糖环结构单元，因此在硝酸铈铵的作用下，烯类单体有可能发生自由基聚合，形成支链。黄原胶在硝酸铈铵作用下与烯类单体接枝聚合的原理见图 7-5。

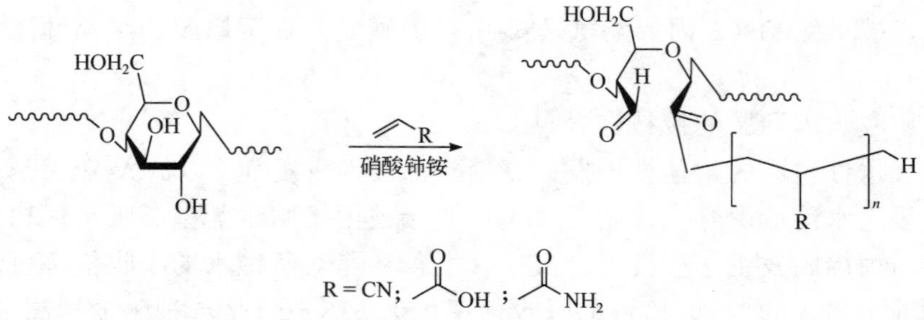

图 7-5 黄原胶在硝酸铈铵作用下与烯类单体接枝聚合的原理

7.4.3 酯化反应

将 1-十八烯和马来酸酐的交替共聚物与黄原胶发生酯化反应,可制得疏水改性黄原胶。改性物除了含有极性的马来酸酐基团,主链上还连有含十六个碳原子的长烷基链,在水溶液中会产生疏水缔合作用,可提高溶液黏度。与黄原胶相比,改性的黄原胶具有更优越的耐温、抗盐、抗剪切以及抗老化降解性能[10]。

7.4.4 黄原胶的交联

(1) 直接交联法

黄原胶的化学交联可分为直接交联法和自由基交联聚合法。黄原胶分子结构中含有大量的伯、仲醇羟基,因此可通过直接交联法,用双官能团小分子交联剂将其交联。常用的交联剂有戊二醛、环氧氯丙烷、三偏磷酸钠、1,6-六亚甲基二胺和己二醇肼等。将黄原胶与三偏磷酸钠进行交联,可制备得到网状多孔结构的凝胶。将黄原胶羧甲基化,而后用 Ca^{2+} 进行交联,可制备得到 Ca-CMXG 凝胶[11]。

将带有二硫键的胱胺盐酸盐(Cys)与丙烯酸甲酯(MA)通过迈克尔加成反应得到胱胺四甲酯(CTE),再将其与无水肼进行肼解反应得到胱胺四酰肼(CTA),胱胺四酰肼(CTA)与黄原胶(XG)在水溶液中交联得到聚合物 XG-CTA,使黄原胶交联生成纳米微凝胶,同时 CTA 中多余的氨基与黄原胶中大量的羧基形成两性离子,使黄原胶纳米微凝胶稳定性更强。该纳米微凝胶可用作抗癌药物载体,由于部分氨基与羧基形成酰胺键,故纳米微凝胶表面存在游离的酰肼基团,可与阿霉素分子上的羰基反应,形成具有 pH 敏感性的酰腙键。在 pH=5.0 时,载药纳米微凝胶中酰腙键断裂释放药物。在 10mmol/L GSH(谷胱甘肽)溶液中,纳米微凝胶内部双硫键被还原,纳米微凝胶结构被破坏,释放药物(图 7-6)。

从胱胺四酰肼交联黄原胶产物的 ^1H NMR 图看出,在 8.47 处的单峰以及 4.20 处的宽峰归属于酰肼基团上—NH 以及—NH_2,在 2.65 处的质子峰归属于—$(CH_2)_2SS$—的亚甲基,在 3.5 处的质子峰归属于—$N(CH_2)_2$ 的亚甲基,在 4.20 处的质子峰归属于—NH_2,在 7.4 处的质子峰归属于 O=C—NH—。改性后的 ^1H NMR 图谱中各氢质子的化学位移、积分面积和各峰的裂分数与该配比反应聚合物理论值相同,说明与未改性的黄原胶相比,产生了酰胺键和自由氨基,证明黄原胶与酰肼基团成功发生了酰胺化反应。

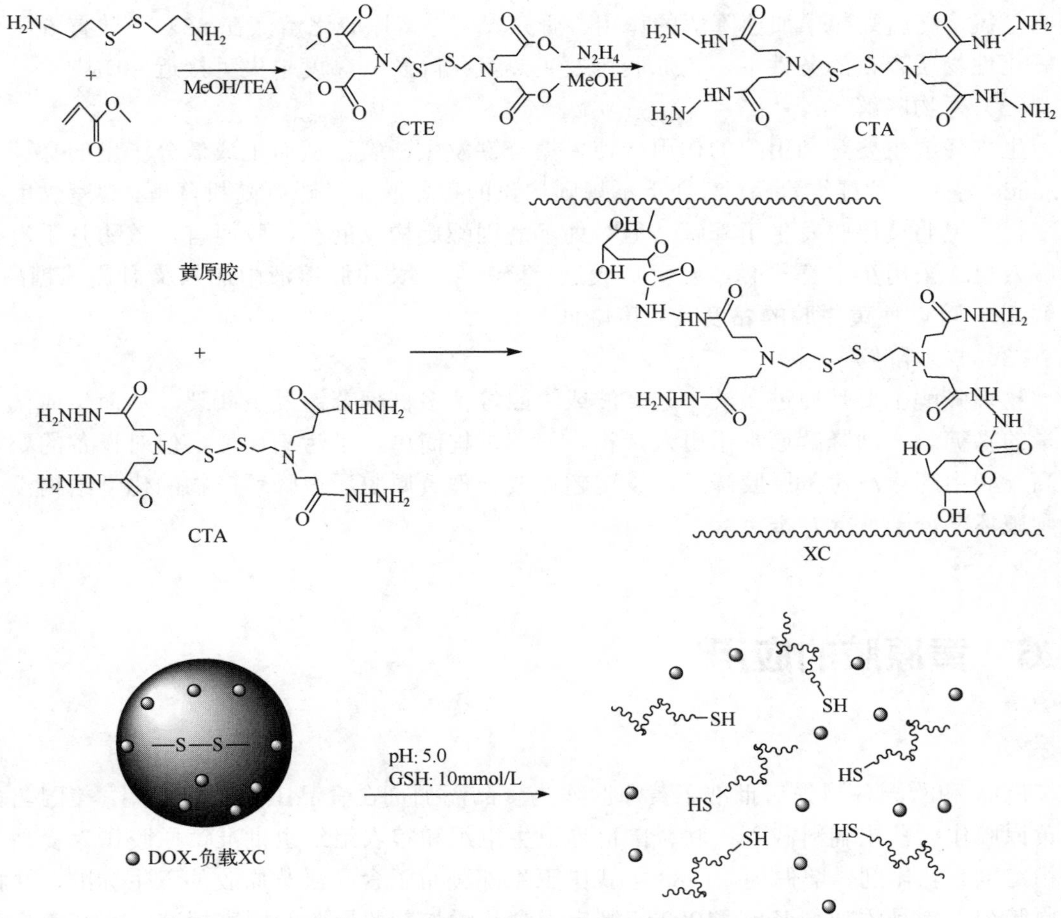

图 7-6 黄原胶纳米微凝胶的制备及药物负载和缓释的示意图

交联后的纳米微凝胶粒径从 500nm 减小到了 100nm。这是因为随着交联剂胱胺四酰肼的增多，一方面使粒子的交联度增加；另一方面 CTA 整体上呈疏水性，其链段间的相互作用随其含量增加而加强，两种作用均导致纳米微凝胶尺寸减小。

（2）自由基交联聚合法

自由基交联聚合法是将含双键的单体接到黄原胶上，再通过自由基聚合使其交联。例如，Palapparambil 等将 2-羟乙基异丁烯酸（HEMA）与丙烯酸接枝到黄原胶上，并以 *N*,*N*-亚甲基双丙烯酰胺为交联剂，利用自由基聚合法制备得到生物降解多孔水凝胶。

7.5　黄原胶的降解

黄原胶在一定的条件下可以发生降解[12]。

（1）化学试剂降解

通过黄原胶在有氧和缺氧状态的降解曲线研究，认为热氧化导致黄原胶降解的主要原因是氧，高温则起了加速降解的作用。研究表明，黄原胶水溶液在 85℃下放置 60 天，在氧化性物质存在的条件下，黄原胶可发生热氧化降解，黏度损失可接近 90%[13]。

（2）生物降解

生物降解主要是利用酶的作用，使多糖苷键发生断裂，从而生成低分子量的寡糖。Rinando 等用一种纤维素酶，对处于不规则构象的黄原胶主链进行随机降解，观察黏度有了变化，说明黄原胶发生了降解。但对处于规则螺旋构象的黄原胶而言，该酶几乎没有降解效果。采用 β-甘露聚糖酶对黄原胶进行降解，在黄原胶溶液中加入 β-甘露聚糖酶，酶解 2h，可以使黄原胶的黏度大幅度降低。

（3）物理降解

物理降解主要是通过微波、超声波或辐照等使多糖糖苷键发生断裂，从而生成低分子量的寡糖。物理降解通常不引入杂物，处理过程简单，不污染环境，但对设备的要求较高。利用超声波对黄原胶降解，发现超声波处理黄原胶所得降解产物的化学结构没有受到破坏，分子量分布窄。

7.6　黄原胶的应用

FDA 和欧洲各国先后批准了黄原胶作为食品添加剂在食品工业中的应用；美国药典将黄原胶作为药用辅料载入；联合国世界卫生组织和粮农组织也批准黄原胶作为食品工业稳定剂、乳化剂、增稠剂。1988 年我国卫生部颁布了食品级黄原胶的卫生标准，并将黄原胶列入食品添加剂名单；1992 年制定了食品添加剂黄原胶的国家标准；2010 年将黄原胶作为药用辅料载入中国药典。

目前黄原胶被广泛应用于石油、地矿、食品、日化、医药、纺织等 20 多个行业[14-22]。黄原胶主要有下列应用：

7.6.1　石油工业

黄原胶优良的假塑性和增稠性使其在石油开采中获得广泛的应用。我国油田用化学品主要是聚丙烯酰胺、CMC、改性淀粉等，造成打井成本高、出油率低。黄原胶在增黏、增稠、抗盐、抗污染能力等方面远比其他聚合物强，尤其在海洋、海滩、高卤层和永冻土层钻井中用于泥浆处理、完井液和三次采油等方面效果显著，在加快钻井速度、防止油井坍塌、保护油气田、防止井喷和大幅度提高采油率等方面都有明显的作用[23,24]。

黄原胶的假塑性使处于钻头附近的黄原胶在高速旋转仪器的强剪切作用下，表现出极低的黏度，具有低磨阻特性，有利于降低能耗。由于黄原胶的抗盐性、耐高温性等，在海洋、海滩、高卤层以及永冻土层等区域的钻井作业中，采用黄原胶作为泥浆增稠剂时，可节省长途输送淡水的费用。

7.6.2　医药工业

黄原胶的高黏度特性，使其制作外用剂型时更易于涂布，且水分挥发后药物不易从皮肤上脱落；在固体制剂中，黄原胶可作为黏合剂，制片黏合力强，且片剂柔软、膨胀性良好，具有润湿和毛细作用。黄原胶还是良好的崩解剂，同时适用于水溶性药物和水难溶性药物。黄原胶是微胶囊药物囊材中的功能组分，在控制药物释放方面起重要作用。黄原胶寡糖具有清除自由基能力，并能激活植物防卫系统以抵御病原菌的侵染，对甘蓝黑腐病黄单胞菌也具有抑菌活性。随着现代生化技术的发展，黄原胶在医药领域越来越显示出其重要性[25,26]。

7.6.3　食品行业

黄原胶有优良的乳化稳定性、温度稳定性、与食品中其他组分的相容性以及流变性，被广泛应用于各种食品中。

黄原胶是食品、饮料行业中理想的增稠剂、乳化剂、稳定剂、保水剂和成型剂。如在饮料中添加黄原胶，可使果肉悬浮，防止沉淀和分层；在肉制品中添加黄原胶可增加持水性，抑制淀粉的回生，保持良好的感官品质并延长货架期；在冷冻食品和冰淇淋生产中添加黄原胶，可控制冰晶的生长速度，延长保存期，抗融化，提高膨胀率；在乳品生产中添加黄原胶，能提高牛奶、冰淇淋、饮料的稳定性，提高奶油保形力。黄原胶与槐豆胶的混合物还可用于糖果、果酱和果冻的制作。黄原胶还可用于低脂肪食品和保健食品，黄原胶在人体内基本不被消化，热量低，是一种良好的膳食纤维。

7.6.4　污水处理

有人研究了黄原胶对常见重金属离子 Pb^{2+} 的吸附性能，考察了吸附时间、溶液 pH 值、温度、黄原胶浓度对吸附性能的影响。研究结果表明：吸附时间取 30 min 为宜；溶液的 pH 值在 6.8～8.5 之间时，黄原胶对 Pb^{2+} 的去除率较高；适宜的吸附 Pb^{2+} 温度为 35℃；适宜的黄原胶用量为 0.8 g/L。在此条件下，黄原胶对 Pb^{2+} 的去除率达到 80%以上[28]。

7.6.5　日用化工行业

黄原胶在日用化工行业中最重要用途是用于牙膏。黄原胶是牙膏的优良黏合剂，易于水化，其优良的剪切稀化流动行为，使牙膏易于从管中挤出和泵送分装。

黄原胶常用于液体洗涤剂、洗发水、沐浴露、餐具洗涤剂、蔬菜水果洗涤剂及抗静电剂等产品。黄原胶对护肤霜和乳液具有稳定作用。黄原胶的高黏度有利于护理产品均匀分散，擦用时的剪切变稀特性则提供了良好的润滑和爽肤作用。

在洗发水中加入少许黄原胶就可以改善其流动性质，产生稳定、丰富、细腻的奶油状泡沫，而且在宽广的 pH 值范围内与表面活性剂及其他添加剂有协同作用。黄原胶作为固定剂用于化妆品中，可使其流变性改善，突出硬度和光泽，比其他固定剂具有更多的优点。

黄原胶用于护肤类化妆品中，具有抗氧化剂和抗坏血酸的作用，能促进胶原蛋白合成，预防老化，减少细纹，淡化黑色素。黄原胶还可以作为遮光剂用于防晒类护肤品中，使皮肤免受紫外线的伤害。

利用黄原胶对酸碱的稳定性及增稠性，还可以制造工业用的酸性和碱性清洗液。例如，清洁浴缸和其他刚性表面用的酸性微乳液复配物中也含有黄原胶。黄原胶和刺槐豆胶的混合物还可以作为除臭剂使用。

7.6.6　纺织工业

黄原胶可作为染料、颜料的悬浮剂和印染控制剂应用于印染工业，控制印染泥浆的流变性质，防止染料的迁移，使图纹清晰，黄原胶与浆中的多数成分可以互溶。黄原胶广泛地应用于地毯及丝绸等的印染中。

7.6.7　陶瓷和搪瓷工业

黄原胶与瓷釉成分互溶，可防止粉碎性瓷釉成分的成团，并缩短研磨时间。黄原胶的流变性能使瓷釉中的不可溶成分较长期地悬浮。同时黄原胶也可控制干燥时间，降低炉温，并相应减少斑点等缺陷，改进陶瓷加工工艺，提高产品质量。

7.6.8　其他应用

黄原胶在其他很多方面都有广泛的应用。例如，黄原胶在农业上，可用作农药乳浊液的稳定剂和悬浮剂，喷雾时能控制微液滴的大小和防止漂移，使药物很好地黏附于植物叶面，延长药物成分与庄稼的接触时间，并耐雨水冲刷；用于浆状炸药可提高其稠度；与瓜尔胶一起使用可改善其热稳定性。研究表明，黄原胶寡糖不仅能有效地促进体内双歧杆菌等有益菌成倍地增殖，调节肠道功能，改善人类常见的功能性便秘、腹泻等症状，且具有清除羟基自由基、抑制肿瘤转移、降血糖、降血脂、抗病毒及免疫调节等活性。黄原胶在陶瓷、搪瓷、化妆品、牙膏、香料、玻璃、农药、印染、胶黏剂和消防等行业中都有广阔的用途。据统计，美国每年生产的黄原胶30%用于食品工业，70%用于其他工业。

黄原胶是一种性能优良的天然高分子材料，无毒、可降解，具有良好的理化特性，不仅在食品工业中有着广泛的应用，而且在石油钻探、三次采油、纺织、印染、陶瓷加工、涂料、炸药、湿法冶金、医药、农药和化妆品等行业中都有着广泛的应用，因而受到广泛关注。我国黄原胶的生产始于20世纪80年代，发展十分迅速，在医药领域的研究取得了一定成果。但与国外产品相比，仍然存在着生产规模小、市场开发力度不足、生产工艺不成熟、产品纯度和分级水平较差、产品竞争力有待提升等问题，有些特殊品种黄原胶还只能依赖进口。黄原胶的精制过程存在困难，难以得到高纯度的产品，使其在医药领域的应用受到限制，只能作为药用辅料。

因此，黄原胶的研究尚需进一步深入，未来对于黄原胶的研究大致集中解决如下问题：

①对于影响黄原胶功能特性的分子构象、构象变化等基础理论问题开展深入研究，为黄原胶的生产和应用提供必要的理论依据和指导。

②黄原胶分子量大，黏度高，发酵菌体小，生产技术不过关，要避免发酵残渣进入产品中并去除菌体细胞，提高食品级黄原胶的产品质量，改善黄原胶的性质，提高生产效率。

③加强在生物化学和产品后处理方面的研究，对发酵动力学、工艺和产品性能方面开展深入研究。

④食品级黄原胶的成本较高，工业级黄原胶产品的附加值比较低，与其他化学助剂相比，价格偏高，造成工业级产品几乎无企业生产，从而限制了其在非食品工业的发展。要通过技术创新，提高黄原胶的质量，降低成本。

⑤进一步提升黄原胶的医用价值，研究黄原胶在体内应用的安全性，评价其长期毒性，开展对不同分子量黄原胶生物活性的研究，探索黄原胶在体内应用的免疫调节及抗肿瘤活性，进一步拓展黄原胶的应用范围。

⑥在用于石油开采方面，要提高黄原胶的增稠效果，增强化学稳定性、剪切稳定性、抗盐性、抗吸附性、传输性以及耐高温性能，同时提高性价比。

参考文献

[1] Rosalam S, England R. Review of xanthan gum production from unmodified starches by Xanthomonas comprestrissp[J]. Enzyme & Microbial Technology, 2006, 39: 197-207.

[2] 王世高. 黄原胶的化学改性及其性能和结构的研究[D]. 成都: 成都理工大学硕士学位论文, 2011.

[3] 韩冠英, 凌沛学, 王凤山. 黄原胶的特性及其在医药领域的应用[J]. 生物医学工程研究, 2010, 29(4): 277- 281.

[4] 徐杰. 黄原胶的化学改性及其药物控释研究[D]. 无锡: 江南大学硕士学位论文, 2018.

[5] 金鑫, 蔡京荣, 韩敏, 刘洋. 黄原胶接枝丙烯腈制备耐盐型高吸水性树脂的研究[J]. 化学与粘合. 2007(5): 375-377.

[6] 李咏富, 李彦杰, 哈益明, 王锋. 黄原胶辐射接枝 N-乙烯基吡咯烷酮及其物性分析研究[J]. 辐射研究与辐射工艺学报, 2011, 29(1): 6-11.

[7] Mundargi R C, Patil S A, Aminabhavi T M. Evaluation of acrylamide- grafted-xanthan gum copolymer matrix tablets for oral controlled delivery of antihypertensive drugs[J]. Carbohydrate Polymers, 2007, 69: 130-141.

[8] 石凌勇. 丙烯酰胺黄原胶接枝共聚物水溶液粘性行为研究[J]. 山东化工. 2009, 38(04), 4-6.

[9] 李仲谨, 蔡京荣, 王磊, 肖昊江. 黄原胶接枝丙烯酸高吸水性树脂的制备及性能研究[J]. 陕西科技大学学报, 2017, 25: 1-4.

[10] 王小金. 黄原胶的化学改性与性能研究[D]. 山东大学硕士学位论文, 2015.

[11] 徐杰, 桑欣欣, 石刚, 张丽萍, 倪才华. 黄原胶纳米微凝胶的制备及其 pH/还原响应性能[J]. 功能高分子学报, 2018, 31(1): 57-62.

[12] 江丽丽, 张庆, 徐世艾. 黄原胶降解的研究进展[J]. 2008, 35(8): 1292-1296.

第 7 章

[13] 李银素, 骆荣, 黄献西, 王雪山. 黄原胶抗温稳定性的研究[J]. 中国海上油气(工程), 1996, 8(3): 53-57.

[14] 苏璐, 张江辉, 董明, 陈鲁. 黄原胶及其改性产物的应用研究进展[J]. 2020, 24: 76-79.

[15] 崔孟忠, 李竹云, 徐世艾. 生物高分子黄原胶的性能、应用与功能化[J]. 高分子通报, 2003, 3: 3-8.

[16] 任宏洋, 王新惠. 黄原胶的特性、生产及应用进展[J]. 酿酒, 2010, 37(2): 17-19.

[17] 黄成栋, 白雪芳, 杜昱光. 黄原胶 (Xanthan Gum) 的特性、生产及应用[J]. 微生物学通报. 2005, 32(2): 91-98.

[18] 李宜洋, 王西峰. 黄原胶及其衍生物的研究进展[J]. 精细石油化工进展, 2017, 18(4): 33-36.

[19] 宋志刚, 张向阳. 黄原胶在医药领域研究进展[J]. 济宁医学院学报, 2016, 39(4): 229-233.

[20] 孙琳, 魏鹏, 傅强, 张俊蓝, 曾丹. 耐温抗盐型黄原胶体系在油田开发中的应用研究进展[J]. 应用化工, 2014, 43: 2280-2284.

[21] 徐思思, 胡炎华, 黄金鑫. 黄原胶特性及其在食品和复配胶中的应用[J]. 发酵科技通讯, 2017, 46: 45-49.

[22] 周盛华, 黄龙, 张洪斌. 黄原胶结构、性能及其应用的研究[J]. 食品科技, 2008, 33: 156-160.

[23] 庞丽丽, 宁宇清. 三次采油化学驱油技术发展现状[J]. 内蒙古石油化工, 2010, 8: 142-145.

[24] 杜凯. 黄原胶-2-丙烯酰胺基-2-甲基丙磺酸接枝共聚驱油剂的制备方法[C]. 中国化工学会 2010 年石油化工学术年会, 2010, 39: 570-572.

[25] Zhang L P, Xu J, Wu W Q, Ni C H. Preparation of xanthan gum nanogels and their pH/redox responsiveness in controlled release[J]. J Appli Polym Sci, 2019, 136: 47921.

[26] 李一鸣, 宋营营, 潘永萍, 宋慧凯, 杨斌, 包木太. 黄原胶对水中铅离子吸附性能研究[J]. 环境科学与技术. 2011, 34(6), 1-4.

第 8 章 木质素

8.1 木质素的结构

　　木质素是一种复杂的、非结晶性的三维网状高分子聚合物，是植物细胞壁的主要组成成分，如图 8-1 所示。作为植物骨架的三大组分之一，木质素是储量仅次于纤维素和甲壳素的第三大可再生资源，同时，又是地球上含量最丰富的可再生芳香类多聚物[1]。根据植物种类的不同，其质量占植物体的 30%～40%，在生物体内的主要作用为增强细胞壁、运输水分、抵抗不良外界环境的侵袭[2]。长期以来，人们对木质素的结构解析进行了广泛的研究，特别是伴随着光谱、色谱仪器以及计算机模拟技术的发展，目前已经从木质素单体化学键、官能团等方面，明确了木质素的组成方式和结构模型。然而由于木质素与木质纤维素中其他组分千丝万缕的交联方式，以及木质素本身复杂的组成与结构，使得人们对于其结构的认知仍然存在于分子层次，对于凝聚态结构方面的研究不足。

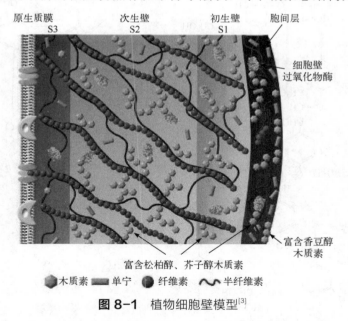

原生质膜　　　　次生壁　　　　初生壁　　胞间层
S3　　　　　　　S2　　　　　　　S1

细胞壁
过氧化物酶

富含香豆醇
木质素

富含松柏醇、芥子醇木质素

⬡ 木质素　▬ 单宁　● 纤维素　〰 半纤维素

图 8-1　植物细胞壁模型[3]

　　木质素是由苯丙烷基单体通过碳碳键或醚键连接而成，其结构单元包括对羟苯基、愈创木基、紫丁香基，如图 8-2 所示。不同的生物质原料甚至同一原料的不同部位所包含的三种结构单元的比例是不同的[4]。例如，软木以愈创木基为主；硬木中愈创木基和紫丁香基各占有一定比例；而草本植物中，不仅含有愈创木基和紫丁香基。还含有对羟苯基。这些组成上的非均一性、不确定性与复杂性，既为建立木质素提取工艺增加了难度，也为其利用带来了巨大的障碍。

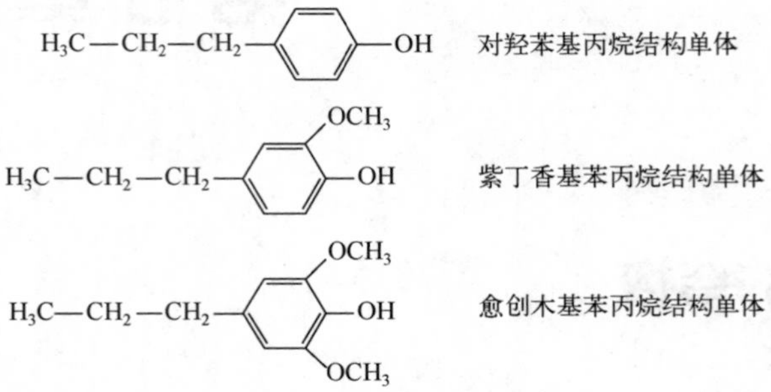

H₃C—CH₂—CH₂ ——⟨苯环⟩—OH   对羟苯基丙烷结构单体

H₃C—CH₂—CH₂ ——⟨苯环⟩ OCH₃ OH   紫丁香基苯丙烷结构单体

H₃C—CH₂—CH₂ ——⟨苯环⟩ OCH₃ OH OCH₃   愈创木基苯丙烷结构单体

图 8-2 木质素单体结构

目前，木质素的三种基本结构单元之间的连接方式大体有以下几种：缩合型和非缩合型连接、*β-O*-4 连接、*β*-5 连接、*β-β*连接、*β*-1 连接、4-*O*-5 连接、联苯结构连接、*β*-2 连接、*β*-6 连接等[5]（如图 8-3 所示）。其中，*β-O*-4 连接是最常见的连接方式。*β-O*-4

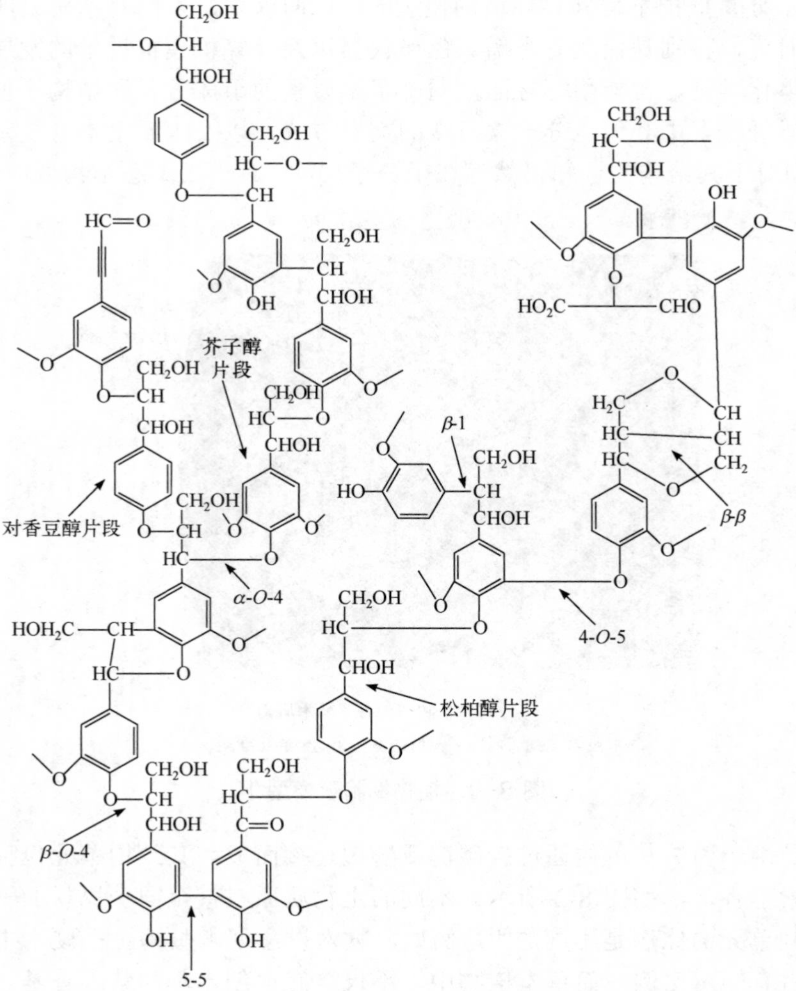

图 8-3 木质素的结构片段及其组成单体之间主要的键接方式

连接单元占苯丙烷单元的 20%～30%，因此，木质素降解过程中主要发生 β-O-4 的断裂。根据愈创木基 C5 单元是否被取代可分为缩合单元和未缩合单元，缩合单元空间位阻较大，而且其中的芳香核的一些反应位点被占据，所以在很多木质素的改性反应中表现出较差的反应活性。

8.2　木质素的物理性质

不同的木质素，其物理性质的差异较大，主要的影响因素有以下几点：植物的种类、部位及内部构造，不同的提取分离方法。

（1）颜色

植物体内天然存在的木质素接近于无色。随分离方法的不同，木质素会呈现出不同的颜色。例如，经过分离得到的铜铵木素、酸木素、过碘酸盐木素颜色较深，在浅褐色至深褐色之间，云杉木质素的颜色相对较浅。

木质素结构中羰基、乙烯基等不饱和双键与苯环形成共轭体系，由于共轭体系的 π 电子活动性大，所需要的激发能很小，易吸收较长的光波，使吸收光谱从紫外区移至可见光区显示颜色，这种共轭体系即为发光基团（发色团），加上一些如—OH、—NR、—OR、—COOH、—X 的助色基团。此外，木质素结构单元中的酚羟基，极易被空气中的氧气氧化，变成酮类有色物质，从而使木质素变色。

（2）相对密度

木质素的相对密度约 1.34～1.51，用不同密度液体测定，测得的木质素相对密度略有不同。木质素的相对密度也会因制备方法的不同而不同。

（3）溶解度

天然木质素存在较多的羟基，无论是分子间还是分子内都有很强的氢键作用，所以天然木质素不溶于任何溶剂。分离木质素溶解度因分离过程中所用的溶剂的不同而不同，其在分离过程中经历缩聚和降解，逐步发生了变化，导致木质素的溶解度发生了改变。碱液分离得到的木质素分子能充分溶解在碱溶液中；Brauns 木质素和有机溶剂提取得到的木质素可溶于二氧六环、吡啶等溶液中；磺酸盐木质素易溶于各种水溶液中，而不易溶于有机溶剂中。

（4）分子量

天然木质素分子量能达到几十万，化学法提取的木质素的分子量一般在几千至几万范围之内。造成这种现象的主要原因是在提取过程中木质素发生了一系列的化学反应，如降解、缩合及变性等，分子量减小。

（5）玻璃化转变温度

木质素是无定形高分子材料，具有玻璃化转变性质。在测定温度低于木质素的玻璃化转变温度时，木质素呈固态形式；在测定温度高于其玻璃化转化温度时，木质素分子间的分子链段发生运动，使体系变黏。木质素的玻璃化转变温度因其种类、分离方法等不同略有不同。

干木质素的玻璃化转变温度为 125～127℃。木质素分子量越高，玻璃化转变温度也越高。

（6）熔点

天然木质素和不同分离方法得到的木质素都是高分子物质中的一种，没有固定的熔点。木质素的结构特点，使其具有很高的玻璃化转变温度。作为热塑性高分子，在其玻璃化转变温度以下时，木质素高分子的链段运动被冻结，成为玻璃状固态，当温度上升到其玻璃化转变温度以上时，木质素高分子链段开始运动而软化，其固态表面积减小，同时产生黏着力。

（7）电化学性质

木质素是一种高分子阴离子电解质，在电场中向阳极移动。利用这一特点，可以用玻璃纤维滤纸的电泳来研究木质素与糖类之间的连接或断开，可用电泳法来分离木质素和糖类。此外，也可用电泳法和电渗析法分离造纸黑液中的木质素及木质素磺酸。

（8）热稳定性

木质素具有芳香环结构，分子内和分子间又有许多氢键，使得大多数分离木质素对热是稳定的。李梦实和武书彬对酸解木质素和工业碱木质素进行了在氮气氛围下以 20℃/min 升温速度的热失重研究，发现磨木木质素和酸解木质素的静态热解特性基本相同。当温度超过 200℃后，木质素开始快速分解；在 288.9℃、359.7℃时热分解速率出现两个极大值；温度为 760℃时，这两种木质素的不挥发组分分别是 23.4% 和 28.3%，在误差范围内。

（9）光谱性质

①红外吸收光谱。由于木质素的分子结构比较复杂，所以木质素的红外测定数据往往不是很精确，需要反复几次才能得到可靠的信息。正是由于木质素的复杂结构，其他测试方法不仅很难测定木质素的结构，即使测定出结果，得到的数据也并不可靠，正因为如此，红外测定往往成为分析木质素官能团的有效方法[6]。

木质素红外光谱的特征峰[7]中，主要有 1610～1600cm^{-1} 和 1520～1500cm^{-1} 的芳香环骨架振动，1670～1665cm^{-1} 的共轭羰基，1470～1460cm^{-1} 的甲基和亚甲基的 C—H 弯曲振动。由于木质素的三种简单单体的特殊结构，在 1600～1400cm^{-1} 之间很少有其他的特征峰，利用这一特点可以证明木质素的特殊结构。在 1510cm^{-1} 和 1600cm^{-1} 的芳香环振动可用来定量测定木质素的含量。

②紫外可见光吸收光谱。如果物质分子结构中存在共轭羰基，则这种物质会对紫外或可见光有强烈的吸收，如木质素；相反地，如果分子结构中没有共轭羰基存在，则其对紫外或可见光没有吸收，如糖类化合物。利用木质素结构存在共轭结构这一特点，可以采用紫外可见光吸收光谱对木质素结构进行定性和定量研究。由于木质素紫外光谱的 ε（吸收系数）值较高，重复性好，故该方法广泛应用在木质素的定量分析中。

木质素紫外光谱的特征吸收峰主要是 280nm 芳香环和 210nm 共轭烯键强的吸收峰，230nm 和 310～350nm 范围内的弱吸收峰。愈创木环的吸收较紫丁香环的吸收峰向长波方向位移，即深色化，吸收系数 ε 也大。

木质素的以上两种波长的吸收带，都可以用于微量木质素的定量测定，具有简单、快捷、直接等优点。对于不溶性木质素，可用固体试样压片法测定（试样先磨碎，与 KBr 充分混合、研细，压制成厚度为 0.01～0.1 mm 的半透明薄片）；对于可溶性木质素，可选择适当的溶剂配制成适当浓度的溶液在比色皿中测定[8]。

8.3　木质素的制备

在木质纤维素中，木质素与纤维素和半纤维素紧密相连，其中既包括物理的共混，又包括化学的共价连接（通常被称为木质素-糖类复合物）。其中，物理的共混主要是指木质素和糖类通过缠绕包裹简单堆砌在一起，可以通过简单的、温和的物理、化学、生物的方法实现各组分的有效分离。而化学的共价连接则极大地增加了木质素的提取难度，需要相对剧烈的条件。木质素提取通常主要针对生物质中各组分的化学的共价连接，因其存在使得提取的木质素或多或少带有糖类，同时木质素不易被完全提取。不同的提取方式对木质素特别是木质素-糖类复合物造成的影响不同，也导致了木质素产品的差异。目前，已经开发了从木质纤维素生物质中分离木质素的工业和实验室规模的多种方法。所有的分离方法都具有相同的目标，就是将木质素的结构化学降解，直到所得碎片变得可溶于制浆介质。每个过程的关键因素包括：整个系统的 pH 值，溶剂或溶质参与木质素碎裂的能力，溶剂或溶质阻止木质素再缩合的能力，以及溶剂溶解木质素片段的能力[9]。

8.3.1　提取酸木质素

酸木质素的提取，先采用浓酸处理，水解掉原料中的糖组分，然后加入稀酸水解掉未水解的部分，保留下来的残渣即为酸木质素[8]。酸木质素的典型生产方法为：向造纸黑液中加入一定浓度的无机酸，使木质素絮凝或生成凝胶，沉降分离，再用水将残余酸液洗净，干燥后得到木质素产品。酸溶液虽然能使纤维素水解变成水溶液并使木质素沉淀，然而这种分离方法自身却有很大的不足。肉桂醇、肉桂醛、α-醚结构等很容易生成正碳离子，并与其他芳香环发生缩合反应，生成更加稳定的高聚物。这也使得木质素在很大程度上改性，从而制约了其作为分离产物应用于其他领域，也不太适合于木质素的结构性研究。

8.3.2　提取碱木质素

碱木质素是利用碱液溶解掉植物中的木质素成分而得到的。利用碱法提取木质素常用碱通常有 $Ca(OH)_2$、KOH、NaOH 和 Na_2S。一般草类植物多采用 NaOH 作为碱溶液，而木材类的通常是用 KOH、NaOH 和 Na_2S 混合溶液来制备碱木质素[10]。

碱木质素的典型生产方法为：在温度为 180℃时，把 KOH 溶液与木材或者秸秆混合，反应一段时间后，过滤掉纤维素残渣，所得的滤液用无机酸如盐酸等以及有机溶剂如苯、氧杂环己烷等抽提，得到氢氧化钾木质素。美国的 Mead 公司使用硬木制备碱木质素。作为分离纤维素的副产物，得到的木质素的经济价值大大超出了造纸本身的利润。将木质素与碱溶液加热后，由废液中分离的木质素称为碱木质素，可分为单独使用苛性钠加热而得的钠木质素和用苛性钠及硫化钠而得的硫木质素（或硫酸盐木质素）两种。碱木质素是木材或秸秆与 NaOH（或 NaOH 和 Na_2S）溶液共热后，在碱提取液中加入无机酸沉淀而得。

碱木质素典型的工艺流程[8]为：使用氢氧化钠醇溶液分离出碱醇木质素；使用烟道

气或无机酸酸沉，并用有机溶剂如氯仿、苯等萃取纯化木质素。

8.3.3　有机溶剂法提取木质素

有机溶剂法提取木质素是一种早在 19 世纪末就采用的方法，实际上是一种制浆方法，既得到纸浆，又得到木质素。20 世纪 80 年代以来成为热门技术，有机溶剂法是一种无污染或低污染的制浆方法，能够制备出不含杂质、纯度极高的木质素，可作为良好的化工原料，所以国内外都在进行这方面的研究。其中，加拿大、德国、荷兰、美国、意大利等国已有小规模生产。

有机溶剂法分离提取木质素[11]的原理是利用水-有机溶剂混合物，例如醇类（如甲醇、乙醇、正丁醇、1,4-丁二醇、甘油等）、酸类（如甲酸、乙酸等）、丙酮、乙酸乙酯等，通过加热的方式将半纤维素、纤维素和木质素进行分离。此法允许同时分离生物质中的三种成分，被认为是绿色环保的提取方法，因为该方法不含硫，不需要高温和高压，并且溶剂可进行回收重复利用。

目前开发的有机溶剂法主要有：

（1）乙醇/水法

乙醇法制浆生产纤维素和木质素是迄今为止研究最为广泛、最成熟的制浆技术，最常用的是所谓自催化乙醇法（ALCELL）[12]。其主要原理是：在蒸煮中的脱木质素阶段无须添加任何助剂或催化剂，仅靠木材或禾草在蒸煮过程中自身产生的乙酸、糠醛酸或其他有机酸作为催化剂，实现酸催化脱木质素过程。乙醇法制浆应用典型实例是加拿大的 14t 乙醇制浆厂，文献中也有很多这方面的报道，包括我国一些科学工作者对 ALCELL 反应过程的研究，以及这种方法的最佳生产工艺条件的探索性研究。

（2）丙酮/水法

Paszner 等研究发现，在少量无机酸的催化下，溶液组分为丙酮和少量的水，在高温高压下提取木质素，提取率能达到90%以上，这种方法所得到的木质素活性基团比较多。

（3）有机酸法

20 世纪 80 年代，有机酸法提取木质素首先采用的是甲酸作为制浆液。近年来，丙酸也用在木质素的分离技术上，主要是因为丙酸是一种低级脂肪酸，沸点是 141℃，在加热条件下可以溶解秸秆中的半纤维素和木质素，实现与纤维素的分离。前两个方法都是单一组分，后来又有人采用混合法，是在大量乙酸的存在下，无机酸作为催化剂来提取植物中的木质素。

（4）酯蒸煮法

乙酸乙酯作为酯蒸煮法的常用试剂，整个实验是在一个封闭的系统下，且在高温高压下提取植物中的木质素，摸索这种方法得到高纯木质素的工艺条件，所得到的木质素纯度高，而且整个反应过程是封闭的，无三废排放，是绿色的木质素提取方法。

（5）复合溶剂法

常用复合溶剂是用苯酮-对苯二酚提取木质素。还有采用丙酮与乙醇在无机酸作催化剂的条件下，作为复合溶剂来提取植物中的木质素。Dehhaas 等采用丙酮和氨的复合溶剂来提取木质素，这种方法的优点是不仅对木质素起到增效的作用，而且还可以提高纤维素纸浆的产量。

（6）高沸醇法

高沸醇溶剂沸点高，如乙二醇为 190℃，1,3-丁二醇为 207.5℃，1,4-丁二醇为 235℃，不易挥发，用来分离木质素与纤维素，溶剂损失少，回收利用率可达 98%。热的高沸醇溶剂能使木片或其他植物原料中的半纤维素水解、木质素溶解从而使纤维素分离。采用 70%～90% 的 1,4-丁二醇水溶液，与稻壳、稻草、松木、竹子等在 190～220℃ 条件下蒸煮 1～3h，然后降温到 100℃，过滤反应物，使纸浆与含有木质素的溶液分离，用 80℃、80% 的 1,4-丁二醇水溶液洗涤纤维素，再用温水洗涤二次，即得纤维素纸浆。将洗涤纤维素的洗涤液与滤液混合，加入一定量的水，边加边搅拌之后就会有大量的木质素析出，在高速分离机上使固液分离，反复用去离子水洗涤，之后放入烘箱中干燥，即可得到采用 1,4-丁二醇提取的高沸醇木质素。采用旋转蒸发仪浓缩滤液，即可得到浓缩的 1,4-丁二醇，可循环使用。高沸醇木质素红外光谱与磨木木质素相似，具有较活泼的化学性质，可以与醛或酚类发生反应，生产木质素酚醛树脂。高沸醇法得到的木质素具有很高的活性，并且整个反应过程无污染、节约能源、绿色环保，受到广泛应用。

虽然有机溶剂工艺尚未引领生产市场，但是由于能够以相当高的纯度产生每种生物质成分，所以这种方法可能会随着时间的推移取代硫酸盐木质素。但此方法中材料的回收（如溶剂）没有进行很好的优化，与其他方法相比，成本相对较高。

除了上面详细讨论的方法之外，还有机械加工（如球磨、催化剂研磨等）以及在实验室或中试工厂反应器中使用的其他工艺（如汽爆、热解和离子液体加工等）尚未达到大规模工业生产。

8.4　木质素的改性

由于木质素结构复杂，反应活性低，所以为了增加活性，需要对其进行改性。下面以化学改性为例简单介绍一下木质素改性。化学改性主要有磺化、氧化、还原、胺化、环氧化、烷基化等。

8.4.1　磺化改性

磺化改性[13] 是木质素在工业上广泛应用的前提和基础。木质素复杂的结构及难溶性限制了它的应用。在木质素的侧链上引入磺酸基，即为木质素的磺化改性。目前，木质素磺化改性主要发生在制浆工艺中，用亚硫酸盐法制浆过程中，由于木质素发生磺化反应生成木质素磺酸盐，实现了与纤维素和半纤维素的解聚分离，纸浆磺化改性后的木质素具有良好水溶解性和表面活性，使其在工业上得到了广泛的应用。

罗学刚等[14] 以木质素磺酸钠（Na-Ls）和聚乙烯醇（PVA）为原料，添加适量的硼砂和明胶溶解共混制备成薄膜。研究发现，Na-Ls 的加入能明显提高共混膜的拉伸强度，拉伸强度最大能够达到 43.98MPa，比纯 PVA 薄膜的拉伸强度提高了 198%。热重分析表明，这种共混薄膜的热稳定性比 Na-Ls 和 PVA 更高。该共混薄膜在自然界中可降解，可作为包装材料用于工业、农业等多个领域。

8.4.2　氧化改性

木质素是一种含有苯环的高分子酚类聚合物，其侧链上带有多种活性基团，经过氧化降解之后，可以得到多种小分子酚类物质（见图 8-4）[5]。木质素降解中，常用的氧化剂有硝基苯、某些金属氧化物、空气和氧气等。其中，硝基苯的氧化降解效果较好，但由于其毒性较大，以及在降解产物中很难分离等而被逐渐弃用。金属催化氧化降解木质素的研究较多，但效果都不太理想。

近些年来，又有了一些新的氧化方法，如电化学氧化法和酶催化等。Zhu 等[15]在非隔膜电解槽中，对木质素磺酸盐进行电化学氧化降解。经 GC-MS 和 ESI-MS/MS 测定发现，有 20 余种低分子量的分别含羟基、醛基、羰基和羧基的芳香族化合物产生。研究发现，在 30℃、电流密度为 80 A/m^2 及额外的氧气补充条件下，反应 1h 会有 59.2%的木质素降解成小分子物质，同时 H$_2$O$_2$ 及其分解产生的活性氧浓度较高时，更有利于小分子芳香族物质的生成，这些小分子物质可用作食品行业和制药工业的原料，或作为化学药品行业和精细化学品的中间体。

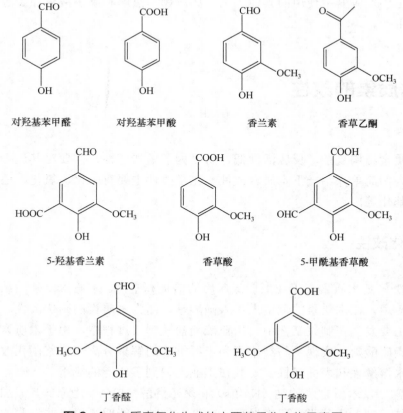

对羟基苯甲醛　　　对羟基苯甲酸　　　香兰素　　　香草乙酮

5-羟基香兰素　　　香草酸　　　5-甲酰基香草酸

丁香醛　　　丁香酸

图 8-4　木质素氧化生成的主要芳香化合物示意图

8.4.3　还原改性

木质素是一种天然酚类聚合物，而酚类化合物对含氧基团具有去除能力，常作为抗氧化剂来使用，木质素的抗氧化能力主要来自酚羟基，对木质素进行还原改性可以提高其酚羟基含量，进而增强其抗氧化能力。蒲伟等[16]以自制的钯/碳（Pd/C）为催化剂，H_2为还原剂，在高压条件下对碱木质素进行还原研究，发现反应结束后，木质素的醇羟基和酚羟基含量明显增加，分别为 5.35% 和 3.82%。当还原碱木质素的浓度在 0.25～0.60g/L 范围内时，对 1,1-二苯基-2-三硝基苯肼（DPPH）自由基和羟基自由基有较强的清除能力，且随着木质素浓度的增加而增强，最大清除率分别达到 82.43% 和 26.41%，与常用的抗氧化剂的抗氧化能力相近，可作为抗氧化材料来利用，这为木质素的应用提供了一个新的研究方向。

8.4.4　胺化改性

在木质素分子结构上引入活性胺基团，包括伯胺、仲胺和叔胺基团，以醚键接到木质素分子上得到木质素胺，即为木质素的胺化改性。胺化改性可以提高木质素的反应活性，可以用于具有工业用途的表面活性剂、乳化剂以及其他复合材料的制备。

曼尼希反应是木质素的胺化改性中最主要的反应[5]。曼尼希反应是指含有活泼氢的化合物，与甲醛和胺或氨发生缩合的化学反应。在木质素结构中，苯环上酚羟基的邻位和对位，以及侧链上的羰基 α 位上氢原子较活泼，容易与醛和胺发生曼尼希反应，生成木素胺。根据参加反应胺基团的不同，可以得到多种木素胺（伯胺木素、仲胺木素及叔胺木素等）。由于胺化木质素比木素磺酸盐的表面活性大，故可以用于制备阳离子表面活性剂。王晓红等[17]以从造纸黑液中提取的木质素作为原料，通过曼尼希反应，对其进行胺化改性以提高其表面活性，并以改性后样品含氮量来确定木质素的改性率，含氮量越高改性率越大。通过正交试验研究发现，影响木质素胺化改性率的主要因素是温度和甲醛用量。当温度为 75℃，每 4g 木质素使用 1.5mL 甲醛时，木质素含氮量达到 15.6%。而得到的木素胺在不同的 pH 条件下其表面活性也有所不同，在 pH = 4 时，其表面张力最小，为 54mN/m。另外，胺化木素表面活性的增强，使得它和聚合物基质的界面结合力增强，可以有效提高复合材料的界面力学性能，从而可用于复合材料的制备。

8.4.5　环氧化改性

木质素与环氧丙烷在催化剂作用下，发生环氧化反应，生成环氧化木质素，即为木质素的环氧化改性。木质素的环氧化反应主要发生在酚羟基上，其反应产物的水溶性和表面活性与木质素相比都有所改善，可用作热固性塑料的预聚物。环氧化改性主要有两种方法：

一是木质素或其衍生物直接与环氧化合物发生环氧化反应。Mao 等[18]利用液化碱木素（L-AL）中酚羟基含量较多和反应活性较高的特点，用环氧氯丙烷及聚乙二醇对其进行环氧化修饰，来制备表面活性剂，并对其表面张力、水溶性和 HLB 值（亲水亲油平衡值）进行了研究。利用高沸醇木质素的酚羟基含量较多和反应活性较高的特点，直接与环氧氯丙烷在碱催化剂作用下，发生环氧化反应来制备环氧树脂，该方法不仅改善了环氧树脂的拉伸强度和柔软性，同时降低了环氧树脂的生产成本，而且所得到的环氧树脂在工程材料、黏合剂、添加剂等中具有更广泛的应用。

二是对木质素进行改性提高其结构中的酚羟基含量，再对其进行环氧化改性。先对木质素进行羟甲基化改性，再与环氧氯丙烷发生环氧化作用。研究发现，反应时间的适当延长，有助于木质素的环氧化反应，但是环氧化产物的热稳定性有所降低。这些环氧化产物可应用于木质素基聚合物的制备。

木质素基环氧树脂具有低成本、耐热性好和对环境友好等特点，为将来替代石油基环氧树脂在工业上的应用提供了可能。但是木质素来源和提取方法的不同，导致了木质素改性过程的复杂化。因此，改进木质素的提取方法，简化并改善木质素改性工艺，以得到具有优良特性的木质素基环氧树脂，是将来研究的一个重要方向。

8.4.6　烷基化改性

木质素及其木质素磺酸钠的烷基化改性，可以增加其活性基团数量和支链，提高表面活性和与基体的表面结合力，可用于表面活性剂及复合材料的制备。

先让木质素与溴代十二烷反应，得到烷基化木质素，以改善木素和聚丙烯（PP）之间的相容性，然后对聚丙烯/烷基化木质素复合材料的性能进行了研究。研究发现，烷基化木质素与聚丙烯的界面结合力增强，相容性得到改善，且该复合材料的耐热性提高了25℃。烷基化木质素还可以作为聚丙烯基体的阻燃剂和增韧剂，同时，随木素含量的增加，复合材料表现出更好的增韧效果。当木素含量为 20% 时，复合材料的冲击强度由原来的 6.5 kJ/m² 提高到了 9.2 kJ/m²。但是当木素含量超过 5% 时，其拉伸强度会降低，这可能是烷基化木素降低了基体材料的交联密度所致。

8.4.7　羟甲基化改性

木质素羟甲基化改性指在碱性条件下，其酚羟基的邻位与甲醛发生加成反应，形成羟甲基。对木质素模型化合物的羟甲基化反应研究发现，羟甲基化反应主要发生在苯环的 C3 和 C5 位上，木质素模型化合物的 α 位基团对羟甲基化反应有着重要影响，α 位为醛基的化合物比为羟基的化合物更容易发生羟甲基化反应。在 pH = 11 时，羟甲基化反应程度最大。在羟甲基化反应过程中，一般认为，当 pH>9 时，碱性溶液中的氢氧根首先夺去酚羟基上的氢，使苯环结构形成 p-π 共轭体系，从而活化酚羟基的邻对位，使活化位点与甲醛发生亲电加成反应，引入羟甲基，提高其反应活性。由于紫丁香醛的羟基邻对位均被占据，故难以发生羟甲基化反应，香醛和对羟基苯甲醛则可以发生羟甲基化反应。

8.4.8　酚化改性

酚化反应可以增加酚羟基活性位点，使木质素反应活性增强，是目前应用最广的木质素改性方法。根据反应介质的不同，酚化反应又可以分为酸性酚化和碱性酚化。在碱性条件下，由于木质素酚羟基上电子诱导，使得侧链α位羟基、醚键、双键等不饱和基团断裂，形成亚甲基醌结构，与苯酚发生亲核取代反应。在酸性条件下，木质素侧链上α位醚键或羟基断裂，形成正碳离子，因此易与苯酚发生亲核取代反应。

8.4.9　酯化改性

木质素含有酚羟基、醇羟基，酯化是指通过改性木质素羟基从而增加其活性位点。不同的酯化剂，如酸性化合物、酸酐和氯化物酸，均可用于木质素酯化改性。木质素酯化物的性质可以通过加入单体的比率进行调节。

8.5　木质素的应用

不同方式提取的木质素在纯度、分子量、均一性等方面存在着明显的差异，而这些差异会进一步影响其应用。目前木质素的主要应用领域，大概可以分为以下三个方面：①直接应用；②合成转化；③生产化工平台分子，木质素经过降解可以转化为诸如苯酚、邻甲酚、丁香醛等酚类化工原料，作为平台分子被化工领域广泛利用[19]。

目前木质素被广泛应用于石油、地矿、食品、日化、医药、纺织等 20 多个行业。木质素主要有下列应用：

8.5.1　合成树脂和黏合剂

木质素具有三维网络结构，而且苯环的 3,5 位都没有发生取代，羟基等基团的存在使得木质素可以进一步交联固化。

用水稻秸秆碱木质素、小麦秸秆碱木质素分别进行环氧树脂和酚醛树脂合成，结果表明，水稻秸秆碱木质素具有较高的羟基含量和优越的热稳定性，非常适合进行木质素基环氧树脂生产[20]。

利用麦草碱木质素，在碱性苯酚条件下，对木质素进行酚化改性，探索了木质素与苯酚比例、氢氧化钠用量、酚化条件、缩聚条件等工艺参数对胶黏剂性能方面的影响。结果表明，麦草碱木质素经酚化改性后，可最高替代 70% 苯酚，并且制备得到的酚醛树脂胶黏剂与传统胶黏剂强度相近[21]。

目前，工业领域已经成功制备了木质素脲醛树脂、木质素酚醛树脂、聚氨酯等材料，这些胶黏剂可以广泛用在木材加工工业，用来制造胶合板、刨花板等人造板，如今这项技术已经得到了很好的推广和应用，也产生了一定的社会效益。

8.5.2　表面活性剂

木质素结构具有较多的醇羟基、酚羟基、羧基等多个活性基团，但其难溶于水和有机溶剂。利用改性的方法可以提高木质素的表面活性。根据不同的反应类型，可以分为磺化、氧化、接枝共聚等反应。利用磺化碱木质素制备混凝土减水剂，得到的改性磺化碱性木质素具有较强的表面活性，木质素的掺入使混凝土减水率达到 13.6%，砂浆流动性没有受到很大影响，抗压强度也明显提高[22]。利用环氧丙烷和三甲胺合成阳离子中间体，再与木质素发生反应，得到阳离子表面活性剂，应用在水煤浆分散剂领域，水煤浆的稳定性和分散性明显提高。用木质素胺来降低原油的乳化性能。造纸黑液中的木质素还可用来制备石油开采助剂，提高石油开采率[23]。

8.5.3　肥料螯合及农药缓释剂

木质素结构中有大量的—OH 和—COOH 基团，具有螯合特性。将木质素与 4%～8%的氨水反应，在 180～250℃、加压、空气中发生氧化反应，制备氨化木质素（ammoniated lignin）氮肥。这种肥料在土壤中缓慢降解，能改良土壤，促进农作物生长。这种木质素肥料使用量少、释放较慢、能疏松土壤，而且肥效更好。利用碱性木质素按比例与磷酸二胺等混合后，制备木质素磷肥，研制的磷肥，在水中的溶解时间延长 1 倍，肥效提高 10%～20%。实验结果显示，小麦和玉米的产量分别提高了 18.5% 和 14.4%。此外，木质素微肥的制备使一些微量元素和木质素螯合，给植物提供了可溶性的铁等微量元素，用来防止植物缺铁等造成的植物病变。木质素具有分子比表面积大、质轻、分散性较好、能与农药充分混合的特点，其分子中富含的活性基团，能与农药分子产生化学结合，也可能产生不同的次级键结合，农药分子能从木质素的网状结构中被缓慢地释放出来发挥药效，因此，木质素具有缓释作用，有利于延长施用农药的效果。

8.5.4　吸附剂

碱性木质素具有混凝剂的性能，反应活性较高，在酸性条件下，容易发生凝聚现象，这种特性对废水处理来说非常适合。在一定条件下，对木质素进行丙烯酰胺改性，得到的木质素分子量增大，由于—$CONH_2$ 的接入导致木质素支链增多，空间网状结构空隙减小，吸附位点的增多致使其比表面积增大，因此，能吸附合成染料、重金属胺化物及废水中的酚类物质。Dizhbite 等利用环氧胺对木质素进行改性，提高了木质素对重金属离子（Cd^{2+}、Pb^{2+}、Cu^{2+}、Zn^{2+}等）的吸附能力。

8.5.5 石油开采助剂

通过木质素酚醛树脂与皂化物配制，制备油水混凝剂，应用在石油开采领域。这种乳化剂能降低原油的黏稠度，也可用来清洗石油管道。在三次采油方法中，有一种是化学驱油，将木质素磺酸盐注入底层，优点是在砂岩表面上的吸附量较少，提高了采油效率。张洁等用亚硫酸盐-甲醇-蒽醌法麦草制浆黑液生产制备木质素磺酸盐，并将其应用在钻井领域，发现这种木质素磺酸盐具有稀释、起泡及絮凝三种作用，可以用作钻井液稀释剂和起泡剂。

8.5.6 能源化工

目前，全球能源系统主要是依赖石油、天然气、煤炭等不可再生资源，有 90% 的有机化学产品均来自对石油的各种加工。但是，石油资源有限、不可再生。随着国家经济的发展、人口的增长和人民生活水平的提高，能源成为制约世界经济发展的瓶颈。我国作为发展中国家对能源的需求不断加大，但随之产生的问题也发人深省，如近几年的空气严重污染、雾霾笼罩、水资源污染等给人类身体健康造成了危害，严重影响了人们的正常生活。因此，为了可持续发展，将新能源研发列入国家战略层面意义重大。

木材、农林废弃秸秆及能源作物等作为首选原料，采用物理、化学或者生物的预处理技术将木质纤维原料中的纤维素、半纤维素及木质素有效分离，进而针对不同的成分来制备生物质化学品。在生物炼制过程中，我们主要利用的是纤维素和半纤维素，例如将纤维素断开得到葡糖糖，葡萄糖进一步制取生物乙醇或化学品等。半纤维素水解得到 C_5 或者 C_6 单糖，或制取乙酰丙酸等化工原料。而对于木质素，由于它的热值很高，分子中的 C、H 含量达 70% 以上，蕴藏着丰富的能量，是优质的固体燃料，将其高温裂解或液化制备液体燃料是最佳的选择。此外，木质素降解后制备低分子量的芳香化合物，是木质素未来高值化利用的方向。

由于木质素结构中主要的连接结构是 β-O-4，因此，寻找温和有效的方法，使芳基醚键断裂，不仅能使木质素发生解聚，而且能使原有的芳香结构得以保留，这对于木质素精细化工具有重要的意义。然而，这方面的研究主要以木质素 β-O-4 模型物为主要研究对象。酚型和非酚型的 β-O-4 结构在碱性溶液（$NaOH+Na_2S$）中的断裂机理是不相同的。酚型 β-O-4 在降解时会形成醌型中间体，体系中的 HS^- 对该结构的烷基链进行亲核进攻，形成硫醇盐，进而使醚键断裂，生成芳香化合物。然而非酚型 β-O-4 结构较难在碱性溶液中断裂。但该体系下的木质素降解不容易控制，会发生木质素的持续解聚。研究发现，亲核试剂对 β-O-4 结构的断裂有重要的作用，如蒽醌（AQ）或者蒽酮（AN）。近些年来，绿色有机溶剂离子液体（ionic liquid，IL）被用来降解木质素。Binde 等用 Brønsted 酸性离子液体与木质素模型物反应，成功得到 11.6%（摩尔分数）的脱烷基产品 2-甲氧基苯酚。

木质素的未来发展方向主要集中在新型催化剂研究，以提高降解反应产率和选择性。木质素作为芳香族生物聚合物，其坚固且难降解性的结构是其再利用的主要瓶颈，阻碍了其作为石化替代产品的应用开发。未来研究应侧重于开发选择性催化剂，对木质素结构中的双键或更强的碳碳键进行裂解，并抑制再缩合反应，进一步解决工程及放大实施的方案问题。未来挑战还将涉及木质素分离，集中解决纤维素和半纤维素与催化剂的分离及其再利用等问题。

木质素作为可再生材料用于生产化学品、聚合物或新兴功能材料的研究是一项艰巨的任务，需要多个学科之间的密切合作以及学术界和工业界之间的对话。目前所取得的新进展为提高木质素的应用价值带来了光明的前景。

参考文献

[1] 蒋挺大. 木质素[M]. 北京: 化学工业出版社, 2009.

[2] 刘芬. 木质素基聚氨酯材料的制备及其性能表征[D]. 广州: 华南理工大学, 2015.

[3] Alonso M V, Oliet M, Rodriguez F, et al. Supramolecular Self-Assembled Chaos: Polyphenolic Lignin's Barrier to Cost-Effective Lignocellulosic Biofuels[J]. Molecules, 2010, 15: 8641-8688.

[4] Klijanienko A, Lorenc-Grabowska E, Gryglewicz G. Development of mesoporosity during phosphoric acid activation of wood in steam atmosphere[J]. Bioresource Technol, 2008, 99: 7208-7214.

[5] 杨军艳, 毕宇霆, 吴建新, 等. 木质素化学改性研究进展报告[J]. 上海应用技术学院学报(自然科学版), 2015, 15: 29-39.

[6] Jorge R R, Teresa T. Lignin analysis by HPLC and FTIR[J]. Methods in molecular biology (Clifton, N. J.), 2017, 1544: 193-211.

[7] Ehara K, Takada D, Saka S. GC-MS and IR spectroscopic analyses of the lignin-derived products from softwood and hardwood treated in supercritical water[J]. J Wood Sci, 2005, 51: 256-261.

[8] 曲玉宁. 木质素的提取及在聚氨酯中的应用[D]. 长春: 吉林大学, 2012.

[9] Strassberger Z, Tanase S, Rothenberg G. The pros and cons of lignin valorisation in an integrated biorefinery[J]. RSC Adv, 2014, 4: 25310-25318.

[10] Upton B M, Kasko A M. Strategies for the conversion of lignin to high-value polymeric materials: review and perspective[J]. Chem Rev, 2016, 116: 2275-2306.

[11] Kumar P, Barrett D M, Delwiche M J, et al. Methods for Pretreatment of Lignocellulosic Biomass for Efficient Hydrolysis and Biofuel Production[J]. Ind Eng Chem Res, 2009, 48: 3713-3729.

[12] Ai X, Feng S, Shui T, et al. Effects of Alcell lignin methylolation and lignin adding stage on lignin-based phenolic adhesives[J]. Molecules, 2021, 26: 6762.

[13] 江嘉运, 荣华, 盖广清. 工业木质素化学改性与制备减水剂的研究进展[J]. 新型建筑材料, 2010, 11: 57-60.

[14] 黎先发, 罗学刚. 木质素磺酸钠与PVA共混薄膜的制备与表征[J]. 化工学报, 2011, 62: 1730-1735.

[15] Zhu H, Wang L, Chen Y, et al. Electrochemical depolymerization of lignin into renewable aromatic compounds in a non-diaphragm electrolytic cell[J]. RCS Adv, 2014, 4: 29917-29924.

[16] 蒲伟, 任世学, 马艳丽, 等. 钯/炭(Pd/C)催化氢还原碱木质素的抗氧化性能[J]. 食品科学, 2013, 34: 6-10.

[17] 王晓红, 马玉花, 刘静, 等. 木质素的胺化改性[J]. 中国造纸, 2010, 29: 42-45.

[18] Mao C P, Wu S B. Preparation and Surface Properties Investigation of Lignin-Phonls Non-Ionic Surfactant[J]. Adv Mater Res, 2013, 647: 762-768.

[19] 常森林. 核桃壳木质素提取及制备酚醛树脂泡沫的研究[D]. 北京: 中国科学院大学, 2017.

[20] EI Mansouri N E, Yuan Q, Huang F. Investigation of curing and thermal behavior of benzoxazine and lignin mixtures[J]. J Appl Polym Sci, 2012, 125: 1773-1781.

[21] 刘纲勇, 邱学青, 邢德松. 麦草碱木素酚化改性及其制备 LPF 胶粘剂工艺研究[J]. 高校化学工程学报, 2007, 21: 678-684.

[22] 王安安, 邱学青, 欧阳新平, 等. 复配改性磺化碱木质素减水剂的性能研究[J]. 精细化工, 2009, 26: 857-862.

[23] 堪凡更, 卢卓敏, 涂宾. 麦草碱木质素烷基化反应的研究[J]. 林产化学与工业, 2001, 21: 39-43.

第9章 蛋白质

蛋白质[1-5]是一切生命的物质基础，占人体质量的 16%～20%。蛋白质在人体内不断地合成与分解，是构成、更新、修补组织和细胞的重要成分。机体所有重要的组成部分都需要有蛋白质的参与，而且其与生命现象有不可分割的关系。

蛋白质属于有机大分子，是构成细胞的基本有机物，是生命活动的主要承担者，没有蛋白质就没有生命。氨基酸是蛋白质的基本组成单位，人体内蛋白质的种类很多，性质、功能各异，但都是由 20 多种氨基酸按不同比例组合而成的，并在体内不断进行代谢与更新。

9.1 蛋白质科学的发展历程

蛋白质是荷兰科学家格利特·马尔德在 1838 年发现的。他观察到有生命的东西离开了蛋白质就不能生存。蛋白质是生物体内一种极其重要的高分子有机物，占人体干重的 54%。蛋白质主要由氨基酸组成，氨基酸的不同排列组合而组成各种类型的蛋白质。人体中估计有 10 万种以上的蛋白质。生命是物质运动的高级形式，这种运动方式是通过蛋白质来实现的，所以蛋白质有极其重要的生物学意义。人体的生长、发育、运动、遗传、繁殖等一切生命活动都离不开蛋白质。生命运动需要蛋白质，也离不开蛋白质。

人体内的一些生理活性物质如胺类、神经递质、多肽类激素、抗体、酶、核蛋白以及在细胞膜上和血液中起"载体"作用的蛋白，都离不开蛋白质，它对调节生理功能，维持新陈代谢起着极其重要的作用。人体运动系统中肌肉的成分以及肌肉在收缩、做功、完成动作过程中的代谢，无不与蛋白质有关，离开了蛋白质，体育锻炼就无从谈起。

在生物学中，蛋白质被解释为是由氨基酸借肽键连接起来形成的多肽，然后由多肽连接起来形成的物质。通俗易懂地说，它就是构成人体组织器官的支架和主要物质。如果蛋白质缺乏，成年人会肌肉消瘦、机体免疫力下降、贫血，严重者将产生水肿，未成年人会生长发育停滞、贫血、智力发育差、视觉差。但是蛋白质过量后，在体内不能储存，机体无法吸收，过量摄入蛋白质，将会因代谢障碍产生蛋白质中毒，甚至死亡。

9.2　蛋白质的结构

蛋白质是以氨基酸为基本单位构成的生物高分子。蛋白质中一定含有碳、氢、氧、氮元素。蛋白质分子上氨基酸的序列和由此形成的立体结构构成了蛋白质结构的多样性。蛋白质具有一级、二级、三级、四级结构，蛋白质分子的结构决定了它的功能。

①一级结构。氨基酸残基在蛋白质肽链中的排列顺序称为蛋白质的一级结构，每种蛋白质都有唯一而确切的氨基酸序列。

②二级结构。蛋白质分子中肽链并非直链状，而是按一定的规律卷曲（如α-螺旋结构）或折叠（如β折叠结构）形成特定的空间结构，这是蛋白质的二级结构。蛋白质的二级结构主要是依靠肽链中氨基酸残基亚氨基（—NH—）上的氢原子和羧基上的氧原子之间形成的氢键而实现的。

③三级结构。在二级结构的基础上，肽链还按照一定的空间结构进一步形成更复杂的三级结构。肌红蛋白、血红蛋白等正是通过这种结构，使其表面的空穴恰好容纳一个血红素分子。

④四级结构。具有三级结构的多肽链按一定空间排列方式结合在一起形成的聚集体结构称为蛋白质的四级结构。如血红蛋白由 4 个具有三级结构的多肽链构成，其中两个是α-链，另外两个是β-链，其四级结构近似椭球形状。

⑤连接方法。用约 20 种氨基酸作原料，在细胞质中的核糖体上，将氨基酸分子互相连接成肽链。一个氨基酸分子的氨基和另一个氨基酸分子的羧基脱去一分子水而连接起来，这种结合方式叫作脱水缩合。通过缩合反应，在羧基和氨基之间形成的连接两个氨基酸分子的键叫作肽键。由肽键连接形成的化合物称为肽。

9.3　蛋白质的来源

营养学上将氨基酸分为必需氨基酸和非必需氨基酸两类。必需氨基酸指的是人体自身不能合成或合成速度不能满足人体需要，必须从食物中摄取的氨基酸。对成人来说，这类氨基酸有 8 种，包括赖氨酸、蛋氨酸、亮氨酸、异亮氨酸、苏氨酸、缬氨酸、色氨酸、苯丙氨酸。对婴儿来说，有 9 种，多一种组氨酸。非必需氨基酸并不是说人体不需要这些氨基酸，而是说人体可以自身合成或由其他氨基酸转化而得到，不一定非从食物中直接摄取不可。这类氨基酸包括甘氨酸、丙氨酸、丝氨酸、天冬氨酸、谷氨酸（及其胺）、脯氨酸、精氨酸、组氨酸、酪氨酸、胱氨酸。

蛋白质的主要来源是肉、蛋、奶和豆类食品，一般而言，来自动物的蛋白质有较高的品质，含有充足的必需氨基酸。必需氨基酸若是体内有一种必需氨基酸存量不足，就无法合成充分的蛋白质供给身体各组织使用，其他过剩的氨基酸也会被身体代谢而浪费掉，所以确保足够的必需氨基酸摄取是很重要的。植物性蛋白质通常会有 1～2 种必需氨基酸，含量不足，所以素食者需要摄取多样化的食物，从各种组合中获得足够的必需氨基酸。一块像扑克牌大小煮熟的肉约含有 30～35g 的蛋白质，一大杯牛奶约有 8～10g，半杯的各式豆类约含有 6～8g。所以一天吃一块像扑克牌大小的肉，喝两大杯牛奶，吃一些豆子，加上少量来自蔬菜、水果和饭的蛋白质，就可得到大约 60～70g 的蛋白质，足够一个体重 60kg 的长跑选手所需。若是需求量比较大，可以多喝一杯牛奶，或是酌量多吃些肉类，就可获得充分的蛋白质。

9.4   蛋白质的物理化学性质

9.4.1   两性物质

蛋白质是由 α-氨基酸通过肽键构成的高分子化合物，在蛋白质分子中存在着氨基和羧基，因此与氨基酸相似，蛋白质也是两性物质。每一种蛋白质都有一个"等电点"。在某一 pH 的溶液中，蛋白质解离成阳离子和阴离子的程度和趋势相等，呈电中性，此时溶液的 pH 称为该蛋白质的等电点。即此 pH 时，蛋白质中—COOH 的 H^+ 恰好全部给了—NH_2。而当溶液 pH 高于等电点时，蛋白质将释放质子，自身带负电荷，即发生酸式电离；当溶液 pH 低于等电点时，蛋白质将结合质子，自身带正电荷，即发生碱式电离。氨基酸酸式电离和碱式电离的机制见图 9-1。

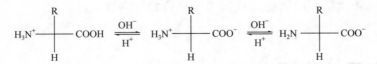

图 9-1   氨基酸酸式电离和碱式电离的机制

9.4.2   水解

蛋白质在酸、碱或酶的作用下发生水解反应，经过多肽，最后得到多种 α-氨基酸。根据水解程度，蛋白质水解可以分为完全水解和部分水解，完全水解得到的产物为各种氨基酸的混合物，部分水解得到的产物是各种大小不等的肽段和单个氨基酸。蛋白酶按水解底物的部位可分为内肽酶以及外肽酶，前者水解蛋白质中间部分的肽键，后者则自蛋白质的氨基或羧基末端逐步降解氨基酸残基。蛋白质水解方式主要有化学水解和酶水解。化学水解是利用强酸、强碱水解蛋白质，虽然简单价廉，但由于反应条件剧烈，生产过程中氨基酸受损严重，例如，L-氨基酸易转化成 D-氨基酸，形成氯丙醇等有毒物质，且难以按规定的水解程度控制水解过程，故较少采用。而生物酶水解是在较温和的条件下进行的，能在一定条件下定位水解蛋白质产生特定的肽，且易于控制水解进程，能够较好地满足肽生产的需要。

9.4.3　胶体性质

蛋白质胶体是指蛋白质在水中形成的一种比较稳定的亲水胶体。蛋白质是高分子有机化合物，其分子直径在 2～20nm，在溶液中易形成大小介于 1～100nm 的质点（胶体质点的范围），因此，蛋白质具有布朗运动、光散射现象、不能透过半透膜以及具有吸附能力等胶体的一般性质。蛋白质在水中能形成一种比较稳定的亲水胶体，其溶液属于胶体系统。

蛋白质溶液胶体系统的稳定性依赖于以下两个基本因素：

①蛋白质表面形成水化层。由于蛋白质颗粒表面带有许多如—NH_3^+、—COO^-、—OH、—SH、—CONH、肽键等亲水的极性基团，因而易于发生水合作用（hydration），进而使蛋白质颗粒表面形成一层较厚的水化层。水化层的存在使蛋白质颗粒相互隔开，使蛋白质颗粒不致聚集而沉淀。每克蛋白质结合水 0.3～0.5g。

②蛋白质表面具有同性电荷。蛋白质溶液除在等电点时分子的净电荷为零外，在非等电点状态时，蛋白质颗粒皆带有同性电荷，即在酸性溶液中带正电荷，在碱性溶液中带负电荷，与其周围的反离子构成稳定的双电层。蛋白质胶体分子间表面双电层的同性电荷相互排斥，进而阻止其聚集而沉淀。

9.4.4　盐析

盐析指在蛋白质水溶液中加入中性盐，随着盐浓度增大而使蛋白质沉淀出来的现象。中性盐是强电解质，溶解度又大，在蛋白质溶液中，一方面与蛋白质争夺水分子，破坏蛋白质胶体颗粒表面的水膜；另一方面又大量中和蛋白质颗粒上的电荷，从而使水中蛋白质颗粒积聚而沉淀析出。常用的中性盐有硫酸铵、氯化钠、硫酸钠等，但以硫酸铵为最多。得到的蛋白质一般不失活，一定条件下又可重新溶解，故这种沉淀蛋白质的方法在分离、浓缩/储存、纯化蛋白质的工作中应用极广。盐析的本质是破坏了蛋白质在水中稳定存在的状态，有两个因素使得蛋白质发生沉淀。

（1）破坏了水化层

在高浓度的中性盐溶液中，由于盐离子亲水性比蛋白质强，与蛋白质胶粒争夺与水结合，破坏了蛋白质的水化层。在高浓度的中性盐溶液中，由于蛋白质和盐离子对溶液中水分子都有吸引力，产生与水化合现象，但它们之间有竞争作用，当大量中性盐加入时，使得盐解离产生的离子争夺了溶液中大部分自由水，从而破坏了蛋白质的水化作用，引起蛋白质溶解度降低，故从溶液中沉淀出来。

（2）破坏了电荷

由于盐是强电解质，解离作用强，盐的解离可抑制蛋白质弱电解质的解离，使蛋白质带电荷减少，更容易聚集析出。

9.4.5　变性

蛋白质分子在受到外界的一些物理和化学因素的影响后，分子的肽链虽不裂解，但其天然的立体结构遭改变和破坏，从而导致蛋白质生物活性的丧失和其他的物理、化学性质的变化，这一现象称为蛋白质的变性。蛋白质变性之后，紫外吸收、化学活性以及黏度都会上升，变得容易水解，但溶解度会下降，失去了原有的可溶性，也就失去了它们生理上的作用。因此，蛋白质的变性凝固是个不可逆过程。

蛋白质变性后会发生以下变化：①生物活性丧失。蛋白质的生物活性是指蛋白质所具有的酶、激素、毒素、抗原与抗体、血红蛋白的载氧能力等生物学功能，生物活性丧失是蛋白质变性的主要特征。有时只要蛋白质的空间结构发生轻微变化即可引起生物活性的丧失。②理化性质发生改变，如溶解度降低而产生沉淀。蛋白质变性后，有些原来在分子内部的疏水基团会由于结构松散而暴露，使得分子的不对称性增加，因此黏度增加，扩散系数降低。③分子结构松散，不能形成结晶，易被蛋白酶水解。蛋白质的变性作用主要是由于蛋白质分子内部的结构被破坏。天然蛋白质的空间结构是通过氢键等次级键维持的，而变性后次级键被破坏，蛋白质分子原来有序的、卷曲的紧密结构，变为无序的、松散的伸展状结构（但一级结构并未改变）。所以，原来处于分子内部的疏水基团大量暴露在分子表面，而亲水基团在表面的分布则相对减少，致使蛋白质颗粒不能与水相溶而失去水膜，很容易引起分子间相互碰撞而聚集沉淀。

造成蛋白质变性的原因主要分为物理因素和化学因素。物理因素如加热、加压、搅拌、振荡、紫外线照射、X射线、超声波等；化学因素如强酸、强碱、重金属盐、三氯乙酸、乙醇、丙酮等。

9.4.6　颜色反应

通过化学变化改变了蛋白质的颜色。硝酸与蛋白质反应，可以使蛋白质变黄，这称为蛋白质的颜色反应，常用来鉴别部分蛋白质，是蛋白质的特征反应之一。经典的蛋白质变色反应如下：

（1）双缩脲反应

两分子尿素（$H_2N—CO—NH_2$）加热至180℃左右，生成双缩脲，并放出一分子氨。双缩脲在碱性环境中能与Cu^{2+}结合生成紫红色配合物，此反应称为双缩脲反应。蛋白质分子中有肽键，其结构与双缩脲相似，也能发生此反应，可用于蛋白质的定性或定量测定。任何蛋白质或者蛋白质水解中间产物都有双缩脲反应。这个性质和蛋白质分子中所含肽键数目有一定的关系。肽键数目越多，颜色越深，但有双缩脲反应的物质不一定都是蛋白质或多肽。

（2）黄色反应

含有苯环结构的氨基酸，如酪氨酸和色氨酸，遇硝酸后，可被硝化成黄色物质，该化合物在碱性溶液（如NaOH）中，进一步形成深橙色的硝醌酸钠。多数蛋白质分子含有带苯环的氨基酸，所以有黄色反应，但苯丙氨酸不易硝化，需加入少量浓硫酸才有黄色反应。

（3）茚三酮反应

除脯氨酸、羟脯氨酸和茚三酮反应产生黄色物质外，所有 α-氨基酸及一切蛋白质都能和茚三酮反应生成蓝紫色物质。该反应十分灵敏，$1:1500000$ 浓度的氨基酸水溶液即能发生反应，是一种常用的氨基酸定量测定方法。茚三酮反应分为两步：

第一步是氨基酸被氧化形成 CO_2、NH_3 和醛，水合茚三酮被还原成还原型茚三酮；

第二步是所形成的还原型茚三酮同另一个水合茚三酮分子和氨缩合生成有色物质。

9.4.7　气味反应

蛋白质在灼烧分解时，可以产生一种烧焦羽毛的特殊气味，利用这一性质可以鉴别蛋白质。

9.4.8　折叠

蛋白质折叠机理的研究，对保留蛋白质活性，维持蛋白质稳定性和包涵体蛋白质折叠复性都具有重要的意义。早在 20 世纪 30 年代，我国生化界先驱吴宪教授就对蛋白质的变性机理进行了阐释。30 年后，Anfinsen 通过对核糖核酸酶 A 的经典研究表明，去折叠的蛋白质在体外可以自发进行再折叠，仅仅是序列本身已经包括了蛋白质正确折叠的所有信息，并提出蛋白质折叠的热力学假说，Anfinsen 因此获得 1972 年诺贝尔化学奖。这一理论有两个关键点：①蛋白质的状态处于去折叠和天然构象的平衡中；②天然构象的蛋白质处于热力学最低的能量状态。尽管蛋白质的氨基酸序列在蛋白质的正确折叠中起着核心的作用，各种各样的因素，包括信号序列、辅助因子、分子伴侣、环境条件，均会影响蛋白质的折叠，新生蛋白质折叠并组装成有功能的蛋白质并非都是自发的，在多数情况下需要其他蛋白质的帮助。已经鉴定了许多参与蛋白质折叠的折叠酶和分子伴侣，蛋白质"自发折叠"的经典概念发生了转变和更新，但这并不与折叠的热力学假说相矛盾，而是在动力学上完善了热力学观点。在蛋白质的折叠过程中，有许多作用力参与，包括一些构象的空间阻碍、范德华力、氢键的相互作用，疏水效应，离子相互作用，多肽和周围溶剂相互作用产生的熵驱动折叠。但对于蛋白质获得天然结构这一复杂过程的特异性，我们还知之甚少，许多实验和理论的工作都在加深我们对折叠的认识，但是问题仍然没有解决。

9.5　蛋白质组学

在 1996 年前提到蛋白质组学（proteomics），恐怕知之者甚少，而在略知一二者中，部分人还抱有怀疑态度。但是，2001 年的 Science 杂志已把蛋白质组学列为六大研究热点之一，其"热度"仅次于干细胞研究，名列第二。蛋白质组学的受关注程度如今已令人刮目相看。

9.5.1　蛋白质组学研究的研究意义和背景

随着人类基因组计划的实施和推进，生命科学研究已进入了后基因组时代。在这个时代，生命科学的主要研究对象是功能基因组学，包括结构基因组研究和蛋白质组学研究等。尽管已有多个物种的基因组被测序，但在这些基因组中，通常有一半以上基因的功能是未知的。功能基因组中所采用的策略，如基因芯片、基因表达序列分析（serial analysis of gene expression，SAGE）等，都是从细胞中 mRNA 的角度来考虑的，其前提是细胞中 mRNA 的水平反映了蛋白质表达的水平。但事实并不完全如此，从 DNA→mRNA→蛋白质，存在三个层次的调控，即转录水平调控（transcriptional control）、翻译水平调控（translational control）、翻译后水平调控（post-translational control）。从 mRNA 角度考虑，实际上仅包括了转录水平调控，并不能全面代表蛋白质表达水平。实验也证明，组织中 mRNA 丰度与蛋白质丰度的相关性并不好，尤其对于低丰度蛋白质来说，相关性更差。更重要的是，蛋白质复杂的翻译后修饰、蛋白质的亚细胞定位或迁移、蛋白质-蛋白质相互作用等几乎无法从 mRNA 水平来判断。毋庸置疑，蛋白质是生理功能的执行者，是生命现象的直接体现者，对蛋白质结构和功能的研究将直接阐明生命在生理或病理条件下的变化机制。蛋白质本身的存在形式和活动规律，如翻译后修饰、蛋白质间相互作用以及蛋白质构象等问题，仍依赖于直接对蛋白质的研究来解决。虽然蛋白质的可变性和多样性等特殊性质，导致了蛋白质研究技术远远比核酸技术要复杂和困难得多，但正是这些特性参与和影响着整个生命过程。

9.5.2　蛋白质组学研究的策略和范围

蛋白质组学[6-9]一经出现，就有两种研究策略。一种策略可称为"竭泽法"，即采用高通量的蛋白质组学研究技术，分析生物体内尽可能多，乃至接近所有的蛋白质，这种观点从大规模、系统性的角度来看待蛋白质组学，也更符合蛋白质组学的本质。但是，由于蛋白质表达随空间和时间不断变化，要分析生物体内所有的蛋白质是一个难以实现的目标。另一种策略可称为"功能法"，即研究不同时期细胞蛋白质组成的变化，如蛋白质在不同环境下的差异表达，以发现有差异的蛋白质种类为主要目标。这种观点更倾向于把蛋白质组学作为研究生命现象的手段和方法。

早期蛋白质组学的研究范围主要是指蛋白质的表达模式（expression profile），随着学科的发展，蛋白质组学的研究范围也在不断完善和扩充。蛋白质翻译后修饰研究已成为蛋白质组学研究中的重要部分和巨大挑战。蛋白质-蛋白质相互作用的研究也已被纳入蛋白质组学的研究范畴。而蛋白质高级结构的解析，即传统的结构生物学，虽也有人试图将其纳入蛋白质组学研究范围，但仍独树一帜。

9.5.3　蛋白质组学研究技术

可以说，蛋白质组学的发展既是技术所推动的也是受技术限制的。蛋白质组学研究成功与否，很大程度上取决于其技术方法水平的高低。蛋白质研究技术远比基因技术复杂和困难。不仅氨基酸残基种类远多于核苷酸残基（20/4），而且蛋白质有着复杂的翻译后修饰，如磷酸化和糖基化等，给分离和分析蛋白质带来很多困难。此外，通过表达载体进行蛋白质的体外扩增和纯化也并非易事，从而难以制备大量的蛋白质。蛋白质组学的兴起对技术有了新的需求和挑战。蛋白质组学的研究，实质上是在细胞水平上，对蛋白质进行大规模的平行分离和分析，往往要同时处理成千上万种蛋白质。因此，发展高通量、高灵敏度、高准确性的研究技术平台，是相当一段时间内蛋白质组学研究中的主要任务。

利用蛋白质的等电点和分子量通过双向凝胶电泳的方法，将各种蛋白质区分开来，是一种很有效的手段。它在蛋白质组学分离技术中起到了关键作用。如何提高双向凝胶电泳的分离容量、灵敏度和分辨率，以及对蛋白质差异表达的准确检测，是双向凝胶电泳技术发展的关键问题。

质谱技术是目前蛋白质组学研究中发展最快，也最具活力和潜力的技术。它通过测定蛋白质的质量，来判别蛋白质的种类。当前蛋白质组学研究的核心技术就是双向凝胶电泳-质谱技术，即通过双向凝胶电泳将蛋白质分离，然后利用质谱对蛋白质逐一进行鉴定。对于蛋白质鉴定而言，高通量、高灵敏度和高精度是三个关键指标。一般的质谱技术难以将三者合一，而发展的质谱技术可以同时达到以上三个要求，从而实现对蛋白质准确和大规模的鉴定。

9.6　蛋白质的生理功能

蛋白质是一切生命的物质基础，是机体细胞的重要组成部分，是人体组织更新和修补的主要原料。人体的毛发、皮肤、肌肉、骨骼、内脏、大脑、血液、神经、内分泌等的主要成分都是蛋白质，所以说饮食造就人本身。蛋白质对人的生长发育非常重要[10-13]。

比如，大脑发育的特点是一次性完成细胞增殖，人的大脑细胞的增长有两个高峰期。第一个是胎儿三个月的时候；第二个是出生后到一岁，特别是 0～6 个月是婴儿大脑细胞猛烈增长的时期。到一岁大脑细胞增殖基本完成，其数量已达成人的 9/10。所以 0～1 岁儿童对蛋白质的摄入要求很高，蛋白质的摄入对儿童的智力发展至关重要。

人的身体由百兆亿个细胞组成，细胞可以说是生命的最小单位，它们处于永不停息的衰老、死亡、新生的新陈代谢过程中。例如，年轻人的表皮 28 天更新一次，而胃黏膜两三天就要全部更新。所以一个人如果蛋白质的摄入、吸收、利用都很好，那么皮肤就是光泽而又有弹性的。反之，人则经常处于亚健康状态。组织受损后，包括外伤，不能得到及时和高质量的修补，便会加速机体衰退。

蛋白质维持机体正常的新陈代谢和各类物质在体内的输送。载体蛋白对维持人体的正常生命活动是至关重要的，可以在体内运载各种物质，比如血红蛋白输送氧（红细胞更新速率 250 万/s），脂蛋白输送脂肪，细胞膜上的受体转运蛋白等。蛋白质还维持机体内的渗透压的平衡，维持体液的酸碱平衡，维持神经系统的正常功能，如味觉、视觉和记忆等。

白细胞、淋巴细胞、巨噬细胞、抗体（免疫球蛋白）、补体、干扰素等，七天更新一次。当蛋白质充足时，这个"部队"就很强，在需要时，数小时内可以增加 100 倍。

蛋白质构成了人体必需的催化和调节功能的各种酶。我们身体中有数千种酶，每一种只能参与一种生化反应。人体细胞里每分钟要进行 100 多次生化反应。酶有促进食物的消化、吸收、利用的作用。相应的酶充足，反应就会顺利、快捷地进行，我们就会精力充沛，不易生病。否则，反应就变慢或者被阻断。

蛋白质具有调节体内各器官生理活性的作用。如胰岛素是由 51 个氨基酸分子合成的，生长激素是由 191 个氨基酸分子合成的。

身体蛋白质中的 1/3 形成结缔组织，构成身体骨架，如骨骼、血管、韧带等，决定了皮肤的弹性，保护了大脑（在脑细胞中，很大一部分是胶原细胞，并且形成血脑屏障保护大脑）。

9.7　蛋白质的化学修饰

蛋白质的化学修饰是指通过改变蛋白质的化学结构，使其空间结构发生变化，从而导致自身生物活性及功能的改变[14-19]。蛋白质的化学修饰有两种：一种是蛋白质翻译后受到一系列修饰酶和去修饰酶的严格调控，使得蛋白质表现出某种稳定或动态的特定功能，即蛋白质的翻译后修饰；另一种是通过引入或除去化学基团，使蛋白质共价结构发生改变。

蛋白质的化学修饰能够赋予蛋白质新的特定功能，并且改善某些重要功能。如在生物医学方面，化学修饰可以改善药用蛋白质的免疫原性；在生物技术方面，酶经过化学修饰后可以在溶剂中发挥更高效的催化作用，并表现出特异的催化性能；在食品加工方面，化学修饰可以在食品加工过程中提供食品质量和稳定的各种功能。因此，化学修饰是研究蛋白质结构与功能的重要手段，也是定向改造蛋白质性质的一种方法，在蛋白质工程中有着广泛的应用前景。

9.7.1　蛋白质末端修饰

蛋白质的合成起始于 N 末端，而蛋白质 N 末端的性质，决定了蛋白质的活性和稳定性等。对于许多蛋白质来说，共翻译和翻译后修饰发生在 N 末端，而在这些修饰中最常见的是 N 末端甲硫氨酸切除（N-terminal methionine excision，NME）和 N 末端乙酰化

（N-terminal acetylation，NTA）。

　　NME 活性在所有生物体中均能观察到，真核生物中蛋白质的翻译起始氨基酸均为甲硫氨酸（Met）。然而，真核生物成熟后的蛋白质第一个 Met 往往会被剪切掉，其特异性取决于 Met 之后的第二个残基的特性。通常，如果第二个氨基酸是甘氨酸（Gly）、丙氨酸（Ala）、丝氨酸（Ser）、半胱氨酸（Cys）、苏氨酸（Thr）、脯氨酸（Pro）或缬氨酸（Val）中的一个时，则 Met 被特异性甲硫氨酸氨肽酶（MetAPs）去除，释放出新的 N 末端，可进行进一步的翻译后修饰。

　　N 末端乙酰化修饰是乙酰转移酶（N-terminal acetyltransferase，NAT）催化乙酰辅酶A（AcCoA）的乙酰基团，转移到蛋白质 N 末端的 α-氨基上。虽然 NTA 在原核生物中很少发生，但在真核生物中发现的蛋白质 80%～90%是 N 末端乙酰化的。通常情况下，乙酰化发生在 N 末端自由氨基和赖氨酸（Lys）侧链氨基上。若发生 NME 后，新的 N 末端的第一个氨基酸是 Ser、Ala、Met、Gly 或 Thr 中的一个时，也会发生乙酰化修饰。另外，对于小分子肽，当其 N 末端被修饰时，亦可改变其生物学活性。

　　N 末端修饰除了翻译后修饰（post translational modification，PTM）的方法外，还可以通过化学手段添加修饰剂，得到具有特定功能的蛋白质。如，向 N 末端添加荧光团类缀合物，可以得到用于体内成像的蛋白质；添加药物类缀合物，可以得到具有增加血液循环的聚乙二醇化蛋白，以及用于靶向药物递送的抗体等。

　　相对于蛋白质 N 末端而言，蛋白质 C 末端修饰的相关研究较少，目前常见的是 C 末端酰胺化和甲基化修饰。C 末端酰胺化后因疏水性增加，结合力增强，导致多肽的生物学活性发生变化。此外，已经发现了一些 C 末端修饰的肽被广泛用作各种蛋白水解酶的底物和抑制剂。

9.7.2　蛋白质的侧链修饰

　　（1）巯基修饰

　　硫原子半径较大，以及 S—H 键的解离能较低，使得半胱氨酸的巯基（RSH）具有其他天然氨基酸很难进行的亲核反应和氧化还原功能，从而促使半胱氨酸具有一些独特功能，如亲核、氧化还原反应以及变构调节等。

　　天然化学连接（native chemical ligation，NCL）是一种常见的巯基修饰方法。NCL 是通过多肽片段连接合成长序列多肽及蛋白质的有效方法，如以 N 末端和 C 末端具有特定化学结构、侧链功能基团等未加保护的多肽片段为原料，在液相合成条件下，使多肽片段高选择性地相互连接并形成天然肽键，从而得到长序列多肽及蛋白质。因此，可利用NCL 方法，将硫酯与 N 末端半胱氨酸残基进行化学选择性缩合，使其成为具有价值的多功能工具，如作为有标记目的的肽或蛋白质等。

　　（2）二硫键修饰

　　二硫键主要是指连接两个不同半胱氨酸残基的巯基共价键，对于蛋白质的正确折叠、稳定性和细胞质蛋白的活性非常重要[20]。目前，二硫键常见的修饰方法是利用还原剂修饰，通常是利用还原剂打开二硫键后，用带有生物素标记的烷基化试剂如 biotin-

IAM、biotin-HPDP 等进行标记，这样可获得具有标记目的的肽或蛋白质。

此外，可以使用双砜将具有刚性的大分子基团与蛋白质缀合。可以通过靶向二硫化物来扩展蛋白质的修饰，并扩展可用蛋白质生物混合物的库。除了使用含巯基的分子与未修饰的蛋白质缀合，得到具有意义的缀合物之外，还可以通过控制反应介质的 pH 值，使含有二硫醇的分子逐步结合到已修饰的蛋白质中。

（3）磷酸化修饰

蛋白质磷酸化是指蛋白质在磷酸化激酶的催化作用下，把 ATP 或 GTP 的 γ 位磷酸基，转移到蛋白质的特定位点氨基酸残基上的过程。磷酸化是一种非常重要且广泛存在于原核生物和真核生物中的翻译后修饰调控方式，细胞内至少有 30% 的蛋白质被磷酸化修饰[21-22]。

（4）其他侧链修饰

除了以上介绍的修饰方法之外，还有甲基化、糖基化、脂基化和乙酰化等修饰方法[23-27]。组蛋白精氨酸（Arg）的甲基化在基因转录调控中发挥着重要作用，并能影响细胞的多种生理过程，包括 DNA 修复、信号传导、细胞发育及癌症发生等。糖基化的铁转移蛋白是一种金属转运血清蛋白，具有间接调节铁离子平衡的作用。近年来，越来越多的研究表明，脂修饰在微生物感染、信号传导、免疫调控和肿瘤发生过程中起着重要作用。同时，非组蛋白乙酰化修饰研究也取得了一定成果，如发现沙门氏菌中代谢酶存在可逆性乙酰化现象，揭示了蛋白质乙酰化修饰对细胞自噬调控的分子机制。

蛋白质折叠是分子生物学中尚未解决的一个重大问题，也将是未来研究的重要方向。蛋白质的折叠是指一个蛋白质从它的变性状态转变到它的特定的生物学天然构象的过程。在这一过程中，除了二硫键之外，主要是氢键等一些非共价键的断裂和形成。近年来，各种光谱技术、质谱和核磁共振等仪器实验手段被用来研究蛋白质的折叠过程。迄今，已积累了相当可观的动力学数据并出现了相应的蛋白质折叠数据库，为系统研究蛋白折叠规律提供了新的机遇。

揭示蛋白折叠机理是分子生物学领域的一大挑战，具有重要的理论和实践意义，在揭示生物大分子的运动规律、蛋白质结构预测、工业用酶及农药医药的合理化设计方面都有重要的应用价值。

参考文献

[1] 孟庆玲. 蛋白质：生命的基石[M]. 食品安全导刊，2014.

[2] 陈霞飞. 生命的物质基础之一——蛋白质篇[M]. 质量与标准化，2014.

[3] 梁玉静. 生命的物质基础——蛋白质[M]. 中外医疗，2001.

[4] 胡维勤. 健康肠胃需要的 14 种营养成分[M]. 食疗肠胃病真有效，2016.

[5] 李文静，李利君，吴瑜，刘嘉男，巩建业，廖辉，刘小琴. 蛋白质化学修饰的研究进展[J]. 中国细胞生物学学报，2018, 40: 1781-1786.

[6] Varland S, Osberg C, Arnesen T. N-terminal modifications of cellular proteins: the enzymes involved, their substrate specificities and biological effects[J]. Proteomics, 2015, 15(14): 2385-401.

[7] Polevoda B, Sherman F. N-terminal acetyltransferases and sequence requirements for N-terminal acetylation of eukaryotic proteins[J]. J Mol Biol, 2003, 325(4): 595-622.

[8] Hong H, Cai Y, Zhang S, Ding H, Wang H, Han A. Molecular basis of substrate specific acetylation by nterminal acetyltransferase natb[J]. Structure, 2017, 25(4): 641-649.

[9] Sherman F, Stewart J W, Tsunasawa S. Methionine or not methionine at the beginning of a protein[J]. Bioessays, 1985, 3(1): 27-31.

[10] Xue L, Karpenko I A, Hiblot J, Johnsson K. Imaging and manipulating proteins in live cells through covalent labeling[J]. Nat Chem Biol, 2015, 11(12): 917-923.

[11] Agarwal P, Beahm B J, Shieh P, Bertozzi C R. Systemic fluorescence imaging of zebrafish glycans with biorthogonal chemistry[J]. Angew Chem Int Edit, 2015, 54(39): 11504-11510.

[12] Dozier J K, Distefano M D. Site-specific PEGylation of therapeutic proteins[J]. Int J Mol Sci, 2015, 16(10): 25831-25864.

[13] Lee J P, Kassianidou E, MacDonald J I, Francis M B, Kumar S. Nterminal specific conjugation of extracellular matrix proteins to 2-pyridinecarboxaldehyde functionalized polyacrylamide hydrogels[J]. Biomaterials, 2016, 102: 268-276.

[14] Dawson P E, Muir T W, Clark-Lewis I, Kent S B. Synthesis of proteins by native chemical ligation[J]. Science, 1994, 266(5186): 776-779.

[15] Petszulat H, Seitz O. A fluorogenic native chemical ligation for assessing the role of distance in peptide-templated peptide ligation. Bioorgan[J]. Med Chem, 2017, 25(18): 5022-5030.

[16] Wissner R F, Batjargal S, Fadzen C M, Petersson E J. Labeling proteins with fluorophore/thioamide Förster resonant energy transfer pairs by combining unnatural amino acid mutagenesis and native chemical ligation[J]. J Am Chem Soc, 2013, 135(17): 6529-6540.

[17] Kent S B H. Total chemical synthesis of proteins[J]. Chem Soc Rev, 2009, 38(2): 338-351.

[18] Schardon C, Tuley A, Er J, Swartzel J, Fast W. Selective covalent protein modification by 4-halopyridines through catalysis[J]. Chembiochem, 2017, 18(15): 1551-1556.

[19] Kadokura H, Beckwith J. Mechanisms of oxidative protein folding in the bacterial cell envelope[J]. Antioxid Redox Sign, 2010, 13(8): 1231-1246.

[20] Hogg P J. Disulfide bonds as switches for protein function[J]. Trends Biochem Sci, 2003, 28(4): 210-214.

[21] Garcíasantamarina S, Boronat S, Domènech A, Ayté J, Molina H, Hidalgo E. Monitoring in vivo reversible cysteine oxidation in proteins using ICAT and mass spectrometry[J]. Nat Protoc, 2014, 9(5): 1131-1145.

[22] Wang T, Riegger A, Lamla M, et al. Water-soluble allyl sulfones for dual site-specific labelling of proteins and cyclic peptides[J]. Chem Sci, 2016, 7(5): 3234-3239.

[23] Copeland R A. Protein methyltransferase inhibitors as precision cancer therapeutics: a decade of discovery[J]. Philos Trans R Soc Lond B Biol Sci, 2018, 373(1748): 20170080.

[24] van Rensburg S J, Berman P, Potocnik F, et al. 5- and 6-glycosylation of transferrin in patients with Alzheimer's disease[J]. Metab Brain Dis, 2004, 19(1/2): 89-96.

[25] Hundt M, Tabata H, Jeon M S, et al. Impaired activation and localization of LAT in anergic T cells as a consequence of a selective palmitoylation defect[J]. Immunity, 2006, 24(5): 513-522.

[26] Greer E L, Shi Y. Histone methylation: a dynamic mark in health, disease and inheritance[J]. Nat Rev Genet, 2012, 13(5): 343-357.

[27] Yi C, Ma M, Ran L, et al. Function and molecular mechanism of acetylation in autophagy regulation[J]. Science, 2012, 336(6080): 474-477.

第 10 章　透明质酸

透明质酸（hyaluronic acid，HA），又名"玻尿酸""玻璃酸"，是一种独特的线型大分子酸性黏多糖，以 β-D-葡萄糖醛酸和 β-D-N-乙酰基-D-氨基葡萄糖为结构单元[1]，两者之间通过 β-1,3-糖苷键相连接，组成二糖结构，二糖以 β-1,4-糖苷键重复连接便组成线型的、无支链的天然高分子聚合物 HA，其分子量为 $10^4 \sim 10^7$，其反应方程式如图 10-1 所示[2]。在生理环境中或适当的 pH 环境下，透明质酸分子中糖醛酸的羧基发生解离，与阳离子结合形成盐，工业生产中的产品多为透明质酸钠（sodium hyaluronate，SH）。

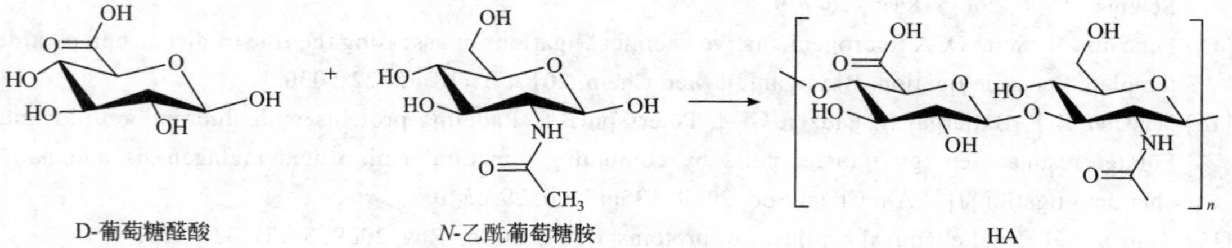

D-葡萄糖醛酸　　　　　　N-乙酰葡萄糖胺　　　　　　　　　HA

图 10-1　HA 的制备反应方程式

HA 最初是由美国哥伦比亚大学眼科教授 Meyer 等从牛眼玻璃体内提取分离得到的[3]。天然 HA 都来自动物和微生物，和蛋白质、核酸等一样，都是生命过程中的基本物质。动物体的各个部位都含有不同量的 HA，其中含量较多的有结缔组织、关节液、玻璃体、脐带和皮肤等。在动物体内，HA 的主要作用有保护和治疗受损的细胞、预防感染、调节胞外电解质、保持眼内透明液的稳定以及保持组织细胞间的润滑等。微生物体内的 HA 主要存在于菌体的外荚膜中，在微生物中的作用主要是保护菌体、储存糖类等物质、调节胞内外渗透压等。基于 HA 高度的黏弹性、渗透性、可塑性等独特的物理化学性质和良好的生物相容性，作为一种可吸收、可降解的生物医用材料，广泛应用于临床医学、高级化妆品、美容整形和保健食品等领域。

10.1　HA 的结构

HA 是一种链状聚阴离子化合物，其平均 pK_a 值为 3.21[4]。一个伸展的、分子量为 6×10^6 的 HA 分子，其分子链长度约 15μm，直径约 0～5nm。HA 分子链上相邻两个羧基之间距离为 12Å，固有持续长度为 45～90Å。HA 分子内存在氢键相互作用，如图 10-2所示，图中氢键 A、B 位于 β-1,3-糖苷键两侧，氢键 C、D 位于 β-1,4-糖苷键两侧[5]。分子内氢键促使 HA 分子形成一种较为稳定的单螺旋结构。

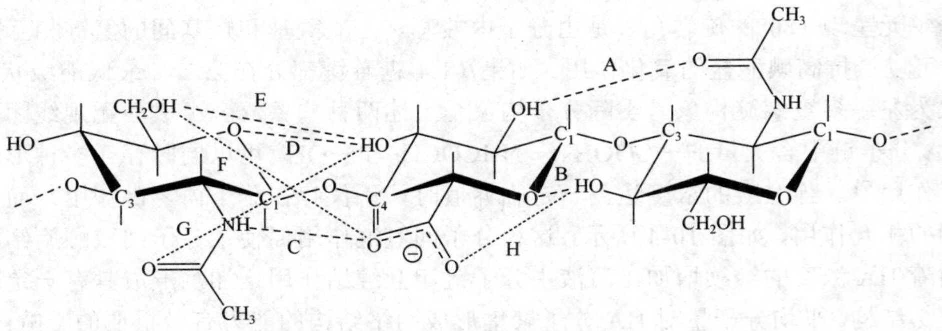

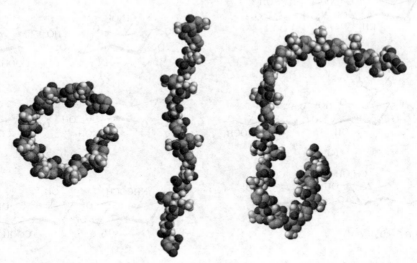

图 10-2 HA 中的分子内氢键

在水溶液中，HA 分子链的构象为半刚性无规线团。核磁松弛谱表明，溶液状态的 HA 分子链段具有部分刚性运动特征，刚性片段大概占了整个分子链的 55%～77%，并且这一比例不会随着离子强度、温度、改性剂（尿素）以及 pH 的改变而改变。在一定浓度范围内，其构象是动态可变的，如图 10-3 所示，可以是缠结、弯曲或者折叠的状态[6]。分子链的柔顺性主要来自 β-1,3-糖苷键和 β-1,4-糖苷键的旋转。HA 分子中每一双糖单位都含有一个羧基，在生理条件下都可以解离成负离子，等空间距离负离子的相互排斥，使它在水溶液中处于无规线团状，线团直径大约 500nm，占据大量空间，最多可结合相当于自身 1000 倍体积的水。当 HA 浓度达到 0～1% 时，HA 分子链就可以相互缠绕，形成网状结构，赋予 HA 溶液独特的流变学性质，该特性是 HA 具有黏弹性和发挥生物学功能的基础。

图 10-3 分子动力学模拟得到的 HA 不同构象[6]

X 射线衍射实验结果表明，固体 HA 分子呈现分子单链或者双链的螺旋构象，取决于体系 pH 值、温度、抗衡离子的种类以及水合程度。分子模拟发现，构成 HA 分子的 β-1,3-糖苷键和 β-1,4-糖苷键具有不同的旋转角能态，β-1,3-糖苷键的旋转角只有一个最低能态，而 β-1,4-糖苷键有两个最低能态的旋转角。若 β-1,4-糖苷键都呈现第一种最低能级状态，整个分子构象为两重折叠螺旋（flat strand）。该构象单链中的每个双糖单元与邻近的双糖单元呈现 180°的旋转角，是由分子内羧基、乙酰氨基和羟基间的氢键相互所用稳定的，可以抵抗高碘酸盐的氧化作用。如果 β-1,4-糖苷键都处在第二种最低能级状态，则其构象为左手多重螺旋构象。实际分子构象是上述两种构象混合组成的无规线团。

　　HA 分子链中含大量的—COOH、—NHCOCH$_3$ 和—OH，可以同时存在多种形式的氢键相互作用[7]。当 HA 的浓度达到一定临界值时，不仅存在分子内氢键作用，而且存在分子间的相互作用，如图 10-4 所示，这种分子间氢键作用促使了分子间双螺旋结构的形成；随着 HA 浓度的继续增加，溶液中分子链相互缠结作用增加，形成具有一定刚性的空间网络结构。平均分子量对 HA 分子聚集形成网络结构的能力有着重要的影响：HA 在低分子量时，只生成不连续网络结构；HA 在高分子量时，却能生成连续的网络结构。

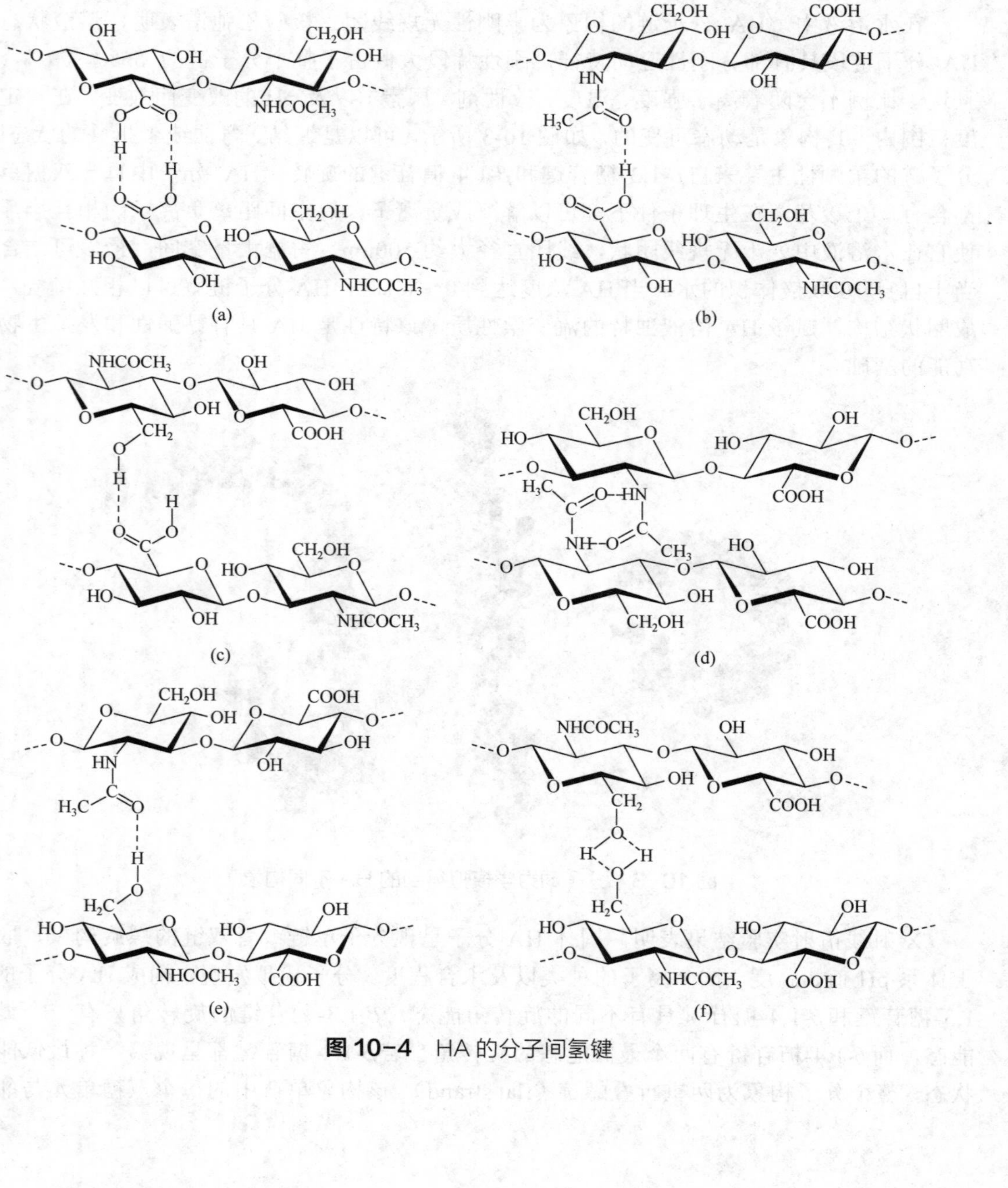

图 10-4　HA 的分子间氢键

10.2　HA 的制备

HA 的制备方法主要为以动物组织为原料的组织提取法和微生物发酵法。

（1）组织提取法

HA 广泛存在于动物组织中，但不同物种、不同组织中 HA 的含量、分子量等存在明显差异。从原料来源、HA 含量、分离提纯成本等因素考虑，用于 HA 生产的主要原料是鸡冠、人脐带、眼球玻璃体、猪皮等。HA 组织提取的工艺过程主要包括提取、除杂、沉淀和分离等，不同原料的提取工艺有一定差异[8]。组织提取液中的杂质主要是蛋白质，可用三氯乙酸沉淀蛋白质进行分离提纯，但是易导致 HA 分子量降低。实际生产中多采用蛋白酶分解消化蛋白质，如胰蛋白酶、中性蛋白酶、碱性蛋白酶，以及多种酶的复合物。其优点是只降解蛋白质而不影响 HA，酶解条件显著影响 HA 的质量，若采用胃蛋白酶易导致 HA 的酸水解。酶解液中含有残存的蛋白质和小分子物质，可用等电点沉淀法、加热变性法、蛋白质沉淀剂法等去掉残存蛋白质。硅藻土、活性白土、高岭土以及活性炭等常用于酶解液的除杂、脱色及过滤处理。HA 的沉淀可用乙醇、丙酮、乙酸、乙醚等有机溶剂进行处理，但选择性差，蛋白质、多肽和其他黏多糖也会相应沉淀，因此，采用分级沉淀的方法实现 HA 的有效分离。利用季铵盐与 HA 形成络合物，该络合物在低离子浓度水溶液中以沉淀形式分离。此外，也可采用离子交换、色谱分离、超滤等现代技术进行 HA 分离纯化。组织提取的原料来源广泛，可以利用动物加工业的废弃物，实现变废为宝[9]。但是提取工艺较为复杂，收率低，提纯难，生产成本较高，存在病毒和其他感染的风险性，限制了 HA 在美容护肤品和医药手术中的应用。因此，更为安全高效的微生物发酵法越来越受到青睐[10]。

（2）微生物发酵法

1937 年，Kendall 等发现链球菌可生产 HA[11]。链球菌在生长过程中向胞外分泌出荚膜，其主要成分是 HA，微生物发酵法就是利用链球菌分泌出的荚膜从发酵液中分离提纯 HA。通过稀释杀菌、沉淀、离心干燥处理发酵液即可得到纯度较高的 HA。除了易于分离纯化外，这种方法在选定菌种的情况下，通过发酵培养，能大规模生产纯度、分子量等一定的 HA。日本资生堂于 1985 年首次报道了用链球菌生产 HA 的方法。微生物发酵法不受材料限制，成本较低，提取分离简单方便，产物纯度高，能进行规模化生产，因此成为生产 HA 的主流技术。

影响微生物发酵生产 HA 质量和数量的因素主要是菌种的筛选和育种，培养基及发酵工艺的优化，以及分离提纯工艺。产业化生产 HA 主要使用兽疫链球菌进行发酵，以葡萄糖、蔗糖、果糖、淀粉等为碳源，蛋白胨、酵母浸出粉、牛肉膏等为氮源，并加入 K_2HPO_4、$MgSO_4$、$NaCl$ 等无机盐。发酵完成后，离心去除菌体，离心液中加入乙醇沉淀出 HA 粗产物。加离子交换剂或氯化十六烷基吡啶（CPC），在氯化钠溶液中处理，除去链球菌代谢过程中生成杂质。最后经乙醇沉淀、离心和干燥，得到精制 HA。HA 的纯度一般以葡萄糖醛酸的含量表示，保健食品及化妆品级的 HA，其葡萄糖醛酸的含量为 35%～45%，药用级为 42%～48%。生物发酵制得的药用级 HA，其蛋白质含量不超过 0～

1%（质量分数）。HA 发酵生产的基本步骤如图 10-5 所示。

图 10-5　HA 发酵生产的基本步骤

发酵法产生 HA 最常用的碳源为葡萄糖，其次是蔗糖、麦芽糖，因为绝大多数微生物对单糖的利用速度比双糖和多糖快。微生物体内的葡萄糖经由糖酵解（EMP）途径形成 6-磷酸果糖，然后在 6-磷酸氨基葡萄糖合成酶的作用下形成 6-磷酸氨基葡萄糖，进而合成尿苷二磷酸-*N*-酰基氨基葡萄糖（UDP-GlcNAc）；另外，葡萄糖经由磷酸戊糖途径形成尿苷二磷酸-葡萄糖，在尿苷二磷酸-葡萄糖脱氢酶作用下生成尿苷二磷酸-葡萄糖醛酸（UDP-GlcA）。链球菌中 HA 分子链的增长是从内源 HA 的非还原端进行的。HA 合成酶在 Mg^{2+} 存在的条件下，交替地将 UDP-GlcNAc 和 UDP-GlcA 添加到 HA 分子上，并以每分钟约 100 个糖单位的速度快速进行，同时将逐渐增长的 HA 链穿过质膜送入胞外基质中。发酵条件对链球菌生产 HA 有很大影响，包括温度、pH、溶氧量、培养方式等。不同的 HA 生产菌株，最适温度和最适 pH 不同，对溶氧的要求也不同。

10.3　HA 的理化性质

HA 是一种天然黏多糖，含氮 2.8%～4.0%，葡萄糖醛酸 37.0%～51.0%，白色无味，无免疫性，具有良好的生物相容性，易溶于水，水溶液呈透明凝胶状，对强碱和强酸等物质均非常敏感，不溶于有机溶剂。与其他黏多糖相比，HA 的吸湿性强，2%的 HA 溶液能像胶状物一样被提起。HA 在加热、酸、碱或酶的作用下会发生水解反应产生葡萄糖醛酸，加入咔唑试剂产生紫红色络合物，最大吸收波长为 530nm，可用于 HA 的定量分析检测。在 HA 的水溶液中加入氯代十六烷基吡啶，有白色絮状沉淀生成。HA 水溶液用铂金丝灼烧时的火焰为黄色。另外，HA 可与亚甲蓝、阿利新蓝等反应呈蓝色。HA 分子的羧基与金属离子反应易生成 HA 盐，例如 Zn^{2+}、Cu^{2+}、Ag^+、Na^+ 以及 Pb^{2+} 等。透明质酸钠是一种常见的 HA 盐，不仅可以保持原 HA 的活性和功能，而且性质更加稳定。HA 水溶液呈酸性而 SH 呈碱性，SH 可用作化妆品或护肤品的添加剂，对人体刺激小，保健效果好。HA 成盐后还可以赋予其特殊的药理活性，例如透明质酸锌有抗菌、抗氧化、促进创口愈合、预防和治疗消化性溃疡等作用，而且如果内服，可以为人体补充锌元素，也可提高人体对 HA 的吸收。透明质酸锌在抗炎症方面的疗效优于 HA，可用于关节炎等疾病的治疗。由此可见，HA 的成盐反应结合 HA 自身和金属离子的优点，具有重要的研究和应用价值[12]。

（1）黏弹性

黏度是衡量液体流动阻力的一个重要参数，HA 的分子量和浓度是影响黏度的主要因素。低分子量或低浓度的 HA 溶液，浓度或分子量的变化对黏度的影响较小；较高分子量或高浓度的 HA 溶液，黏度会随分子量或浓度的变化发生非常显著的变化，主要原因是低分子量或浓度较低时，分子之间不会发生缠绕，而分子量或浓度提高到一定程度时，分子之间会发生相互缠绕形成网状结构。高浓度 HA 溶液内分子形成空间网状结构，使其在具有一定黏性的同时还表现出一定的弹性特征，即黏弹性。HA 溶液受到剪切时可以表现出黏弹性，当溶液体系受到的剪切频率较低时，分子有足够的时间解开彼此之间的缠绕，溶液主要表现黏性特征；当 HA 溶液受到的剪切频率较高时，分子链没有充足的时间解开彼此之间的缠绕，溶液主要表现出弹性特征。HA 溶液的黏弹性是它在体内发挥生理功能和实现临床应用的基础，例如在发生感染和非感染性关节疾病时，关节内 HA 的产生和代谢都会发生异常，浓度和分子量会明显降低，影响生理功能的正常发挥。通常采用黏弹性补充疗法，即补充外源性 HA 到关节滑液中，恢复滑液中 HA 的含量。HA 在关节软骨面形成一层黏弹性保护膜，使膜下受损的软骨逐渐恢复，同时 HA 的黏弹性对痛觉感受器具有物理防护作用。

（2）降解性

HA 大分子在水溶液中会发生降解，降解主要由水解和羟基上的活性氧引起。HA 的降解会影响其分子量和浓度，而不同分子量和浓度的 HA 表现出不同的结构和功能。分子量较高的 HA（$> 2 \times 10^6$）具有良好的黏弹性、润滑和保湿性能，能够抑制细胞黏附和增殖，抑制炎性反应，可用于眼科手术和关节腔内注射治疗；分子量小于 2×10^6 的 HA 具有良好的保湿性和药物缓释作用，可用于化妆品、滴眼液、皮肤烧伤愈合及术后防粘连；低分子量 HA[LMW-HA，分子量约（$1 \sim 5$）$\times 10^4$]，包括寡聚 HA（oligo-HA，分子量 $< 1 \times 10^4$），具有抗肿瘤，促进创伤愈合、骨和血管生成，以及免疫调节等作用，具有广泛的医药学应用前景。

降解过程会影响 HA 的功能，可以利用降解行为制得较低分子量的 HA，也可利用各种防护措施避免 HA 的降解，使其保持较高分子量水平。通过物理因素如加热、微波、超声波、紫外线、机械剪切力等使 HA 产生降解的方法称为物理降解法。其优点是原理清晰，无须加入其他任何外来物质，方法简便，产物热稳定性好，分子量分布范围窄。化学降解法主要包括酸水解、碱水解、氧化降解法等。酸水解常使用浓盐酸，碱水解常使用氢氧化钠溶液来进行，氧化降解常用的氧化剂有次氯酸钠、过氧化氢等。化学降解法的优点是成本较低、可进行大规模生产；缺点是可能会有化学试剂残留，且化学降解可能会对 HA 糖链上的基团或断裂残基存在修饰作用，因此对得到的 LMW-HA 或 oligo-HA 的生物活性会有一定影响。此外，可以采用酶降解法。酶降解法具有专一性强、反应条件温和、没有副产物、对 HA 糖链结构不产生破坏等优点，是制备 LMW-HA 和 oligo-HA 的首选方法。目前降解 HA 专一性的酶主要有 HA 分解酶和硫酸软骨素酶，控制不同的降解条件，可得到不同分子量 HA，且通过凝胶色谱分离后还可制得 oligo-HA。但由于降解酶的来源比较有限，成本较高，在一定程度上也限制了此法的应用。

HA 的降解性使它较难满足对机械强度、黏弹性有一定使用要求的场合，可以通过交联反应来提高 HA 的分子量和交联度，在一定程度上抑制 HA 的降解。HA 分子中含有丰富的官能团，如羟基、羧基和乙酰氨基等基团，可以利用这些基团使 HA 发生交联反应，例如羧基交联可以得到酯和酰胺等衍生物，常用的交联剂有碳二亚胺、酰肼化合物、二硫化物等；羟基交联可形成醚键，可选用的交联剂有甲醛、戊二醛、环氧化物等；

将乙酰氨基脱乙酰基之后，分子中将携带自由氨基，也可以通过氨基进行交联。

10.4　HA 的改性

HA 存在抗酶作用较弱、半衰期较短、易降解等问题，限制了其在生物医学领域等的应用，因此需对 HA 进行改性，以提高其强度，降低其在组织内的降解速度，扩大应用范围。HA 具有活性羟基、羧基、N-乙酰氨基和还原末端等多个化学改性位点，可通过酰胺化、酯化、开环、接枝和复合等方法进行改性，HA 的结构及改性位点如图 10-6 所示[13]。

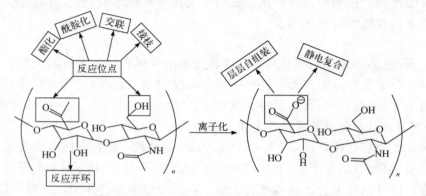

图 10-6　HA 的结构及改性位点示意图[13]

HA 的化学改性方法可大体归纳为两类：一类是接枝；另一类是交联。接枝和交联都是基于相同的化学反应，而区别在于接枝是其他聚合物链段通过共价键嫁接到 HA 主链上，从而改变 HA 的理化特性，如在 HA 分子链上嫁接一些疏水基团，降低 HA 的聚阴离子特性或改变分子链间的聚集力；而交联是不同的 HA 链与交联剂反应连接在一起，形成网络结构，使其在水中只能溶胀而不溶解。此外，交联过程也有不同的类型：直接交联、HA 衍生物的交联以及不同 HA 衍生物的交联。HA 的化学修饰在 HA 的功能位点上进行，主要是羧基、羟基、N-乙酰氨基以及还原末端。

10.4.1　羧基位点改性

HA 的羧基位点改性是在不改变 HA 主链的前提下对 HA 的侧基进行改性。可以通过酰胺化、酯化和交联等方式对羧基改性，常见的是酯化和酰胺化改性。通常先将 HA 侧基上的羧基用活化剂活化，再与氨基化合物、醇类化合物和环氧类化合物反应，形成酰胺或酯。常用的活化剂有碳二亚胺、2-氯-1-甲基吡啶碘化物（CMPI）、2-氯-4,6-二甲基-1,3,5-三嗪（CDMT）和 1,1'-羰基二咪唑（CDI）等。一些含氨基、羟基的药物可以通过这种方法接枝到 HA 主链上。

碳二亚胺在水中的溶解性好，是应用最广泛的 HA 酰胺化修饰活化剂之一，1-乙基-

3-[3-(二甲基氨基)-丙基]-碳二亚胺（EDC）是一种常用的碳二亚胺试剂[14]。在 pH 值为 4.75 的水溶液中，用 EDC 活化 HA 的羧基，再与有机胺反应转化为酰胺[15]。其反应机理是 EDC 活化 HA 羧酸形成 O-酰基异脲中间体，有机胺与活化 HA 发生亲核取代反应形成酰胺键。

使用 EDC 进行酰胺化改性的优点是可直接在透明质酸钠的水溶液中进行，不会导致 HA 链的断裂，HA 的分子量变化小，维持其黏弹性。但是，无法避免 EDC 的水解反应，且有机胺在所用的 pH 范围内易被质子化，因此需要大量添加剂。用 DMSO 代替水，降低 EDC 的水解反应，可获得取代度高达 60%～80%的产物[16]。但是，该方法要求 HA 从它的天然钠盐形式转化为它的酸性形式，以便在有机溶剂中溶解。

用 2-氯-1-甲基碘化碘（CMPI）作为 HA 羧基活化剂也可以进行酰胺化反应[17]。该反应须在无水有机溶剂 N,N-二甲基甲酰胺（DMF）中进行，以最大限度地减少 CMPI 水解。因此，须将 HA 钠盐转化为四丁基铵盐（HA-TBA），使其溶于有机溶剂。1,3-二氨基丙烷可用于在 HA 链之间形成交联结构。首先，CMPI 与 HA 的羧基反应，形成吡啶鎓中间体并释放出氯离子，该离子被四丁基铵中和。具有亲核性的二元胺攻击活化的 HA 羧基形成酰胺键，用三乙胺中和释放的碘离子。该方法的缺点是需要在有机溶剂中进行，需要较长的纯化过程，并且需要将 HA 钠盐转化为其 TBA 盐。但是，与使用碳二亚胺的方法相比，该方法使用的试剂量少，效率高。

当反应体系中不添加胺时，CMPI 活化的 HA 能够与自身羟基发生酯化反应，在 HA 链之间形成酯交联，这种凝胶被称为自交联凝胶。然而，这种反应不如酰胺化反应快。CMPI 活化的 HA 羧基也可以与未活化的羧基反应，但生成的酸酐不稳定，随后与羟基反应形成相同的酯交联。与其他交联技术相比，自交联技术的独特之处在于交联 HA 链之间不存在桥连分子，这确保了只有 HA 在降解过程中被释放。当使用 CMPI 而不是 EDC 时，得到的交联 HA 水凝胶具有更强的刚性和抗体外酶降解能力，因此，CMPI 具有更高的反应活性。

2-氯二甲氧基-1,3,5-三嗪（CDMT）也是一种羧基活化剂，用于 HA 酰胺化反应[18]。反应在水和乙腈（3∶2）的混合溶剂中进行，以使试剂达到最佳溶解效果。首先，CDMT 与羧酸反应形成 CDMT 活化的 HA 中间体，向混合物中加入 N-甲基吗啉铵（NMM）中和产生的氯离子，CDMT 活化的 HA 中间体与胺反应形成酰胺键。

1,1-羰基二咪唑也可以作为 HA 羧基活化剂进行酰胺化反应，反应是由 HA-TBA 盐在 DMSO 中进行[19]。羰基二咪唑与 HA 反应形成高反应活性中间体，该中间体迅速重排生成更稳定的 HA-咪唑中间体。HA-咪唑中间体与胺反应形成酰胺键。该方法反应时间较长，因为咪唑中间体的形成需要 12h，酰胺化反应需要 48h 才能完成。但是，该反应不会释放出强酸，而只会释放出无毒的二氧化碳和咪唑。

采用 Ugi 缩合反应可以实现 HA 的交联[20]。该方法以二元胺为交联剂，在多糖链间形成二酰胺键。该反应是在 pH 值为 3 的水溶液中，与甲醛、环己基异氰酸酯和二元胺进行的。首先，二元胺与甲醛缩合形成质子化的二亚胺，再与环己基异氰酸酯反应，HA 的羧基与活化的氰化物中间体反应，生成酰胺键。该方法需要用甲醛，甲醛是一种致癌物质，它的使用需要特殊的处理。而且，这种方法会形成二级酰胺，会引入新的需要改性的基团。

HA 的羧基可以发生酯化反应[21]，与烷基卤化物，如烷基碘化物或溴化物，在 30℃ 下反应 12h 生成酯。也可以采用对甲苯磺酸作为离去基团，例如，与对甲苯磺酸基团功能化的四甘醇反应生成酯。使用重氮甲烷也可以实现 TA 的酯化反应。用三甲基甲硅烷基重氮甲烷（TMSD）作为羧基活化剂制备 HA 的甲酯。但以上酯化反应须在 DMSO 中进行，需要将 HA 转变成 TBA 盐才能反应。而 HA 与甲基丙烯酸缩水甘油酯可在水中反应，合成甲基丙烯酸酯化的 HA。但反应需要过量的三乙胺作为催化剂。

10.4.2 羟基位点改性

HA 的羟基是另一个常用的改性位点，可以发生成醚反应、缩醛化反应、酯化反应、氧化反应等[21,22]。环氧化合物是一种常用的 HA 交联剂，例如，二环氧化-1,3-丁二烯在强碱性条件（0.2mol/L NaOH 和 0.1%硼氢化钠）、50℃与 HA 反应 2h，可以生成醚；在 0.25mol/L NaOH 溶液中，1,4-丁二醇-二缩水甘油醚（BDDE）与 HA 成醚可以实现交联。其他双环氧化合物也可用于制备交联的 HA 凝胶，例如乙二醇二缩水甘油醚。当 HA 溶液的 pH 值高于羟基的 pK_a 值（pH > 13）时，羟基几乎全部脱质子，比脱质子的羧基更亲核。因此，环氧化合物优先与羟基反应形成醚键。然而，当 pH 值低于羟基的 pK_a 值时，少量的羟基被去质子化，阴离子羧基占主导，可促进酯键的形成，如在酸性条件下（pH 2～4.5），将 HA 与 BDDE 交联形成酯而非醚。然而，即使在弱酸性条件下用双环氧化物进行交联，仍会形成醚键而非酯键，这可能与所使用的 pH 值（4.7、6.1 和 8）有关，与 pH 值低于 4.5 的情况相比，去质子化的羟基数量更多。BDDE 是目前市场上大多数 HA 水凝胶的交联剂。除了易于合成外，HA-BDDE 降解产物尚未表现出任何细胞毒性，并且环氧化合物易被水解为简单的二醇。

二乙烯基砜（DVS）也是一种常用的 HA 交联剂。碱性条件下（0.2mol/L NaOH，pH > 13），HA 与 DVS 反应生成磺酰二乙基键交联，该交联方法的优点是在室温下进行，反应速率快，1h 就足以完成反应，减少了 HA 在碱性溶液中的降解，而且反应介质中 NaCl 等盐的存在可以提高交联度。然而，研究发现，HA-DVS 交联凝胶的降解比通过 HA 羧基交联的 HA-ADH-BS3 水凝胶降解更快[23]。

硫化亚乙基（也称为硫杂环丁烷）可用于合成 2-硫代乙基醚 HA 衍生物[24]。通过添加二硫苏糖醇（DTT），HA 的羟基亲核进攻硫杂环丁烷而开环。如果 HA 的羧基与硫化亚乙基反应，则会形成不稳定的中间体，该中间体会重排成羧基和硫化亚乙基。实验证明，接枝硫醇基团不能进行进一步交联反应，具有自由基清除剂的作用，保护细胞免受活性氧的影响。

HA 的羟基还可以进行缩醛反应，使用戊二醛（GTA）作为交联剂，HA 羟基可以转化成半缩醛[25]。该反应可以在丙酮-水介质中进行，而不能在乙醇-水介质中进行，乙醇羟基会引起副反应而抑制交联反应。戊二醛交联需要在酸性介质（pH 2）中进行，以活化醛并催化反应。但是，半缩醛键可以被水解并在酸性条件下回收起始原料。因此，GTA 交联是不稳定的，通过在缓冲液中溶胀中和水凝胶来稳定。戊二醛的缺点是有毒，需要在反应过程中进行特殊处理并彻底纯化最终产物。

HA 的羟基也可以进行酯化反应。在碱性（pH 9）水溶液中，使用烷基琥珀酸酐[例如辛烯基琥珀酸酐（OSA）]，HA 的羟基与酸酐反应形成酯键[26]。该反应非常快，仅 6h 后就获得了 18%的取代度。也可以采用酰氯活化羧酸化合物，与 HA 上的羟基生成酯键[27]。首先，利用亚硫酰氯的酰化作用使接枝化合物的羧基活化，然后在室温下与 HA 在有机溶剂中反应酯化。用这种方法可以接枝聚乳酸（PLA）低聚物。由于反应是在有机溶剂（DMSO）中进行的，因此 HA 需转化为十六烷基三甲基溴化铵（CTA）盐。HA-CTA 比 HA-TBA 疏水性更高，更易于制备。用甲基丙烯酸酐进行 HA 酯化反应以获得甲基丙烯酸化的 HA，该反应在 pH 8～10 的冰水中反应 12h，甲基丙烯酸酯基团的存在有利于实现 HA 衍生物的光交联反应[28]。使用溴化氰（CNBr）活化 HA 的羟基生成 HA 氰酸酯，再与胺反应，生成 N-取代的氨基甲酸酯键和 HA-异脲副产物[29]。该反应以天然 HA 钠盐水溶液为原料，且仅反应 1h 即可获得高达 80%的取代度。但是，该反应需要较高的 pH（>10）才能发生，导致 HA 分子量降低。

HA 可与高碘酸钠发生氧化反应，将醛基添加到 HA 中[36]。高碘酸钠能够氧化 HA 中 D-葡萄糖醛酸上的羟基，氧化生成二醛，从而打开糖环。反应后分子量从天然 HA 的 1.3×10^6 降低到所得 HA-醛的 2.6×10^5。该方法常用于将多肽接枝到醛基上或与 HA-酰肼衍生物交联形成丁哌卡因的载体。然而，该反应导致 HA 分子量的显著降低。

10.4.3　N-乙酰氨基位点改性

HA 的 N-乙酰基团脱去乙酰基得到氨基，可以使用酰胺化的方法与酸反应生成酰胺键。例如，使用碳二亚胺将酸活化，脱乙酰化的 HA 胺与活化的酸反应形成酰胺键。采用这种方法可实现 HA 与海藻酸的羧基交联[31]。脱乙酰化的 HA 也可以进一步利用 Ugi 缩合反应进行交联[32]。此外，脱乙酰氨基与 HA 的羧基反应形成自交联的水凝胶。但是，脱乙酰化通常在 55℃下使用硫酸肼反应 5 天，这会导致严重的分子链断裂。即使用更温和的处理条件，也会通过消除葡萄糖醛酸部分来诱导 HA 链降解。

10.4.4　HA 与其他高分子材料复合改性

可以采用复合改性改善 HA 的性能。复合改性是将 HA 与其他大分子（羧甲基纤维素钠、胶原、壳聚糖、明胶、聚赖氨酸等）通过物理方式或化学方式进行交联的一种改性方法[33]。该方法制得的复合物不仅能保持不同原料的最初特性，还能对某些性质起到协同增强的效果，扩展了 HA 的应用范围。

较为常用的方法是将 HA 或其衍生物通过化学键将其与其他大分子交联起来制备凝胶[34]。采用水溶性的壳聚糖和氧化 HA 可制备注射凝胶，氧化的 HA 含有醛基，可与水溶性壳聚糖的氨基发生席夫碱反应而快速交联[35]。通过改变可溶性壳聚糖与氧化 HA 的比例可以制备具有不同凝胶时间和机械强度的凝胶。细胞实验表明，包裹到该凝胶中的牛关节软骨细胞能够保持较高的存活率。由两种多糖衍生物组成的可注射凝胶在组织工程领域具有很大的潜在应用价值。利用迈克尔加成反应，可将含巯基的 HA 与带有乙烯基砜的聚乙二醇交联形成复合凝胶[36]。研究发现，通过调整两组分的分子量以及所含有的反应性官能团的数量，复合物的凝胶化时间可以在 1～14min 范围内可调。提高凝胶中聚乙二醇的浓度，可以显著提高凝胶抗 HA 酶降解的能力。采用紫外光交联的方法可以制备 HA-纤连蛋白复合凝胶[37]。由于 HA 凝胶在体内会促进血管生成，纤连蛋白可以促进内皮细胞的生长和增殖，因此所制备的复合凝胶兼具两者的优点。采用带有甲基丙烯酸基团的乙二醇修饰的壳聚糖以及 HA 来构建可注射凝胶，选用适当的引发剂，凝胶时间可以缩短到 40s，细胞的包封率达 90%，且包裹在其中的细胞经过 21 天的组织培养具有很高的成活率（80%～87%）[38]。凝胶中的 HA 成分能够有效促进软骨细胞的分化和生长，显示出该材料在软骨再生和修复方面有巨大的潜在应用价值。采用类似光照交联的方法将 HA 和藻酸盐交联制备复合凝胶，将其用于包裹间质干细胞促进软骨再生[39]。以 EDC 为交联剂，将 HA 和明胶交联形成复合凝胶，冷冻干燥得到具有多孔结构的三维网状结构。提高复合凝胶中 HA 的浓度可以提高其溶胀性，但强度有一定降低。将明胶与 HA 先通过羧基和氨基的反应结合起来，然后将 HA 采用高碘酸氧化，之后通过己二酰肼将其交联起来形成了明胶-透明质酸-己二酰肼复合凝胶[40]。研究结果表明，凝胶的力学性能与软组织类似，包裹在凝胶里面的髓核细胞能够成活并且分化，显示出其在早期椎间盘退变治疗方面的优势。将聚天冬氨酸包裹到交联 HA 凝胶中，得到了具有 pH 响应性凝胶[41]。通过分子间的作用如氢键和静电作用，聚天冬氨酸和 HA 可形成半互穿网络结构。该凝胶具有依赖于 pH 的流变学、溶胀性能，同时具有优异的抗酶降解性能。

　　物理共混也是构筑高分子复合凝胶的一种简单有效方法。在混合物中，参与凝胶组成的大分子间通过物理作用如氢键、疏水作用或者离子螯合等将不同成分结合起来构筑凝胶网络。例如，将甲基纤维素和 HA 共混制备用于促进脊柱修复的注射凝胶[42]。混合物中甲基纤维素为热致凝胶，使得复合物注射到体内之后由于温度的提高而进一步凝胶化。而组分中的 HA 一方面它是非凝胶组分，而且具有明显的剪切变稀特点，因此可用来调节凝胶体系的流变学性能，促进复合物的可注射性能；另一方面用来增加凝胶的生物相容性，并且它所具有的诸如促进血管生成等多重生理功能可以更有效地修复损伤脊柱。将 HA 和藻酸盐通过钙离子交联起来形成复合凝胶[43]。研究表明，HA 的加入可以提高凝胶的水合能力，但 HA 分子量对凝胶强度影响很大，分子量太低会明显降低凝胶强度。在 HA 的溶液中将单体正丙基丙烯酰胺聚合形成了聚丙基丙烯酰胺-透明质酸的互穿网络聚合物结构[44]。HA 组分的存在大大降低复合凝胶的细胞毒性，提高该凝胶的生物相容性。此外，也有研究通过在 HA 主链上接枝上其他聚合物，然后利用共聚物特有的一些相互作用在一定条件下形成凝胶。

10.4.5　HA 与无机纳米材料复合改性

　　无机纳米材料如纳米金、纳米碳材料等，因其独特的纳米效应和功能性，可应用于生物医药相关领域，如生物成像、体内活性物质检测以及靶向载药等。但这些无机材料有相当部分表现出细胞毒性。HA 作为生物体内细胞外基质的重要组成部分，具有多重生理功能和天然优良的生物相容性。因此，其与无机纳米材料复合的功能性杂化材料备受关注。HA 可以用来制备和稳定多种贵金属纳米颗粒。如采用γ射线照射的方法可以制备透明质酸-纳米金颗粒,所制备的纳米金颗粒紫外吸收波长大约在 $517\sim525nm$ 范围内,呈现典型的球形纳米颗粒[45]。Au^{3+}、HA 浓度以及辐照剂量对纳米金的粒径以及产率有很大影响。HA 和辐照剂量的增加会使得粒径变小,Au^{3+}浓度的增加会使得粒径变大。HA 在其中所起到的作用是稳定剂和还原剂,HA 具有的多重官能团如羧基、羟基以及酰胺等都可能起到稳定金纳米颗粒的作用。

利用 HA 作为稳定剂和还原剂制备纳米金,将一定浓度的 HA 与 $HAuCl_4$ 的混合溶液加热到沸腾,然后反应 20min,制备出具有良好抗炎功效的纳米金颗粒,粒径约为 10nm。透明质酸-纳米金广泛应用于体内活性物质检测。例如,将荧光基团结合到 HA 分子链,并将带有邻苯二酚结构的多巴胺修饰在大分子末端,利用邻苯二酚结构与各种表面的相互作用,从而将 HA 分子固定到纳米金颗粒表面,应用于活体细胞间活性氧的检测。细胞间的活性氧可以导致 HA 分子降解,改变纳米金以及 HA 上结合的荧光基团之间的荧光转移。利用纳米金与巯基相互作用,将带有巯基的 HA 和明胶结合形成新颖的动态交联凝胶,该材料可应用于生物打印。

研究发现,新配制的透明质酸-硝酸银溶液,在紫外光照射下,会生成均匀的球形纳米银颗粒[46]。将配制好的 HA 和纳米银分别放置一定时间,然后混合进行紫外光照,可以还原制备出三角形银纳米片。该过程中,HA 作为稳定剂和还原剂,促进纳米银的生成,特殊的三角形纳米片的形成,可归结于长期放置过程中 HA 生成的自由基引发所致。采用直接加热透明酸和硝酸银溶液的方法,也可制得纳米银颗粒[47]。溶液的 pH、温度以及 HA 与硝酸银的比例,均可影响银离子的还原以及所形成的纳米颗粒的形貌。在较低的 HA 浓度下,将混合溶液放置一定时间可以制备出片状纳米银。这可能是由 HA 在纳米银表面的选择性吸附造成。通过静电相互作用,将带有负电荷的 HA 和富含正电荷的二甲基二烯丙基氯化铵均聚物(PDDA)通过层层自组装的方法构建了多层纳米膜。利用紫外光照还原的方法,原位在纳米膜内镶嵌了纳米银颗粒。HA 可以与 Ag^+结合,并在紫外光下使其还原成纳米银(其过程如图 10-7 所示)[48]。以大肠杆菌(*Escherichia* coli)作为模型,该复合膜显示出良好的抗菌性。

利用湿法纺丝的方式可以制备 HA 纤维,在纤维上修饰纳米银颗粒,该纳米复合纤维表现出良好的力学性能、抗菌性以及细胞活性。利用多巴胺改性的 HA,与含邻苯二酚基团的聚乙烯亚胺,通过层层自组装的方法,在包括聚四氟乙烯(PTFE)在内的多种表面构建纳米膜,并且原位在薄膜内镶嵌了纳米银颗粒。

将 HA 修饰到磁性纳米材料表面,不仅能提高其生物相容性,降低细胞毒性,而且利用 HA 与特定配体的相互作用,可以将磁性材料应用于细胞成像、靶向药物释放等领域。例如,利用共沉淀法制备磁性纳米材料,而后在其表面通过化学改性结合 HA 分子以及荧光基团。由于 HA 分子的良好的生物相容性,以及与巨噬细胞表面的 CD44 配体的相互作用,细胞对该磁性纳米材料的摄取显著提高。该磁性纳米材料可以作为靶向于巨噬细胞的有效运输载体,应用于分子成像以及基于巨噬细胞炎症性疾病的治疗。利用苯邻二酚结构所具有的对多种表面的黏附作用,将多巴胺接到 HA 分子主链上,而后修饰到磁性四氧化三铁表面。研究表明,HA 能够有效降低细胞毒性,提高细胞吞噬,促进细胞成像。如果设计合成了带有芘基团的两亲性 HA 分子,利用该分子形成的胶束,将磁性纳米颗粒组装成纳米聚集体，可用于肿瘤细胞成像的研究。

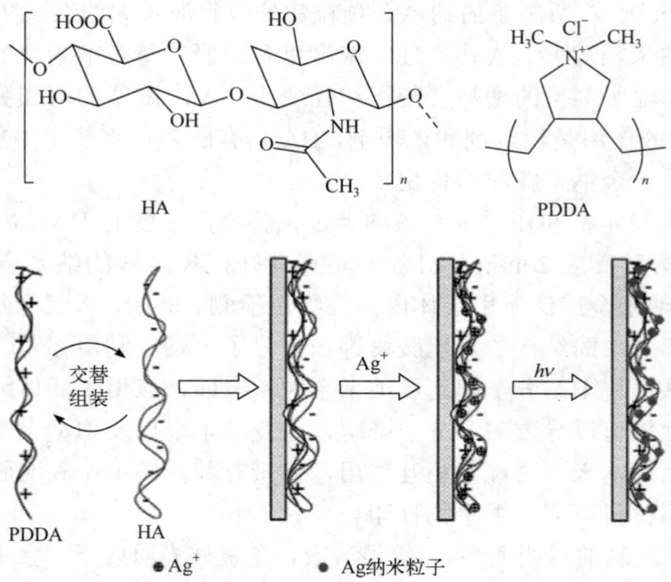

图 10-7 PDDA 和 HA 构建的多层复合膜以及镶嵌的纳米银纳米结构的示意图[48]

HA 还可以与纳米碳材料，如碳量子点、碳纳米管以及石墨烯烃等结合制备多种功能性材料。具有荧光性的碳量子点是一种功能性碳纳米材料，具有良好的化学惰性和较弱的细胞毒性。若将 HA 通过化学键结合到碳量子点上，所制备的透明质酸-碳量子点杂化材料，在紫外光激发下显示出很强的荧光发射[49]。由于表面修饰了 HA，显示出较好的生物相容性。同时，利用 HA 与细胞表面特定配体的相互作用，成功将碳量子载入细胞，并利用量子点的光激发特性对肝脏部位进行实时生物成像。若将 HA 通过化学反应结合到碳纳米管表面，可制备具有良好水溶性的透明质酸-碳纳米管[50]。研究发现，将 HA和单壁碳纳米管混合，超声后得到均一悬浮液体，但随着静置时间的延长，悬浮液会产生相分离。不同比例的透明质酸/单臂碳纳米管构成的悬浮液发生这种相分离的时间也不同。伴随着相分离的发生，悬浮体系的黏度也相应增大。若将表面羧基化的碳纳米管分散在 HA 中，采用二乙烯砜对其进行交联，可制备纳米复合凝胶。冷冻干燥之前的样品形貌，随碳纳米管的含量变化而不同[52]。该纳米复合凝胶具有良好的力学性能和水合性能。若直接将单壁碳纳米管与一定浓度的 HA 溶液超声混合形成均一分散液体，滴到玻碳电极表面将形成包含碳纳米管的纳米复合膜[53]。该复合纳米膜具有良好的生物相容性、较高的导电性以及良好的力学性能，在与生物领域相关的电子器件制备方面有着巨大的潜在应用价值。若将氧化的碳纳米管混合到 HA 中，以此为介质，采用电化学聚合的方法制备透明质酸-碳纳米管-聚吡咯复合膜，得到的纳米复合膜将具有良好的生物相容性和电化学性能[54]。如果将 HA 键合到氧化石墨烯表面，并将光敏剂吸附到透明质酸-氧化石墨烯表面，石墨烯表面修饰的 HA 与肿瘤细胞表面 CD44 配体的相互作用，可以有效地将光敏剂运输到细胞内部[55]。细胞实验表明，杂化材料所携带的光敏剂能够更有效地靶向作用于癌细胞，明显提升光敏剂的疗效。

10.5　HA 的应用

HA 的应用非常广泛，以下从三个方面进行介绍，分别是生物医药领域、化妆品领域和食品保健领域。

10.5.1　HA 在生物医药领域的应用

HA 主要分布在动物和人体结缔组织细胞外基质中，在眼玻璃体、滑液、皮肤、脐带中含量较高。HA 具有高度黏弹性、可塑性、渗透性、独特的流变学特性以及良好的生物相容性，是一种生物可吸收材料。由于保湿性强、生物相容性好，HA 是重要的医药用原料，具有很高的医用价值，可应用于眼科、外科、风湿病科和泌尿科等多个领域，还可应用于治疗炎症、改善多重抗药性、协助血管再生术、预防肿瘤发生和改变细胞外基质的黏弹性等过程。

HA 可用于眼科手术，其中包括囊内/囊外白内障摘除手术、人工晶状体植入手术、角膜移植手术、青光眼滤过手术和视网膜复位手术等，也可在玻璃体切除及视网膜剥离两项手术中当作填充用玻璃体替代物质。同时，HA 也是滴眼液（治疗干眼症）的主要成分，可以有效延长泪膜破裂时间，减少干眼症患者眨眼次数并缓解干、涩、痒、痛症状[56]。

在外科中，HA 常用于预防或减少腹（盆）腔手术后的组织粘连。其防粘连功效是因为 HA 的空间阻断作用，其作用机理主要是[57]：通过物理屏蔽作用将组织分隔，屏蔽炎症介质和细菌；促进血纤蛋白溶解，同时通过刺激 CD44 受体表达，促进间皮细胞增生；调节胶原合成，增强巨噬细胞活性，减少血纤蛋白沉积，促进伤口愈合并减少瘢痕形成；在组织表面形成保护膜，可以减少机械损伤，并对表面进行润滑和保湿；吸收膨胀压迫出血点，可起到抑制出血的作用。

HA 以钠盐形式存在于关节滑液中，并且是软骨基质的成分之一。它可以润滑关节腔、减少结缔组织摩擦、缓冲外界冲力对关节软骨压迫作用。将外源性的高分子量、高浓度、高黏弹性 HA 注入关节中，可以让滑液恢复至正常状态，并促进软骨自然修复。HA 在体内半衰期较短，需要频繁注射来治疗关节病变，导致患者痛苦增加。研究发现，由 HA 和壳聚糖混合而成的新型凝胶，由于壳聚糖的加入，可以增强 HA 的抗降解能力和治疗效果[58]。

HA 可以减缓炎症程度，作为抗炎药剂使用。可用于扁桃体切除手术后的疼痛治疗。另外，HA 可用于减缓疼痛、创面修复、关节炎、肌腱疾病、深度创面的外科手术疗法、烧伤、局部深度灼伤、上皮组织的手术伤口、慢性伤口。用脂肪干细胞培养的硫醇化 HA 交联支架已经被认为是理想的组织工程中脂肪替代品。交联的 HA 生物材料的猫、狗和马等动物试验已表明可以有效治疗创伤[59]。

组织工程中使用基于 HA 的生物材料或者生物支架来增强再生医学的疗效，再生医学主要指生命器官的疾病、药物释放的控制、生长因子和抗体、面部或皮内植入。HA 已经成为组织再生医学中最适合的生物聚合物[60]。

硫酸化的 HA 高分子有助于提高有机/无机复合材料的生物相容性，潜在地刺激肌腱、软骨、骨骼和脊椎的合成代谢活动，恢复损伤位置的间充质干细胞，还可促进目标细胞的分化[61]。HA 水凝胶还可用在基于干细胞治疗的软骨修复。即便如此，HA 支架仍有其局限性，即 HA 支架植入体内会诱导异物反应。各种蛋白质会吸附在植入的 HA 支架表面并诱导包括变性在内的一系列反应。非特异性蛋白质可能是引起异物反应的主要原因。吞噬细胞（单核细胞、白细胞和血小板）粘在 HA 支架表面可能会导致靶细胞中的细胞因子和炎症介质的释放，并引起发炎。

由 HA 和壳聚糖制成的纳米粒子已用于角膜和结膜的基因传递。携带质体 DNA 的 HA-壳聚糖纳米粒子可以扩大人体角膜上皮组织中碱性磷酸酶的分泌。HA-胶原蛋白纳米粒子能够成功地渗透到兔子的角膜和结膜的上皮细胞中并转换 DNA，达到显著的转染水平。免疫监督、血管再生、恶性转化、炎症、耐多药性、组织修复和细胞外基质黏弹性都涉及 HA。

10.5.2　HA 在化妆品领域的应用

由于 HA 具有良好的保湿作用，又是皮肤和其他组织中广泛存在的天然生物分子，从 20 世纪 80 年代开始用于化妆品中[62]。目前国际上添加 HA 的化妆品种类已从最初的霜、乳液、化妆水、精华素胶囊等，扩展到浴液、粉饼、口红、洗发护发剂、摩丝等，应用日趋广泛。保湿作用是 HA 在化妆品中最重要的作用，与其他保湿剂相比，HA 在低相对湿度下的吸湿量最高，而在高相对湿度下的吸湿量最低，这种独特的性质，正适应皮肤在不同季节、不同环境湿度下，如干燥的冬季和潮湿的夏季对化妆品保湿作用的要求。分子量较小的 HA 可渗入皮肤表皮层，促进皮肤营养的供给和废物的排泄，从而防止皮肤老化，起到美容和养颜作用。HA 通过促进表皮细胞的增殖和分化，以及清除氧自由基的作用，促进因受到阳光暴晒所引起的光灼伤等受伤部位皮肤的再生。HA 属于高分子聚合物，具有很强的润滑感和成膜性，含 HA 的护肤品涂抹时润滑感明显，手感良好，涂于皮肤后，可在皮肤表面形成一层薄膜，使皮肤产生良好的平滑感和湿润感，对皮肤起到保护作用。HA 在水溶液中具有很高的黏度，其 1% 的水溶液呈凝胶状，添加在化妆品中可起增稠和稳定作用。

10.5.3　HA 在食品保健领域的应用

人在胚胎时期体内的 HA 含量最高，出生后逐渐减少。如果把 20 岁的人体内的 HA 相对含量定为 100%，30 岁、50 岁、60 岁时分别下降为 65%、45%、25%。相同年龄的人群所含 HA 的量也不同，早老症患者的 HA 含量明显减少，显示衰老的诸多症状。婴儿的皮肤柔嫩光滑，含有比成人高 20 倍的 HA，显示出 HA 与皮肤滑嫩的关系。口服 HA 美容保健食品可补充体内的 HA，具有活化皮肤细胞，保持表皮湿润，改善皮肤状态等功效，表现为由体内至体外的全身美容和保健效果，受到越来越多的人接受和重视。HA 化妆品仅作用于涂抹部位的皮肤表层，增加皮肤表面的 HA 含量，起到滋润、保湿作用，是局部性的。而口服 HA 美容保健品是全身性作用，是由真皮至表皮增加内源性 HA 的含量，使细胞活化发挥全身作用，与化妆品局部使用具有明显的不同。口服 HA 保健品具有以下作用[63]：①增强皮肤的保水功能，使皮肤光滑细腻，富有弹性，延缓皮肤衰老；②改善关节润滑机能，减轻关节疼痛；③延缓其他组织器官因 HA 减少而导致的衰老和功能减退。

　　透明质酸是一种普遍存在的天然多糖，可以通过组织提取法和微生物发酵法等途径制备，具有生物降解性、生物相容性、无毒性、靶向性和非免疫原性等特征，在医药、化妆品、美容整形和保健食品等领域获得广泛应用。但天然透明质酸的高亲水性和酶的脆弱性等特点，在一定程度上限制了其应用，可以通过改性来克服。透明质酸分子链中含大量的羧基、羟基、N-乙酰氨基和还原末端等多个化学改性位点，可通过酰胺化、酯化、开环、接枝和复合等方法进行改性，以满足不同的性能要求。虽然目前商品化的产品并不多（如 Declage®），但它是一种非常有潜力的环境友好高分子材料，在不久的将来必将有更大的应用价值。

参考文献

[1] Lapč ík L, Lapč ík L, De Smedt S, et al. Hyaluronan: preparation, structure, properties, and applications[J]. Chemical Reviews, 1998, 98 (8): 2663-2684.

[2] Robert S, Asari A A, Sugahara K N. Hyaluronan fragments: an information-rich system[J]. European Journal of Cell Biology, 2006, 85(8): 699-715.

[3] Meyer K, Palmer J W. The Polysaccharide of the vitreous humor[J]. Journal of Biomedical Informatics, 1934, 107(3): 629-634.

[4] Gatej I, Popa M, Rinaudo M. Role of the pH on hyaluronan behavior in aqueous solution [J]. Biomacromolecules, 2004, 6(1): 61-67.

[5] Almond A, Brass A, Sheehan J K. Dynamic exchange between stabilised conformations predicted for hyaluronan tetrasaccharides: comparison of molecular dynamics simulations with available NMR data[J]. Glycobiology, 1998, 8: 973-980.

[6] Day A J, Sheehan J K. Hyaluronan: polysaccharide chaos to protein organization[J]. Current Opinion in Structural Biology, 2001, 11: 617-622.

[7] Luan T, Wu L, Zhang H, et al. A study on the nature of intermolecular links in the cryotropic weak gels of hyaluronan[J]. Carbohydrate polymers, 2012, 87(3): 2076-2085.

[8] 崔媛, 段潜, 李艳辉. 透明质酸的研究进展[J]. 长春理工大学学报, 2011, 34(3): 101-106.

[9] 傅力, 吴海文. 透明质酸(HA)的功能性及生产技术研究进展[J]. 新疆农业科学, 2004, 41(F08): 97-100.

[10] 郭学平, 王春喜, 凌沛学, 张天民. 透明质酸及其发酵生产概述[M]. 1998.

[11] Kendall PE, Dawson M H. A serologically inactive polysaccharide elaboraled by mucoid strains of group A strreptococcs[J]. Journal of Biomedical Informatics, 1934, 118(1): 61-69.

[12] 张飞. 基于透明质酸粘多糖的功能性材料及其应用研究[D]. 上海: 上海交通大学, 2014.

[13] 徐晶, 艾玲, 白绘宇, 等. 透明质酸改性研究进展[J]. 高分子通报, 2011, 2: 78-84.

[14] 林枞, 徐政, 顾其胜, 陈景华. 碳化二亚胺对透明质酸进行化学修饰的研究[J]. 上海生物医学工程, 2004, 25(1): 17-21.

[15] Danishefsky I, Siskovic E. Conversion of carboxyl groups of mucopolysac charides into amides of amino

acid esters[J]. Carbohydrate Research, 1971, 16(1): 199-205.

[16] Bulpitt P, Aeschlimann D. New strategy for chemical modification of hyaluronic acid: preparation of functionalized derivatives and their use in the formation of novel biocompatible hydrogels[J]. Journal of Biomedical Materials Research, 1999, 47(2): 152-169.

[17] Magnani A, Rappuoli R, Lamponi S, et al. Novel polysaccharide hydrogels: characterization and properties[J]. Polymers for Advanced Technologies, 2000, 11(8-12), 488-495.

[18] Bergman K, Elvingson C, Hilborn J, et al. Hyaluronic acid derivatives prepared in aqueous media by triazine-activated amidation[J]. Biomacromolecules, 2007, 8(7), 2190-2195.

[19] Fallacara A, Baldini E, Manfredini S, et al. Hyaluronic acid in the third millennium[J]. Polymers, 2018, 10(7): 701.

[20] De Nooy A, Capitani D, Masci G V, et al. Ionic polysaccharide hydrogels via the Passerini and Ugi multicomponent condensations: synthesis, behavior and solid-state NMR characterization[J]. Biomacromolecules, 2000, 1(2): 259-267.

[21] 张堃, 简军, 张政朴. 透明质酸的结构、性能、改性和应用研究进展[J]. 高分子通报, 2015, 9: 217-226.

[22] Schanté C E, Zuber G, Herlin C, et al. Chemical modifications of hyaluronic acid for the synthesis of derivatives for a broad range of biomedical applications[J]. Carbohydrate polymers, 2011, 85(3): 469-489.

[23] Eun J, Kang S, Kim B, et al. Control of the molecular degradation of hyaluronic acid hydrogels for tissue augmentation[J]. Journal of Biomedical Materials Research: A, 2008, 86(3): 685-693.

[24] Serban M, Yang G, Prestwich G. Synthesis, characterization and chondroprotective properties of a hyaluronan thioethyl ether derivative[J]. Biomaterials, 2008, 29(10), 1388-1399.

[25] Crescenzi V, Francescangeli A, Taglienti A, et al. Synthesis and partial characterization of hydrogels obtained via glutaraldehyde crosslinking of acetylated chitosan and of hyaluronan derivatives[J]. Biomacromolecules, 2003, 4(4), 1045-1054.

[26] Eenschooten C, Guillaumie F, Kontogeorgis G, et al. Preparation and structural characterisation of novel and versatile amphiphilic octenyl succinic anhydride-modified hyaluronic acid derivatives[J]. Carbohydrate Polymers, 2010, 79(3): 597-605.

[27] Pravata L, Braud C, Boustta M, et al. New amphiphilic lactic acid oligomer-hyaluronan conjugates: Synthesis and physicochemical characterization[J]. Biomacromolecules, 2008 9(1): 340-348.

[28] Burdick J, Chung C, Jia X, et al. Controlled degradation and mechanical behavior of photopolymerized hyaluronic acid networks[J]. Biomacromolecules, 2005, 6(1): 386-391.

[29] Mlcochová P, Bystricky S, Steiner B, et al. Synthesis and characterization of new biodegradable hyaluronan alkyl derivatives[J]. Biopolymers, 2006, 82(1): 74-79.

[30] Jia X, Colombo G, Padera R, et al. Prolongation of sciatic nerve blockade by in situ cross-linked hyaluronic acid[J]. Biomaterials, 2004, 25(19): 4797-4804.

[31] Oerther S, Maurin A, Payan E, et al. High interaction alginate-hyaluronate associations by hyaluronate deacetylation for the preparation of efficient biomaterials[J]. Biopolymers, 2000, 54(4): 273-281.

[32] Crescenzi V, Francescangeli A, Segre A, et al. NMR structural study of hydrogels based on partially deacetylated hyaluronan[J]. Macromolecular Bioscience, 2002, 2(6): 272-279.

[33] 丁金聚, 孙伟庆. 透明质酸复合材料研究现状[J]. 中国组织工程研究, 2015, 19(21): 6.

[34] Tiwari S, Bahadur P. Modified hyaluronic acid based materials for biomedical applications-sciencedirect[J]. International Journal of Biological Macromolecules, 2019, 121: 556-571.

[35] 吴益栋, 洪丹, 郝文娟, 叶栋. 超快动态交联的可注射壳聚糖-透明质酸水凝胶及促创伤愈合研究[J]. 中国生物医学工程学报, 2021(05), 40.

[36] 王玮, 包睿, 刘文广. 一种导电可注射水凝胶及其制备方法[P]: CN201610986178. 7.

[37] 慕霞霞, 张立娟, 李芳, 等. 一种皮肤注射用胶原蛋白/透明质酸复合凝胶及其制备方法[P]. CN202211615217. 4.

[38] Tan H, Chu C R, Payne K A, et al. Injectable in situ forming biodegradable chitosan- hyaluronic acid based hydrogels for cartilage tissue engineering[J]. Biomaterials, 2009, 30(1): 2499-2506.

[39] 黄佳星, 刘语菲, 冯丽安, 等. 透明质酸水凝胶在组织修复中的应用[J]. 离子交换与吸附, 2022, 038-001.

[40] 张通, 蔡金池, 袁志发, 等. 基于透明质酸的复合水凝胶修复骨关节炎软骨损伤: 应用与机制[J]. 中国组织工程研究, 2022, 26(04): 617-625.

[41] Mero A, Campisi M. Hyaluronic Acid bioconjugates for the delivery of bioactive molecules[J]. Polymers, 2014, 6(2): 346-369.

[42] Liu L, Liu D, Wang M, et al. Preparation and characterization of sponge-like composites by cross-linking hyaluronic acid and carboxymethylcellulose sodium with adipic dihydrazide[J]. European Polymer Journal, 2007, 43(6): 2672-2681.

[43] 谢航, 刘纯, 胡灏, 等. Ⅰ型胶原/海藻酸钠/透明质酸复合水凝胶用于血管组织工程细胞负载与 3D 培养[J]. 材料工程, 2022, 50(11): 26-33.

[44] 黄缘麟, 李娴, 龙泉, 等. 透明质酸/N-异丙基丙烯酰胺复合水凝胶的制备及其性能[J]. 西南科技大学学报, 2021, 36(03): 33-40.

[45] Skardal A, Zhang J, McCoard L, Oottamasathien S, Prestwich G D. Dynamically crosslinked gold nanoparticle - hyaluronan hydrogels [J]. Advanced Materials, 2010, 22(42): 4736-4740.

[46] Cui X, Li C M, Bao H, Zheng X, Zang J, Ooi C P, Guo J. Hyaluronan-assisted photoreduction is of silver nanostructures: from nanoparticle to nanoplate [J]. The Journal of Physical Chemistry C, 2008, 112(29): 10730-10734.

[47] Xia N, Cai Y, Jiang T. Yao J. Green synthesis of silver nanoparticles by chemical reduction with hyaluronan [J]. Carbohydrate Polymers, 2011, 86(2): 956-961.

[48] Cui X, Li C M, Bao H, Zheng X, Lu Z. In situ fabrication of silver nanoarrays in hyaluronan/PDDA layer-by-layer assembled structure [J]. Journal of Colloid and Interface Science, 2008, 327(2): 459-465.

[49] Goh E J, Kim K S, Kim Y R, et al. Bioimaging of hyaluronic acid derivatives using nanosized carbon dots [J]. Biomacromolecules, 2012, 13(8): 2554-2561.

[50] Marega R, Bergamin M, Aroulmoji V, Dinon F, Prato M, Murano E. Hyaluronan-carbon nanotube derivatives: synthesis, conjugation with model drugs, and DOSY NMR characterization [J]. European Journal of Organic Chemistry, 2011, 2011(28): 5617-5625.

[51] Moulton S E, Maugey M, Poulin P, Wallace G G. Liquid Crystal behavior of single-walled carbon nanotubes dispersed in biological hyaluronic acid solutions [J]. Journal of the American Chemical Society, 2007, 129(30): 9452-9457.

[52] Bhattacharyya S, Guillot S, Dabboue H, Tranchant J F, Salvetat J P. Carbon nanotubes as structural nanofibers for hyaluronic acid hydrogel scaffolds [J]. Biomacromolecules, 2008, 9(2): 505-509.

[53] Thompson B C, Moulton S E, Gilmore K J, Higgins M J, Whitten P G, Wallace G G. Carbon nanotube biogels [J]. Carbon, 2009, 47(5): 1282-1291.

[54] Pelto J, Haimi S, Puukilainen E, Whitten P G, et al. Electroactivity and biocompatibility of polypyrrole-hyaluronic acid multi-walled carbon nanotube composite [J]. Journal of Biomedical Materials Research: A, 2010, 93(3): 1056-1067.

[55] Li F, Park S J, Ling D, Park W, Han J Y, Na K, Char K. Hyaluronic acid-conjugated graphene oxide/photosensitizer nanohybrids for cancer targeted photodynamic therapy [J]. Journal of Materials Chemistry B, 2013, 1(12): 1678-1686.

[56] 庞素秋, 周金生, 陈秋霞, 等. 玻璃酸钠的临床应用[J]. 海峡药学, 2003, 15(4): 252.

[57] 凌沛学, 管华诗. 透明质酸及其衍生物防粘连的研究与应用[J]. 中国药学杂志, 2005, 40(20): 1527-

1530.

[58] Kaderli S, Boulocher C, Pillet E, et al. A novel biocompatible hyaluronic acid-chitosan hybrid hydrogel for osteoarthrosis therapy[J]. International Journal of Pharmaceutics, 2015, 483(1-2): 158-168.

[59] 王翠凤. 透明质酸的应用现状[J]. 中国医疗器械杂志, 2018, 42(1): 4.

[60] 刘晖, 刘爱峰, 张宇, 等. 透明质酸支架在软骨修复工程中的优势和应用策略[J]. 中国组织工程研究, 2022, 26(34): 5518-5524.

[61] Salbach-Hirsch J, Ziegler N, Thiele S , et al. Sulfated glycosaminoglycans support osteoblast functions and concurrently suppress osteoclasts[J]. Journal of Cellular Biochemistry, 2014, 115(6): 1101-1111.

[62] 赖梅兰. 透明质酸及其在化妆品中的应用[J]. 化工管理, 2018, 26: 7-8.

[63] 郭学平, 贺艳丽, 孙茂利, 等. 透明质酸在保健品中的应用[J]. 中国生化药物杂志, 2002, 01: 49-51.

第 11 章　水性聚合物乳液

随着人们环境保护意识的不断提高以及环保法规的严格要求，水性高分子材料尤其是聚合物乳液（分散液）日益受到人们的重视，近年来得到快速发展，逐步取代了传统的溶剂型聚合物体系。基于聚合物乳液或分散体的水性高分子，因其聚合或分散过程中采用水作为连续相，具有环保、卫生、价廉、使用方便、防火、防爆等优点，在涂料、胶黏剂、油墨、密封胶等领域得到日益广泛的应用。丙烯酸酯乳液和水性聚氨酯分散体因其原料来源广泛、聚合工艺简单易操作，聚合物具有良好的成膜性、柔韧性、透明性，以及优异的力学性能、耐候性等，被广泛应用于涂料、胶黏剂、密封剂、油墨等领域。目前有关丙烯酸酯乳液和水性聚氨酯分散体的新型单体合成、聚合工艺改进、粒子结构形态调控、复合改性等研究比较活跃，制备高性能水性聚合物代替溶剂型聚合物，应用于先进高性能聚合物材料领域[1]。

11.1　丙烯酸酯乳液

丙烯酸酯乳液是甲基丙烯酸酯类、丙烯酸酯类、丙烯酸三元共聚乳液的简称，丙烯酸乳液具有良好的成膜性、柔韧性、透明性，以及优异的强度、硬度、耐候性、耐水解性等，其作为主要成膜物已广泛应用于建筑涂料、防水涂料、工业涂料、纺织助剂、皮革纸张处理剂以及压敏胶等。目前，工业上对丙烯酸酯乳液性能的要求越来越高而且专用性强。因此，应对丙烯酸酯乳液的化学组成、粒子结构进行设计，同时优化乳化体系、引发体系以及聚合工艺，并将其与聚合物或无机纳米材料复合以制备性能优良的丙烯酸酯乳液。

11.1.1　丙烯酸酯单体化学组成

丙烯酸酯乳液是以水为分散介质，经乳液聚合工艺合成。丙烯酸酯单体是形成丙烯酸酯聚合物的基础，丙烯酸酯单体种类繁多，不同化学组成的丙烯酸酯单体决定其相应聚合物乳液产品的基本性能。可以根据其玻璃化转变温度的不同和单体本身的特性分为硬单体、软单体和功能单体。硬单体指的是合成均聚物玻璃化转变温度较高的一类单体，可以增加胶乳膜的强度、硬度、耐磨性等性能，常见有苯乙烯、醋酸乙烯酯、甲基丙烯酸甲酯等。软单体指的是合成均聚物玻璃化转变温度较低的一类单体，可以增加胶乳膜的柔韧性、弹性等，常见的有丙烯酸丁酯、丙烯酸乙酯等。功能单体指的是含有羟基、羧基、氨基或环氧基等的一类丙烯酸酯单体，可以赋予乳胶膜一些反应特性。此外，不同化学组成的丙烯酸酯单体赋予丙烯酸酯聚合物膜的耐水、耐候等特性不同。

通常在设计、选择丙烯酸酯乳液单体及其组成时，可以根据所需丙烯酸酯乳液应用领域及对乳液性能要求对软、硬及功能单体的种类进行选择，同时不同丙烯酸酯乳液应用领域对丙烯酸酯共聚乳液的玻璃化转变温度要求范围不同。如不同用途的丙烯酸酯乳液涂料，其乳液的玻璃化转变温度（T_g）相差很大，且乳液的 T_g 直接影响乳胶漆膜的性能。通常外墙漆用的弹性乳液 T_g 一般低于$-10℃$，北方应更低一些；而热塑性塑料漆用树脂的 T_g 一般高于 $60℃$。交联型丙烯酸树脂的 T_g 一般在$-20～400℃$。丙烯酸酯乳液共聚单体之间的配比关系直接影响着丙烯酸酯聚合物乳液玻璃化转变温度、最低成膜温度、乳液的黏度等一系列性质。通常玻璃化转变温度的设计常用 Fox 公式，借助 Fox 公式可以初步选择共聚物单体并估算单体的用量[2]。该公式对于理论丙烯酸酯共聚物 T_g 理论值及共聚物单体组分理论值的计算有一定参考价值，但其准确度和单体组成及聚合工艺等有关。

11.1.2　乳液成膜过程

乳液是涂料配方中最重要的组分。它能够形成连续的膜，这层膜干了之后不会重新溶于水，并且能够起到将颜料固定在涂料中的作用。乳液形成连续乳液膜的过程中包括一个将单个的不连续的颗粒融合成一个均相的过程。了解乳液膜的形成机理是对乳液进行更深一步讨论的首要条件。以下对乳液在成膜过程中的不同阶段进行简要介绍：

第一阶段：乳液颗粒进行曲形的布朗运动。

第二阶段：随着水的蒸发，颗粒的自然运动受到限制，最后水蒸气的表面张力使它们形成一个紧凑的序列。

第三阶段：随着颗粒的彼此接触，水分通过毛细管网络蒸发，形成很大的毛细管压。毛细管压改变了乳液形状，使乳液颗粒融合起来，填补了水蒸发后留下的空间，初步形成了膜。

第四阶段：聚合物分子扩散形成一个真正连续的膜。

可以看出，第三阶段对乳胶膜性能的影响最为关键，大量研究表明，最后阶段粒子之间的相互融合发展，成为具有一定力学强度的膜主要是通过聚合物分子间的相互扩散来实现的。因此，相邻乳胶粒子之间聚合物链段的相互扩散对乳胶膜力学性能的影响很重要。聚合物链段的扩散能力主要取决于聚合物的玻璃化转变温度，即链段的运动能力。聚合物的分子量、聚合物链段的柔性以及乳胶粒内部的交联程度，这些都是影响玻璃化转变温度的因素。此外，乳胶膜的性能还取决于成膜温度以及是否使用了成膜助剂。目前，丙烯酸酯乳液的主要问题是：如何使乳胶膜既有好的成膜性，又具有很好的力学性能。好的成膜性要求丙烯酸酯乳液聚合物的玻璃化转变温度比较低，能够在室温下成膜，而良好的力学性能要求乳液聚合物具有比较高的玻璃化转变温度，这是一对矛盾。工业上通常采用加入成膜助剂如乙二醇丁醚、丙二醇苯醚及十二碳醇酯等高沸点溶剂降低成膜温度。成膜助剂的主要作用是使乳液粒子表面软化，容易变形，在较小的作用力下就可以紧密靠拢使聚合物链段自由度增大，在粒子靠拢时分子链互相扩散，融合成膜，漆膜干燥后完全挥发（一般在一周之内），不影响聚合物的膜性能。但是，挥发的成膜助剂增加了体系的有机挥发物含量（VOC），给环境带来不良影响。目前主要采用硬、软乳液混合，核壳乳液聚合、交联乳液、聚合物复合乳液及有机-无机纳米复合乳液等技术以制备具有良好成膜性及优异膜性能的丙烯酸酯乳液。

11.1.3　丙烯酸酯乳液聚合技术及其形态控制

核壳乳液聚合是大约在 1980 年于种子乳液聚合基础之上发展起来的一种新聚合工艺技术[3]。由于常规乳液聚合制备出的乳液粒子是呈现均相的，而与其对比核壳聚合的胶粒则是处于非均相的。核壳乳液聚合法提出了"粒子设计"的新概念，即在不改变乳液单体组成前提下改变乳胶粒子结构形态，进而提高乳液性能，例如最低成膜温度（MFT）低、抗回黏性好、成膜性及力学性能、耐水性及耐腐蚀性等[4,5]。根据核和壳单体的不同，正常的丙烯酸酯核壳聚合物主要有两种类型：硬核软壳型，该结构设计有利于粒子成膜阶段的粒子间的相互融合，形成连续的膜，兼顾乳胶粒子的成膜性和膜力学性能的提高，这类聚合物主要用作水性丙烯酸酯涂料的基料；软核硬壳型，如以丁二烯、丙烯酸丁酯等为软单体，经乳液聚合后为种子，甲基丙烯酸甲酯、苯乙烯、丙烯腈等为硬单体，加入继续聚合，形成硬壳层。如以聚丁二烯为核，苯乙烯和丙烯腈共聚物为壳，就形成了著名的 ABS 工程塑料。通常核壳结构乳胶粒子可通过种子乳液聚合或分步乳液聚合法制备，首先合成适宜的种子乳液，然后再以不同的方式加入第二部分单体，使之继续聚合，按照第二步单体加入的方式，单体和引发剂的性质等条件的影响，可以形成形态各异的核壳结构聚合物粒子。这种聚合方法成功的关键在于第二次聚合时需要限制乳化剂的添加量，防止新的胶束形成进而成为新的小粒子。根据制备过程中第二阶段加料方式的不同，核壳乳液聚合方法可分为半连续法、溶胀法、间歇法。其中，半连续法制备得到的乳胶粒子呈"橡果树"结构，核壳组分比例大且均匀；溶胀法制得的乳胶粒子呈"草莓"结构，核壳组分比例较前者相比小且不均匀；而间歇法制备得到的乳胶粒子呈现复杂的状态，即"橡果树"结构和多核的"海岛"状核壳结构并存。此外，通过引入交联单体，通过控制壳、核的交联，采用包埋等多种技术赋予核壳聚合物以热敏、光敏、pH 敏感性、吸水等功能，使得其被广泛应用于涂料、黏合剂、化妆品、医药、塑料、复合材料等领域。

11.1.4　交联乳液

与传统的溶剂型树脂相比，聚合物乳液形成的膜在耐水性、耐化学品性、抗粘连性、耐污性、耐热性和硬度、强度等方面还稍逊色。乳液聚合物成膜时如果能够形成交联结构，则在交联固化过程中可形成三维网状结构，使乳胶膜的耐水性、耐溶剂性以及硬度等性能得到显著提高。因而，聚合物交联乳液的研究较活跃，并取得了显著进展[6-8]。从 20 世纪 60 年代中期开始，国外就开展这方面的研究，在市场上推出许多交联乳液产品。例如：早在 1960～1970 年，Rodgers 推出了无甲醛的锌盐交联剂；1970～1980 年，Cordova Chemical 公司推出了氮丙啶类交联剂；1990～2000 年，ECC 公司使用甲基丙烯酸乙酰氧基乙酯单体制备了室温自交联型乳液，日本 Shokubai 公司和 ICI 公司推出了噁唑啉交联剂，Bayer 公司推出了异氰酸酯水分散体。

通常实现丙烯酸酯乳液交联最广泛使用的方法是将功能性交联单体通过共聚反应引入乳胶粒子，这些官能团之间可以通过离子键、氢键或共价键作用形成交联。大量实验研究表明，实现交联的一个重要条件是这些交联官能团必须要富集在乳胶粒子表面，通常乳液聚合比较容易做到。通常通过离子键、氢键实现交联的最常用单体是含有羧基的官能团，如丙烯酸、甲基丙烯酸等。这类交联体系的主要问题是由于亲水性官能团的大量存在，因此形成的乳胶膜耐碱性比较差。甲基丙烯酸缩水甘油酯（GMA）是一种油溶性较大的功能单体，它可以通过共价键形成交联体系，既可以提高乳胶膜的力学性能，又可以提高乳胶膜的耐水性、耐沾污性、耐酸性以及耐碱性。通常这类交联体系常用的单体还有甲基丙烯酸缩水甘油酯、N-羟甲基丙烯酰胺（NHAM）、N-(异丁氧基甲基)丙烯酰胺等，这类交联单体既可以进行自交联反应，也可以与其他官能团反应形成交联结构。这类交联体系的主要缺点是：往往需要在较高的温度下固化（通常要高于 100℃，固化时间至少要 20min 以上），这样要浪费能源，同时高温固化体系在许多涂料领域不适用（如建筑涂料）。

在众多交联单体中，可聚合的有机硅氧烷因具有很好的交联活性、适中的价格，引起了乳液研究人员的极大兴趣[9-11]。在交联乳液中主要是使用乙烯基团进行共聚反应。烷氧基使共聚乳液具有自交联性。在乳液成膜过程中水分的挥发，使烷氧基有利于水解成硅羟基而产生相互缩合反应，从而产生交联反应，这种交联主要是发生在成膜过程中，因而也称为"后交联体系"。硅氧烷交联体系可以和其他交联体系一样提高乳胶膜的力学强度、耐水性、耐溶剂性等。此外，在乳液体系中引入有机硅氧烷还可以提高乳胶膜的耐候性以及表面耐沾污性等[16-18]。但是，硅氧烷交联体系的主要技术问题是硅氧烷在聚合过程中容易发生水解交联反应，通常采用半连续乳液聚合法或使用水解速率较慢的硅氧烷单体。但是半连续聚合法仍旧不能避免硅氧烷的水解，而采用特殊的硅氧烷单体尽管可以很好地避免水解，但没有工业化价值。近年来细乳液聚合为合成硅氧烷改性聚合物乳液开辟了新的方向，细乳液的单体液滴可以很好地避免硅氧烷单体与水接触，从而可以抑制其在聚合过程中的水解-缩合反应，为合成高含量硅氧烷改性丙烯酸酯交联乳液提供了可能[12-15]。

11.1.5   细乳液聚合

1973 年，美国 Lehigh 大学的 Ugelstad 等首次发现，在乳液聚合中单体液滴可以成为主要成核方式。这归因于采用了十六醇（CA）和十二烷基硫酸钠（SDS）为共同乳化剂，在高速搅拌下苯乙烯在水中被分散成稳定的亚微米单体液滴[19]。从此液滴成核成为一种新的乳液聚合方式，相应的液滴成核聚合称为细乳液聚合。其典型特征在于较小的单体液滴尺寸（50～500nm）和独特的液滴成核机理。细乳液聚合中，在乳化剂、助稳定剂[costabilizer，早期文献中也称为助乳化剂（cosurfactant）]和高速剪切分散设备的共同作用下，乳液被分散成稳定的亚微米单体液滴。研究表明，助稳定剂的作用是在液滴内产生渗透压，抵消液滴间的 Laplace 压力差，降低单体在液滴间的扩散速率，消除 Ostwald 陈化效应，降低液滴尺寸分布宽度。一般要求助乳化剂溶于单体而不溶于水。通常采用长链烃或长链脂肪醇作为助乳化剂。细乳液是热力学亚稳定体系，不能自发形成，必须依靠机械功克服油相内聚能和形成液滴的表面能，使之分散在水中。由于机械分散效率低，分散制备亚微米细乳液时必须使用高强度均化器。常用的均化设备有旋转剪切型均化器、超声波均化器和高压喷射均化器。

乳化剂在液滴表面形成覆盖层，控制液滴大小且阻止液滴间的聚并，强憎水性的助乳化剂所产生的渗透压，可以有效抑制单体从小液滴向大液滴自发扩散而使分散体系失稳的现象（该现象称 Ostwaldripening 效应），从而形成稳定的一定尺度的单体细乳液。单体液滴相对小的体积使其总表面积很大，从而使得大部分的乳化剂都被吸附到这些液滴的表面，以致没有足够的游离乳化剂能够形成胶束或稳定均相成核。此时液滴成为主要成核点，进而成为主要成核场所，这就使得单体在水中的扩散不再是聚合反应的必要条件，从而显著区别于传统乳液聚合。在稳定的细乳液聚合中，乳胶粒的数目和尺寸主要是由聚合前液滴的数量和尺寸决定，并在聚合过程中基本保持不变，而不像常规乳液或微乳液那样由聚合过程动力学决定。在聚合动力学上，细乳液聚合表现出无恒速阶段Ⅱ，引发剂用量对聚合速度、乳胶粒的尺寸及分布的影响大大降低。调节乳化剂用量和均化强度既可以抑制胶束成核和均相成核水平，又可以控制液滴的大小，得到粒径可控的细乳液。因此，细乳液聚合既保留了常规乳液聚合的大部分优点（高聚合速度、高分子量、易散热和低黏度），又具有其特点，它的 50～500nm 尺度的单体液滴可以作为"纳米反应器"，并且平均每升分散体含有 1018～1020 个单体液滴，这些纳米单元相互独立，均匀分布，因此有可能合成均一分布的纳米化合物，这就拓展了乳液聚合的应用范围，它可以合成金属、陶瓷和聚合物纳米粒子，制备多种多样的杂化聚合物分散体，它还特别适用于无机纳米粒子-聚合物体系合成有机-无机纳米复合物[20-23]。因此，近年来细乳液聚合引起人们的极大关注，成为非均相聚合研究的热点。

细乳液聚合由于其优越性，越来越受到人们的重视。美中不足的是，目前广泛使用的 HD 和 CA 助稳定剂由于其有机挥发性而对最终产品产生不良的影响。为克服这一缺点，反应型助稳定剂的使用，以改性聚合物为助稳定剂减少产品的后处理将是以后细乳液聚合发展趋势之一。此外，多种单体共聚制备兼具各方面优良性能的复合乳液或制备可直接使用的高固含量胶乳，利用其独特的聚合机理在颗粒中包入囊心物质制备微胶囊也将成为今后人们重视的发展方向。

11.1.6　改性丙烯酸酯乳液及发展趋势

在丙烯酸酯乳液实际应用中，其与溶剂型树脂体系相比，既有优点又有缺点，特别是在成膜性与膜的性能方面还不能与溶剂型树脂体系相媲美。好的成膜性要求聚合物乳液具有较低的玻璃化转变温度，而良好的力学性能要求乳液聚合物具有比较高的玻璃化转变温度。此外，还要求丙烯酸酯乳液具有较好的硬度、耐化学性、耐沾污性及抗菌、抗静电等功能特性。目前，有机-无机杂化（Hybrid）复合[24,25]、有机杂化聚合[26,27]、有机-无机纳米复合[28,29]等方向成为丙烯酸酯乳液研究的热点。其中，有机-无机纳米复合材料在 20 世纪 80 年代末开始兴起，它综合了高分子聚合物易加工的优点和无机物高刚性、高强度等特点，但是无机纳米粒子本身易团聚、与聚合物的相容性差，较难均匀分散在聚合物体系中，从而影响到复合材料的性能。因此，解决纳米无机物团聚体的分散问题就成为研究聚合物-无机纳米复合材料的关键。无机粒子存在下的原位乳液聚合是近年发展起来的一种崭新的复合技术。通过原位乳液聚合，将高分子包覆在无机粒子的表面，制得核壳粒子，并使团聚的纳米粒子剥离，改善了聚合物与无机物之间的相容性，从而有利于制备纳米分散的聚合物-无机纳米复合材料。有机-无机纳米复合乳液将无机纳米粒子直接引入聚合物乳液中制得复合乳液，可以直接作为水性涂料等的基料。无机纳米粒子的引入可以改善乳液的成膜性，增强乳胶膜的力学性能，赋予丙烯酸酯乳液功能性，如抗菌、抗静电、抗紫外线、自清洁、耐久性及耐划伤等，在先进涂层材料领域具有较好的应用前景。

11.2　水性聚氨酯

聚氨酯（PU）是一种性能优异的高分子材料，具有较好的强度、弹性、耐磨、抗撕裂、抗挠曲性，其原料来源广、品种丰富，被誉为"可裁剪"的聚合物，是高分子材料中唯一在塑料、橡胶、纤维、弹性体、涂料、胶黏剂等领域均有较高应用价值的有机合成材料，被誉为"第五大塑料"。聚氨酯主要分为溶剂型聚氨酯、聚氨酯弹性体、水性聚氨酯、光固化聚氨酯等，水性聚氨酯以水为分散介质，具有高分子量、低黏度、综合性能好、环保、安全、卫生等优点，已广泛应用于涂料、胶黏剂、油墨、密封剂等领域。

11.2.1　水性聚氨酯的结构

聚氨酯是分子主链上含有氨基甲酸酯（—NH—COO—）重复单元的聚合物，它是由多异氰酸酯（通常为二异氰酸酯）单体与多羟基官能化（通常为聚酯多元醇和聚醚多元醇）单体以及小分子扩链剂通过逐步加成聚合反应形成的[30,31]，是杂链高分子，分子主链上有碳 （C）、氧（O）、氮（N）共价键相连，化学键容易极化，分子之间氢键作用力强。聚氨酯分子是由柔性链段和刚性链段交替连接而成的嵌段共聚物，硬段是由异氰酸酯和扩链剂所组成，硬段部分相互靠拢，氢键形成结点，使分子链之间不能相对滑动；而软段部分则是由聚合物多元醇组成，该部分柔顺性较好，提供柔性。在 PU 的聚集态结构中，硬段不溶于软段，而是均匀分布在软段中，称之为微相分离，该结构使聚氨酯树脂具有高硬度时仍有较高的延伸率，硬而不脆，耐冲击强度优异，自修复能力强，耐磨、耐低温性突出，具有广泛的兼容性。

水性聚氨酯（WPU）主要由低聚物二醇、二异氰酸酯和亲水单体、小分子扩链剂组成，亲水单体主要为二羟基丙酸、二羟甲基丁酸、氨基磺酸盐、二羟基胺类化合物组成。

水性聚氨酯分散液是一种二元胶体分散体系。其中，聚氨酯为分散相，以乳液颗粒的形态分散在连续的水性介质中。WPU 的稳定性和粒径和分散体微粒表面双电层的 ζ 电位有关，ζ 电位的高低取决于水性聚氨酯粒子表面电荷及双电层的厚薄，即取决于亲水基团的含量、酸碱程度（pK）和电离度（A）。通常采用每 100g 预聚体含亲水基团的物质的量（mmol）作为亲水基团含量指标，也可用每 100g 预聚体含亲水单体的质量作为亲水基团的含量指标。

11.2.2　水性聚氨酯的种类

根据外观，水性聚氨酯可分为聚氨酯水溶液、聚氨酯分散液以及聚氨酯乳液。其中，聚氨酯分散液和聚氨酯乳液应用相对较广。三种水性聚氨酯的性质如表 11-1 所示。

表 11-1　水性聚氨酯的性质

名称	聚氨酯水溶液	聚氨酯分散液	聚氨酯乳液
状态	溶液-胶体	分散	分散
外观	透明	半透明	不透明
粒径/nm	<1	1～100	>100
分子量	1000～10000	1000～100000	>5000

根据所带亲水性基团电荷性，水性聚氨酯可分为阴离子型水性聚氨酯[32]、阳离子型水性聚氨酯[33]和非离子型水性聚氨酯[34]。其中，阴离子型 WPU 包括—COO^-型和—SO_3^-两类，前者产量大、应用广；阳离子型 WPU 主要为带正电荷的季铵盐型；非离子型 WPU 在水中的分散特性主要取决于亲水链段（一般为中低分子量的聚氧化乙烯）或亲水性基团（一般为羟甲基或羟乙基）。

根据合成单体种类，WPU 会因多元醇的分类不同而显现出产品的多样性，常见的多元醇包括石油原料聚酯、聚醚，所以也将水性聚氨酯分为聚酯型水性聚氨酯、聚醚型水性聚氨酯，还包括聚酯-聚醚混合型。而以异氰酸酯的分类来说，可将其分为以六亚甲基二异氰酸酯为主的脂肪族 HDI 型、以甲苯二异氰酸酯为主的芳香族 TDI 型、以异佛尔酮二异氰酸酯脂环族 IPDI 型。

11.2.3　水性聚氨酯的性质

水性聚氨酯树脂是将聚氨酯分散在水中形成的均匀乳液，具有不燃、气味小、不污染环境、节能、操作加工方便等优点，广泛用作黏合剂和涂料。水性聚氨酯具有以下性质：

①大多数水性聚氨酯树脂中不含反应性—NCO 基团，因而树脂主要靠分子内极性基团产生内聚力和黏附力进行固化。水性聚氨酯中的羧基、羟基等在适宜条件下可参与反应，使黏合剂产生交联。

②黏度是黏合剂使用性能的一个重要参数。水性聚氨酯树脂的黏度一般通过水溶性增稠剂及水来调整。

③由于水的挥发性比有机溶剂差，故水性聚氨酯黏合剂干燥较慢，材料的耐水性较差。

④水性聚氨酯树脂可与多种水性树脂混合，以改进性能或降低成本。此时应注意水性树脂的电性和酸碱性，否则可能引起水性聚氨酯树脂凝聚。

⑤水性聚氨酯树脂气味小，操作方便，残胶易清理。

11.2.4　水性聚氨酯的制备

水性聚氨酯的制备过程主要分为两个阶段。第一阶段称为预聚合阶段，即由二异氰酸酯或多异氰酸酯、低聚物二醇、亲水单体以及扩链剂在溶剂中逐步聚合生成水性聚氨酯预聚体；第二阶段中和第一步所制得的预聚体，并使其在水中分散均匀制得聚氨酯水分散液。水性聚氨酯乳化的主要方法可分为两大类：

（1）外乳化法

所谓外乳化法就是在乳化剂、高剪切力存在下强制乳化的方法。早期的聚氨酯水分散体采用此法制备，所得的乳液粒径较大（0.7～3μm），储存稳定性不好。并且由于使用了较多的乳化剂，亲水性小分子乳化剂的残留会使聚氨酯成膜物的物理性能变差。目前，国内外已很少采用外乳化法。

（2）自乳化法

自乳化法又称内乳化法，即在制备聚氨酯过程中引入亲水性成分，无须添加乳化剂。在水性聚氨酯的合成过程中，根据反应中溶剂用量和分散过程的特点，自乳化法可分为丙酮法[35]、预聚体分散法[36]、熔融分散法[37]和酮亚胺/酮连氮法，其中较常用的合成方法是前两种。

①丙酮法也被称为"溶剂法"，此法是先制备使用异氰酸酯基团封端的高黏度预聚体，加入丙酮、丁酮或四氢呋喃等低沸点、与水互溶、易于回收的溶剂以降低黏度，提高预聚体的分散性。反应过程可根据体系的黏度加入适量的溶剂进行调节，然后用亲水单体进行扩链，在高速搅拌下加入水中，通过强剪切作用使之分散于水中，乳化后减压蒸馏回收溶剂，即可制得聚氨酯（PU）水分散体系。由于丙酮在 PU 的合成反应中为惰性溶剂，与水可以任意比例混溶且沸点不到 60℃，因此在此法中多用丙酮作为溶剂，故名"丙酮法"。该工艺的优点是合成反应在均相体系中进行，易于控制，适用性广，结构及粒子大小可调，是目前使用最广泛的制备方法之一。缺点是有机溶剂使用量过高，成本高，不够经济，且存在安全隐患，不利于大规模工业化生产。

②预聚体分散法。为了弥补丙酮法使用大量溶剂的缺点，可先制备带亲水基团并含—NCO 端基的预聚物，在水中分散后，利用二胺使链增长，当预聚物黏度高时，可使用少量溶剂。这个方法的优点是工艺简单，能节省大量溶剂。例如，二元醇和二羟甲基丙酸生成带羧基官能团的聚氨酯，酸上的位阻羧酸基团同异氰酸酯反应慢，基本没有酰胺键生成，用胺把树脂上的羧基中和后，用水稀释该体系得到水分散液。该法适用于—NCO

活性不高的二异氰酸酯。该法和丙酮法一样，对离子型和非离子型聚氨酯均适用。

11.2.5　水性聚氨酯的改性

水性聚氨酯（WPU）以水为分散介质，具有高分子量、低黏度、综合性能好、环保、安全、卫生等优点，符合绿色环保、可持续发展理念要求，近年来在涂料、胶黏剂、油墨等领域得到很好的推广与应用。但是水性聚氨酯的力学性能、耐水性等性能还不能与传统溶剂型聚氨酯相媲美，因而限制了其进一步推广应用。目前有关提高 WPU 力学性能、耐水性等改性研究主要集中于以下方面：①WPU 组成、合成工艺、结构与性能的优化研究，交联改性（有机硅氧烷等），以及聚合物如丙烯酸酯、环氧树脂、有机硅氟等与WPU 的复合改性研究；②无机纳米或有机纳米复合改性（黏土、纤维素等）。相比较而言，水性聚氨酯/无机纳米复合体系将有机、无机和纳米材料特性有机结合，是制备高强度、高耐水、高阻隔等高性能水性聚氨酯功能涂层材料非常有前途的方法，目前受到国外研究人员的广泛关注。

（1）交联改性

交联改性是指通过使用分子链上含有两个或两个以上官能团的交联剂与—NCO 基团反应，增加 PU 分子链的交联密度，把线型的 PU 交联成网状结构。交联改性是改善WPU 膜力学性能和耐溶剂性能的一种常用且有效方法，主要包括内交联法和外交联法两种类型。内交联法是在 PU 预聚体的合成过程中，加入适量多官能团的小分子多元醇，或在 PU 聚合物乳化后期加入适量多元氨类小分子进行扩链，也可以同时使用上述两种方式进行改性。外交联法又叫后交联法，是在 WPU 乳液固化成膜时，加入能与 PU 分子链上活性基团反应的活泼氢化合物，外交联能够明显改善 WPU 膜的力学性能。

交联改性虽然能够显著提高 WPU 乳液和胶膜的各项性能，但是交联剂的加入会使PU 预聚体的黏度大幅度增加，从而加大 PU 的乳化难度，增加降黏过程中有机溶剂的用量，导致后期脱除乳液中溶剂的能耗增加，成本增加。

（2）共聚改性

共聚改性是通过氨基、羟基、环氧基等含活泼氢的基团与—NCO 封端的 PU 预聚体反应，在聚氨酯分子链上引入具有某种特殊性能的改性单体来提高 WPU 性能的一种改性方式。

①丙烯酸酯改性。丙烯酸酯具有力学性能好，抗黄变，耐水、耐老化性能好等诸多优点，然而丙烯酸树脂属于热塑性树脂，对温度变化较为敏感，耐热性、耐磨性差，并且不耐溶剂，易导致涂层脱落。单纯的 PU 乳液和单纯的聚丙烯酸酯（PA）乳液受其自身化学结构的影响，均有着各种各样的缺陷，故通过在 PU 的主链上接枝丙烯酸酯链段形成嵌段共聚物，形成核壳结构复合粒子。

②环氧树脂改性。环氧树脂的模量高，强度大，刚性大，附着力强，光泽、热稳定性、耐化学性等性能好。在聚氨酯乳液中加入适量的环氧树脂，可以使乳液的各项性能均有显著提升，而且其形成的胶膜拉伸强度、耐水性、耐热性和耐溶剂性明显增强。

③有机氟、有机硅改性。氟原子的电负性最大，C—F 键的极化率小，键距短，分子

间凝聚力小，从而具有极低的表面自由能。有机氟聚合物界面的张力较小，与空气接触界面间分子作用力小，从而使得有机氟材料具有优异的疏水、疏油和化学稳定性。因此含氟材料可改变，WPU 的耐水性、表面疏水性、耐候性和光学性能等。硅氧烷发生水解缩合生成 Si—O—Si 交联网络结构，该交联结构中无机 Si—O 键极性低、键能高，具有电绝缘性、疏水性、耐热性和耐候性等优异性能。利用 Si—O 键的优良特性可以改善 WPU 的不足，而且高交联密度的 Si—O—Si 网络结构也可以进一步提高 WPU 的性能。

（3）无机纳米复合改性

水性聚氨酯/无机纳米复合体系将有机、无机和纳米材料特性有机结合，是制备高性能水性聚氨酯功能材料非常有前途的方法。这类新型纳米复合涂层在高耐磨、高阻隔、耐热、阻燃、耐久等高性能涂层材料领域具有诱人的应用前景。常用的无机纳米材料有黏土、二氧化硅、碳纳米管和石墨烯等。但是无机纳米粒子本身易团聚，与聚合物的相容性差，较难均匀分散在水性聚氨酯体系中，从而影响到体系的性能。因此，解决纳米无机物团聚体的分散问题就成为研究水性聚氨酯-纳米无机复合乳液的关键。

11.2.6　水性聚氨酯的应用

水性聚氨酯既具有良好的综合性能，又具有环保、无污染等特点，被广泛应用于涂料、皮革加工、胶黏剂和纺织等行业。

（1）涂料行业

水性聚氨酯具有附着性好、耐候性强以及流平性好等优点[38]。汽车行业的汽车零部件、内外装饰，尤其是汽车涂料的底漆，其中 90%使用的是 WPU 涂料。在家庭装饰里高性能的水性木器漆不仅具有很好的耐磨性、防水性和耐擦洗性，而且柔韧性、丰满度也非常好。另外，WPU 防腐涂料能有效地防止金属制品的生锈腐蚀。近年来，国外先进的 WPU 涂料技术进入我国涂料市场，一大批性能优异的涂料不断问世，使 WPU 涂料的性能越来越能满足工业涂装的要求，并走向"绿色化"方向。

（2）纺织行业

水性聚氨酯对各种基材都具有良好的粘接性，并且透气吸湿性也很优异。调节聚氨酯高分子结构可用于织物的防水、防油、防污及防起毛球等方面。聚氨酯材料柔韧、耐磨，可用作多种织物的涂层剂，例如帆布、服装面料及传送带涂层[39]。另外，水性聚氨酯在羊毛防缩整理、无纺布整理、植绒整理等方面都有应用。

（3）胶黏剂行业

由于水性聚氨酯中含有氨基、酯基、氨基甲酸酯及脲基甲酸酯等多种活性基团和极性集团，因此其粘接性能好，胶膜物理性质可调节范围大，可用于多种基材的粘接和黏结。相比于有机溶剂型聚氨酯胶黏剂，水性聚氨酯胶黏剂成本低，具有无毒、无污染、易处理、黏合效果好等特点[40]。

（4）皮革加工行业

WPU 乳液主要用作涂饰剂、复揉剂和黏合剂等。由于粒子表面没有乳化剂，成膜速率快（可与溶剂型相媲美）、性能好且对环境没有危害。用 WPU 乳液涂饰后的皮革具有光亮、丰满、耐磨耗、弹性好和耐低温等优良性能[41]，使其在皮革应用方面居于重要地位。

目前水性聚合物乳液等环境友好材料将爆发式增长。面对急速变化的市场，应抓住制造市场转瞬即逝的机遇，创新技术，致力于产品的不断开发，打造行业领域的发展标杆，对水性聚氨酯的研究充满了可能性。由于技术的限制，目前的水性聚氨酯工业还有一些问题亟待解决，在如下的几个方面正不断改进：

①尽量降低 VOC 的含量。为了解决水性聚氨酯在水中的分散和乳液体系黏度的问题，实际生产中依然会添加少量的有机溶剂，可能会对环境产生一定的污染。现阶段需要开发环境友好的助溶剂、成膜助剂，继续提高 VOC 的回收率和降低乳液体系中的 VOC 含量，在未来争取做到低 VOC 排放甚至无 VOC 排放。

②提高聚氨酯的交联度。水性聚氨酯由于多数为线型结构，因此同溶剂型聚氨酯相比，力学性能和耐热性等方面还是有一定的差距，为了解决这个问题，可以通过交联的方法，引入三官能团及以上化合物，设计合成超支化多元醇，在聚氨酯体系中形成部分支化和交联结构，以进一步提高水性聚氨酯的物理性质，拓展高性能水性涂层材料在先进涂层材料领域的应用。

③优化工艺，合成高分子量的水性聚氨酯，以提高其内聚强度、初粘力等，进一步提高水性聚氨酯乳液的固含量，以提高其生产效率，满足施工及应用要求。目前所生产的水性聚氨酯的固含量较低，多为 20%～40%，因此干燥所需时间过长，这限制了水性聚氨酯的广泛使用。

④利用可再生资源如蓖麻油等合成生物基水性聚氨酯，充分利用二氧化碳路线合成碳酸酯多元醇开发二氧化碳基水性聚氨酯和非异氰酸酯路线水性聚氨酯，以满足生物可降解要求，拓展其在医疗、食品、卫生等领域的应用。

参考文献

[1] 曹同玉, 刘庆普, 胡金生. 聚合物乳液合成原理性能及应用[M]. 北京: 化学工业出版社, 2007: 21.

[2] 大森应三(日). 功能性丙烯酸酯[M]. 张育川, 朱传肇, 等译. 北京: 化学工业出版社, 1986.

[3] Okubo M, Yamada A, Matsumoto T. Preparation of composite particles with core-shell structure[J]. Journal of Polymer Science, 1980: 3219-3220.

[4] 何卫东, 潘才元. 核壳聚合物粒子[J]. 功能高分子学报, 1997, 10(1): 110-117.

[5] 白如科, 王鸣哲, 何卫东, 潘才元. 种子乳液聚合方法制备聚苯乙烯-聚硅氧烷核壳粒子[J]. 功能高分子学报, 1995, 8(2): 128-133.

[6] Zosel A, Ley G. Influence of crosslinking on structure, mechanical properties, and strength of latex films[J]. Macromolecules, 1993: 2222-2227.

[7] Daniels E S, Klein A. Development of cohesive strength in polymer films from latices: effect of polymer chain interdiffusion and crosslinking[J]. Progress in organic coatings, 1991: 359-378.

[8] Aradian A, Raphael E, de Gennes P G. Strengthening of a polymer interface: interdiffusion and cross-linking[J]. Macromolecules, 2000: 9444-9451.

[9] Ni K F, et al. Synthesis of hybrid core-shell nanoparticles by emulsion (co) polymerization of styrene and γ-methacryloxypropyltrimethoxysilane[J]. Macromolecules, 2005: 7321-7329.

[10] Vitry, Solweig, et al. Hybrid copolymer latexes cross-linked with methacryloxy propyl trimethoxy silane,

Film formation and mechanical properties[J]. Comptes Rendus Chimie, 2003: 1285-1293.

[11] Castelvetro, Valter, et al. Alkoxysilane Functional Acrylic Latexes: Influence of Copolymer Composition on Self-Curing Behavior and Film Properties[J]. Macromolecular Symposia, 2005, 226(1).

[12] Marcu, Ioan, et al. Incorporation of alkoxysilanes into model latex systems: vinyl copolymerization of vinyltriethoxysilane and n-butyl acrylate[J]. Macromolecules, 2003: 328-332.

[13] Marcu, Ioan, et al. A miniemulsion approach to the incorporation of vinyltriethoxysilane into acrylate latexes[J]. Aqueous Polymer Dispersions, Springer, Berlin, Heidelberg, 2004: 31-36.

[14] Roberts J E, et al. Morphology of alkoxysilane/acrylate latex particles synthesized by miniemulsion copolymerization as inferred by proton NMR spin diffusion experiments[J]. Abstracts of papers of the american chemical society, 2003, 225.

[15] 夏宇静, 余樟清, 倪沛红. 甲基丙烯酸甲酯-甲基丙烯酰氧基丙基三甲氧基硅烷细乳液共聚合研究[J]. 高分子材料科学与工程, 2005, 21(1): 102.

[16] 文秀芳, 朱百福, 程江, 杨卓如. 自交联型有机硅氧烷改性丙烯酸乳液的合成[J]. 高校化学工程学报, 2004, 118(3): 308.

[17] 龚兴宇, 范晓东. 甲基丙烯酰氧基丙基三甲氧基改性丙烯酸酯乳液的研究[J]. 高分子材料科学与工程, 2003, 19(1): 61.

[18] 龚兴宇, 范晓东, 徐亮. 高性能高硅烷含量量硅丙复合乳液的研究[J]. 高分子材料科学与工程, 2003, 19(2): 218.

[19] Ugelstad J, Elaasser M S, Vanderhoff J W. Emulsion Polymerization: Initiation of Polymerization in Monomer Droplets[J]. Journal of Polymer Science: Polymer Letters Edition, 1973, 11(8): 503-513.

[20] Schork, Francis Joseph, et al. Miniemulsion polymerization[J]. Colloids and Surfaces A: Physicochemical and Engineering Aspects, 1999, 153(1-3): 39-45.

[21] Asua, Jose M. Miniemulsion polymerization[J]. Progress in polymer science, 2002, 27(7): 1283-1346.

[22] Antonietti, Markus, and Katharina Landfester. Polyreactions in miniemulsions[J]. Progress in polymer science, 2002, 27(4): 689-757.

[23] Landfester, Katharina. The generation of nanoparticles in miniemulsions[J]. Advanced Materials, 2001, 13(10): 765-768.

[24] Castelvetro, Valter, Cinzia De Vita. Nanostructured hybrid materials from aqueous polymer dispersions[J]. Advances in Colloid and Interface Science, 2004, 108: 167-185.

[25] Kickelbick, Guido. Concepts for the incorporation of inorganic building blocks into organic polymers on a nanoscale[J]. Progress in polymer science, 2003: 83-114.

[26] Li M, et al. Preparation of polyurethane/acrylic hybrid nanoparticles via a miniemulsion polymerization process[J]. Macromolecules, 2005, 38(10): 4183-4192.

[27] Wu X Q, Schork F J, Gooch J W. Hybrid miniemulsion polymerization of acrylic/alkyd systems and characterization of the resulting polymers[J]. Journal of Polymer Science Part A: Polymer Chemistry, 1999, 37(22): 4159-4168.

[28] Chabert, Emmanuelle, et al. Filler-filler interactions and viscoelastic behavior of polymer nanocomposites[J]. Materials Science and Engineering: A, 2004, 381(1-2): 320-330.

[29] Hofman-Caris C H M. Polymers at the surface of oxide nanoparticles[J]. New journal of chemistry, 1994, 18(10): 1087-1096.

[30] 马洁霞, 刘存芳. 聚氨酯/无机纳米复合材料的研究进展[J]. 聚氨酯工业, 2014, 29(05): 10-12.

[31] 周醒, 王正君, 蔺海兰, 王刚, 李丝丝, 卞军. 聚氨酯及其复合材料形状记忆性能的研究进展[J]. 塑料工业, 2015, 43(09): 19-23.

[32] 原楠楠, 王鸿儒, 张焓. 醋酸纤维素改性水性聚氨酯的制备及性能[J]. 涂料工业, 2018, 48(03): 43-49.

[33] Liang, Haiyan, et al. Castor oil-based cationic waterborne polyurethane dispersions: Storage stability,

thermo-physical properties and antibacterial properties. Industrial crops and products, 2018, 117: 169-178.

[34] Lijie, Hou, et al. Synergistic effect of anionic and nonionic monomers on the synthesis of high solid content waterborne polyurethane[J]. Colloids and Surfaces A: Physicochemical and Engineering Aspects, 2015, 467: 46-56.

[35] Kim C K, Kim B K, Jeong H M. Aqueous dispersion of polyurethane ionomers from hexamethylene diisocyanate and trimellitic anhydride[J]. Colloid and Polymer Science, 1991, 269(9): 895-900.

[36] Nanda, Ajaya K, et al. Effect of ionic content, solid content, degree of neutralization, and chain extension on aqueous polyurethane dispersions prepared by prepolymer method[J]. Journal of applied polymer science, 2005, 98(6): 2514-2520.

[37] Noble, Karl-Ludwig. Waterborne polyurethanes[J]. Progress in organic coatings, 1997, 32(1-4): 131-136.

[38] Kwak Y S, Kim E Y, Kim H D, et al. Comparison of the properties of waterborne polyurethane-ureas containing different triblock glycols for water vapor permeable coatings[J]. Colloid Polymer Science, 2005, 283 (8): 880-886.

[39] 唐邓, 张彪, 李智华, 许戈文. 水性聚氨酯纺织涂层剂的研制[J]. 印染助剂, 2008, 25(12): 8-10+13.

[40] Nomura, Yukihiro, et al. Synthesis of novel moisture-curable polyurethanes end-capped with trialkoxysilane and their application to one-component adhesives[J]. Journal of Polymer Science Part A: Polymer Chemistry, 2007, 45(13): 2689-2704.

[41] 王海峰, 李仲谨, 马宇锋. 水性聚氨酯的改性及应用研究进展[J]. 聚氨酯工业, 2009, 24(06): 9-12.